牦牛平滑肌食用特性与加工技术

李升升　著

中国农业大学出版社

·北京·

内 容 简 介

本书分别介绍了牦牛平滑肌概述、含平滑肌内脏的食用研究进展、平滑肌营养特性、平滑肌品质形成机制、含平滑肌内脏的储藏特性、平滑肌的加工性能、加工方式对平滑肌品质的影响等方面的内容。

本书适合从事畜产品加工、生产、品质检测、新产品研发的从业者使用，同时也可为从事畜禽繁殖育种、杂交改良、营养调控和疾病预防的研究人员提供参考。

图书在版编目(CIP)数据

牦牛平滑肌食用特性与加工技术/李升升著. --北京:中国农业大学出版社，2024.9. --ISBN 978-7-5655-3308-2

Ⅰ.TS251.5

中国国家版本馆 CIP 数据核字第 2024BH8000 号

书　　名	牦牛平滑肌食用特性与加工技术			
作　　者	李升升　著			
策划编辑	张　玉		责任编辑	张　玉　程书萍
封面设计	中通世奥图文设计			
出版发行	中国农业大学出版社			
社　　址	北京市海淀区圆明园西路 2 号		邮政编码	100193
电　　话	发行部 010-62733489，1190		读者服务部	010-62732336
	编辑部 010-62732617，2618		出　版　部	010-62733440
网　　址	http://www.caupress.cn		E-mail	cbsszs@cau.edu.cn
经　　销	新华书店			
印　　刷	河北虎彩印刷有限公司			
版　　次	2024 年 9 月第 1 版　　2024 年 9 月第 1 次印刷			
规　　格	170 mm×228 mm　　16 开本　　16.75 印张　　289 千字			
定　　价	49.00 元			

序　言

从动物组织学的角度看，肌肉分为骨骼肌、平滑肌和心肌。骨骼肌是附着在骨骼上的肌肉，心肌是分布于心脏和邻近心脏的大血管近端的肌肉。骨骼肌和心肌都属于横纹肌，而平滑肌是无纹肌的通称，是一种被视为较横纹肌原始的肌肉。在牛、羊等脊椎动物中，平滑肌主要存在于消化道、呼吸道、血管、生殖器等内脏系统中，又被称为内脏肌。平滑肌在脏器中主要分布在黏膜肌层、内环肌层和外纵肌层。据国家肉牛牦牛产业体系报道，2021年我国的肉牛牦牛屠宰约为2975万头，胴体总产量约为758万t；胴体重约占活牛重的52%，脏器约占活牛重的8.48%，可以推测出2021年肉牛牦牛的脏器副产物产量高达115万t，这些脏器中含有丰富的平滑肌。

长期以来，对于肉品的研究主要集中在骨骼肌，而对于平滑肌的研究较少，严重限制了平滑肌的广泛应用。平滑肌与骨骼肌一样是含有"高蛋白质、低脂肪"的优质食物资源，同时平滑肌还富含胶原蛋白和弹性蛋白，具有特殊的质构和风味，具备深度开发和精深加工的潜力。本书的编者长期从事畜产品加工方面的研究，尤其是近年来在国家自然科学基金、青海省科技专项和青海省牛产业科技创新平台的支持下，开展了关于平滑肌营养、加工特性、品质形成、加工技术方面的研究，积累了大量的基础数据和实践经验。

本书对平滑肌的组织结构、营养价值、品质形成、储藏特性和加工技术进行了深入的阐述和分析，旨在为平滑肌的精深加工和新产品开发提供理论依据和技术支持。希望该书的出版能够促进平滑肌的精深加工利用，促进畜禽副产物的综合利用，助力畜禽综合价值的提升，为青海省"绿色有机农畜产品输出地"的建设提供理论依据和技术支持。

刘书杰

国家牦牛创新联盟副理事长

青海省牛产业科技创新平台首席科学家

青海省牦牛工程中心主任

青海省牦牛产业联盟理事长

青海省畜牧兽医科学院院长

前　言

平滑肌主要存在于消化道、呼吸道、血管、生殖器等内脏系统中，又被称为内脏肌。平滑肌与骨骼肌一样是含有"高蛋白质、低脂肪"的优质食物资源，同时平滑肌还富含胶原蛋白和弹性蛋白，具有特殊的质构和风味，具备深度开发和精深加工的潜力。鉴于平滑肌的特殊加工特性，近年来国内外的专家学者对平滑肌的食用特性和加工技术进行了大量的研究。本书旨在博采众长，从平滑肌的食用特性和加工技术两个重要方面阐述当前平滑肌加工技术的研究进展，为后续研究提供借鉴；同时，助力"青海牦牛之都"的打造和"青海绿色有机农畜产品输出地"的建设。

本书适合从事畜产品加工、生产、品质检测、新产品研发的从业者使用，同时也可为从事畜禽繁殖育种、杂交改良、营养调控和疾病预防的研究人员提供参考。本书在前期撰写中查阅了国内外专家学者的研究报道，在此向各位专家表示感谢。本书在编写过程中得到了青海省科技厅、青海大学和青海省畜牧兽医科学院领导的大力支持和帮助，在此向各位领导表示感谢。本书在资料收集过程中得到了国家牦牛肉加工技术研发专业中心、青海省牛产业科技创新平台、青海省牦牛产业联盟、青海省牦牛工程中心等单位的支持，在此向提供帮助的各位专家表示感谢。本书在撰写过程中还得到了中国农业科学院北京畜牧研究所孙宝忠研究员、张松山博士，中国农业科学院农产品加工所张德权研究员、张春晖研究员，南京农业大学彭增起教授、李春保教授，甘肃农业大学余群力教授、韩玲教授、张丽教授，青海大学畜牧兽医科学院刘书杰研究员等同行和同事的大力支持和帮助，青海大学的研究生刘嘉慧、刘敏、朱盛伟、侯小鹏、张燕、赵立柱等在本书

1

的撰写及资料收集方面提供了大量的帮助，在此一并致谢。同时，也向培养过我的河南科技大学、西北农林科技大学、甘肃农业大学、南京农业大学表示感谢。

现在科学技术的发展日新月异，肉品科学和加工技术的发展更是迅速，因此，本书中有些观点和结论并不能完全阐释平滑肌的品质形成机制和加工特点，希望有更多的学者能够完善和补充相关研究，为促进平滑肌的精深加工提供技术支持和理论依据。

鉴于作者水平有限，书中难免出现错误，恳请读者批评指正。

著　者

2023 年 10 月

目　录

第一章　平滑肌概述 …………………………………………………… 1

第一节　平滑肌的分布及结构 ………………………………………… 1

第二节　平滑肌的组成 ………………………………………………… 5

第三节　平滑肌的收缩机制 …………………………………………… 6

第二章　含平滑肌内脏的食用研究进展 …………………………… 9

第一节　分割 …………………………………………………………… 9

第二节　涨发 …………………………………………………………… 17

第三节　卤制 …………………………………………………………… 26

第四节　煮制 …………………………………………………………… 34

第五节　涮制 …………………………………………………………… 46

第六节　烤制 …………………………………………………………… 58

第三章　平滑肌营养特性 …………………………………………… 72

第四章　平滑肌品质形成机制 ……………………………………… 78

第一节　冷藏期间平滑肌品质变化规律研究 ……………………… 78

第二节　冷藏期间平滑肌肌纤维和胶原蛋白变化规律研究 ……… 85

第三节　冷藏期间平滑肌蛋白质降解规律研究 …………………… 92

第四节　平滑肌蛋白质组学研究 …………………………………… 99

第五节　基于蛋白质组学的平滑肌嫩度形成机制研究 …………… 107

第五章　含平滑肌内脏的储藏特性 ………………………………… 122

第一节　储藏对含平滑肌内脏蛋白质和脂肪氧化的影响 ………… 122

第二节　冷藏对含平滑肌内脏食用品质的影响 …………………… 131

第三节　冷藏对含平滑肌内脏组织结构的影响 …………………… 149

第四节　冷藏对含平滑肌内脏挥发性物质的影响 ………………… 152

第六章　平滑肌的加工性能 ………………………………………… 165

第一节　牦牛年龄对平滑肌加工性能的影响 ……………………… 165

　第二节　牦牛年龄对平滑肌食用品质的影响 ·································· 170

　第三节　平滑肌蛋白质的功能特性研究 ····································· 175

　第四节　平滑肌的加工特性研究 ··· 180

　第五节　酸、碱处理对平滑肌品质的影响 ··································· 191

　第六节　冻融对平滑肌品质的影响 ··· 207

第七章　加工方式对平滑肌品质的影响 ······································· 213

　第一节　熟制温度对平滑肌品质的影响 ····································· 213

　第二节　煮制时间对平滑肌品质的影响 ····································· 218

　第三节　熟制方式对平滑肌品质的影响 ····································· 225

　第四节　压力对平滑肌品质的影响 ··· 231

　第五节　加热介质对平滑肌品质的影响 ····································· 238

参考文献 ··· 244

第一章　平滑肌概述

平滑肌是无纹肌的通称,是一种被视为较横纹肌原始的肌肉。平滑肌细胞由胚胎时期的间充质细胞分化而来,广泛分布于血管壁和许多内脏器官中。平滑肌受自主神经支配,为不随意肌,收缩缓慢、持久。

第一节　平滑肌的分布及结构

平滑肌与骨骼肌相比有显著的特点,骨骼肌主要附着于骨骼上,而平滑肌主要存在于畜禽的内脏中。由于分布的不同,导致了平滑肌与骨骼肌相比有许多组成和结构差异。

一、平滑肌的分布

在牛、羊等脊椎动物中,平滑肌主要存在于消化道、呼吸道、血管、生殖器等内脏系统中,又被称为内脏肌。平滑肌在脏器中主要分布在黏膜肌层、内环肌层和外纵肌层(图 1-1)。参与肌肉的正常收缩,其收缩特点是缓慢持久、不易疲劳。一般可分为两大类:一类称为多单位平滑肌,其中所含各平滑肌细胞在活动时各自独立,类似骨骼肌细胞,如竖毛肌、虹膜肌、瞬膜肌(猫)以及大血管平滑肌等;另一类称为单位平滑肌,类似心肌组织,其中各细胞通过细胞间的电耦联进行同步活动,以胃肠、子宫、输尿管平滑肌为代表。平滑肌细胞除具有收缩功能外,还有分泌功能,可分泌胶原、弹性蛋白和其他细胞外基质成分等。

二、平滑肌的光镜结构

平滑肌纤维是平滑肌的基本组成单元。从平滑肌纤维形态上看,平滑肌纤维呈长梭形,无横纹,细胞核一个,呈长椭圆形或杆状,位于中央,收缩时核可扭曲呈螺旋形,核两端的肌浆较丰富。从平滑肌纤维大小上看,平滑肌纤维大小差别较大,一般在 $20\sim500~\mu m$,大部分平滑肌纤维长约 $200~\mu m$,直径约 $8~\mu m$。在平滑肌肌肉中,平滑肌纤维绝大部分是成束或成层分布的(图 1-2 和图 1-3),也可单独存在。

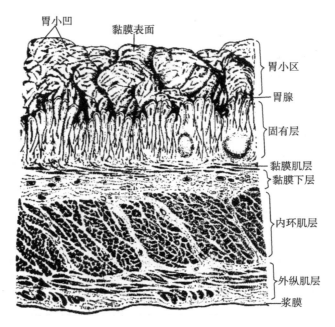

图 1-1　平滑肌在胃中的分布

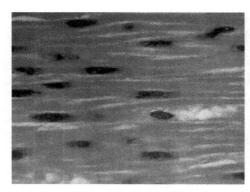

图 1-2　平滑肌纵切图

彩图扫码查看

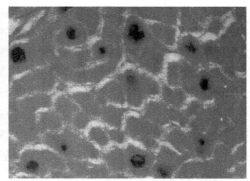

图 1-3　平滑肌横切图

彩图扫码查看

三、平滑肌的形态结构

平滑肌虽然也具有同骨骼肌类似的肌丝结构,但它们不存在像骨骼肌那样平行而有序的排列,它的特点是细胞内部存在一个细胞骨架,包含一些卵圆形的称为致密体的结构,它们也间隔地出现于细胞膜的内侧,称为致密区,并且后者与相邻细胞的类似结构相对,而且两层细胞膜也在此处连结甚紧,因而共同组成了一种机械性耦联,借以完成细胞间张力的传递;细胞间也存在别的连接形式,如缝隙连接,它们可以实现细胞间的电耦联和化学耦联。在致密体和致密区中发现有同骨骼肌 Z 带中类似的蛋白成分,故认为这两种结构可能是与细肌丝连接的部位。另外,在致密体和致密区之间还有一种直径介于粗、细肌丝之间的丝状物存在,它们是一种称为结蛋白的聚合体。这样由丝状物联结起来的致密体和膜内侧的致密区就形成了完整的细胞内构架。

平滑肌细胞中的细肌丝有同骨骼肌类似的分子结构,但不含肌钙蛋白;同一体积的平滑肌所含肌纤蛋白的量是骨骼肌的 2 倍,推测平滑肌肌浆中有大量细肌丝存在,它们的排列大致与细胞长轴平行。与此相反,胞浆中肌凝蛋白的量却只有骨骼肌的 1/4。估计连接在致密体上的 3～5 根细肌丝会被少数粗肌丝包绕,形成相互交错式的排列,这可能就是类似于骨骼肌中肌小节的功能单位。

一般平滑肌细胞呈梭形,直径 $2\sim 5~\mu m$;其长度可变性很强,大约长度为 $400~\mu m$ 时是产生张力的最适长度。它们没有骨骼肌和心肌那样发达的肌管系统。肌细胞膜只有一些纵向排列的袋状凹入,但其功能尚不清楚,不过这使得细胞膜表面积和细胞体积之比变得更大,因此和肌丝靠近的不是横管或肌浆网系统,而是肌膜。细胞被激活时,细胞外 Ca^{2+} 进入膜内,但平滑肌细胞中靠近膜的肌浆网也构成了细胞内 Ca^{2+} 贮存库。一些兴奋性递质、激素或药物同肌膜受体结合时,通过 G-蛋白在胞浆中产生第二信使,引起 Ca^{2+} 库中的 Ca^{2+} 释出。因平滑肌的细肌丝中不存在肌钙蛋白,因而 Ca^{2+} 引起平滑肌细胞中粗、细肌丝相互滑行的横桥循环的机制与骨骼肌不同。学术界认为,横桥的激活开始于它的磷酸化,而这又依赖于被称为肌凝蛋白激酶的活化;其过程是 Ca^{2+} 先结合胞浆中一种被称为钙调蛋白(calmodulin)的特殊蛋白质,后者结合 4 个 Ca^{2+} 之后才使肌凝蛋白激酶活化,使 ATP 分解,由此产生的磷酸基与横桥结合并使横桥处于高自由状态。比起骨骼肌来,平滑肌横桥激活的机制需要较长的时间,这和平滑肌收缩缓慢相一致。

尽管体内各器官所含平滑肌在功能特性上差别很大,但一般可分为两大类:一类称为多单位平滑肌,其中所含各平滑肌细胞在活动时各自独立,类似骨骼肌细胞,如竖毛肌、虹膜肌、瞬膜肌(猫)以及大血管平滑肌等,它们各细胞的活动受外来神经支配或受扩散到各细胞的激素的影响;另一类称为单位平滑肌,类似心肌组织,其中各细胞通过细胞间的电耦联而可以进行同步性活动,这类平滑肌大都具有自律性,在没有外来神经支配时也可进行近于正常的收缩活动(由于起搏细胞的自律性和内在神经丛的作用),以胃肠、子宫、输尿管平滑肌为代表。还有一些平滑肌兼有两方面的特点,很难归入哪一类,如小动脉和小静脉平滑肌一般认为属于多单位平滑肌,但又有自律性;膀胱平滑肌没有自律性,但在遇到牵拉时可作为一个整体起反应,故也列入单位平滑肌。

四、平滑肌的超微结构

平滑肌的结构较横纹肌(骨骼肌)简单,主要是由密斑、密体和中间丝组成的(图1-4)。密斑和密体都是电子致密的小体,密斑位于肌膜的内面,是平滑肌细肌丝的附着点;密体位于细胞质内,为梭形小体,排成长链,是细肌丝和中间丝的共同附着点。目前认为平滑肌密体相当于横纹肌的Z线,相邻的密体之间由直径约为10 nm的中间丝相连,构成平滑肌的菱形网架,在细胞内起着支架作用。

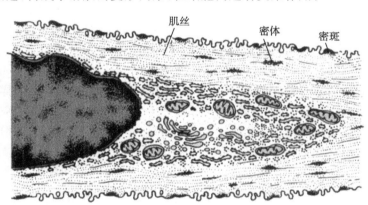

彩图扫码查看

图1-4 平滑肌超微结构模式图

在平滑肌细胞周边的肌浆中,主要含粗、细两种肌丝,细肌丝直径约5 nm,呈花瓣状环绕在粗肌丝周围,粗肌丝直径8~16 nm,均匀分布于细肌丝之间;平滑肌中粗、细肌丝的数量比例为1:(12~30)。由于在平滑肌中肌球蛋白分子的排列不同于横纹肌,粗肌丝上没有M线及其两侧的光滑部分,平滑肌粗肌丝呈圆柱形,表面纵行排列有横桥,相邻的两行横桥摆动方向相反。平滑肌中若干条粗肌丝和细肌丝聚集形成肌丝单位,相邻的平滑肌纤维之间通过缝隙连接,供化学信息和神经冲动的传导,便于平滑肌纤维完成其整体功能。

平滑肌纤维表面为肌膜,肌膜向下凹陷形成数量众多的小凹。目前认为这些小凹相当于横纹肌的横小管。肌浆网发育很差,呈小管状,位于肌膜下与小凹相邻近。核两端的肌浆内含有线粒体、高尔基复合体和少量粗面内质网以及较多的游离核糖体,偶见脂滴。

第二节 平滑肌的组成

平滑肌与骨骼肌相比,是不同的肌肉类型,其组成成分有显著的不同。本节内容主要介绍平滑肌的组成结构及其与骨骼肌的不同。

一、平滑肌的结构组成

平滑肌的肌膜、肌管系统、肌原纤维组成、肌细胞的排列、肌细胞间的连接方式、神经的支配等结构都与骨骼肌和心肌有显著不同。

(一)肌膜

兴奋产生、传导结构肌膜由五类功能不同的蛋白质分子(离子泵蛋白、离子通道蛋白质、受体蛋白、酶、结构蛋白质)和脂质、糖质组成。平滑肌的肌膜也是由浆膜(内层)和多糖被膜(外层)组成。浆膜是由脂质双层分子排列为基架,间插有各类蛋白质的液态镶嵌膜。浆膜内凹呈海绵状腔洞,可增大面积70%以上。泵的数量,离子通道的种类、数量和开关条件以及受体蛋白的种类是与心肌、骨骼肌不同的。

(二)肌管系统

兴奋—收缩耦联结构。平滑肌膜不内凹成横管系统。平滑肌内的纵管或肌浆网系统极不发达。没有横管系统,使肌膜兴奋不能迅速通过横管系统内传到肌浆网,这和平滑肌收缩潜伏期长有关。肌浆网不发达,储存的 Ca^{2+} 不易达到阈值水平,使收缩缓慢。肌浆网上 Ca^{2+}-ATP 酶很少(Ca^{2+} 泵),聚集肌浆内 Ca^{2+} 回肌浆网内储存的能力弱,使肌肉收缩后不易放松。平滑肌无三联管结构,肌膜腔洞兴奋直接和肌浆网耦联。

(三)肌原纤维

收缩结构。平滑肌无横纹样带状结构,即无 Z 线和 M 线。因无 Z 线限制,肌纤维有较大的展长性,这适应于中空内脏器官(胃、肠、膀胱、子宫等)容积的较大变化。无肌小节所以收缩有局部性。粗肌丝长度比骨骼肌长,为(3～8)∶1.6。粗丝过长和收缩缓慢有关。细肌丝也较骨骼肌长,为1.5∶1。

(四)肌细胞的排列、连接及神经支配

平滑肌细胞呈网状排列,肌细胞间或以膜融合式作紧密式连接,或以峡状连接,但都呈低阻力通道的电耦联。这样,肌细胞的兴奋可以三维度空间从一个细胞向许多细胞传导,引起更多的细胞进行同步性收缩。这些同步收缩的肌细胞群组成一个机能合胞体或收缩单位。大多数内脏平滑肌细胞不接受植物性神经支配,肌细胞无运动终板结构,一个收缩单位内只有中心一个肌细胞有神经支配,有自律性。

二、平滑肌与骨骼肌的组成差异

平滑肌是不同于骨骼肌(横纹肌)的一种肌肉,在结构组成上平滑肌与骨骼肌有很多类似之处,比如肌纤维都是由粗丝和细丝组成,都含有肌动蛋白、肌球蛋白、连接蛋白、肌间线蛋白等结构蛋白。然而,在蛋白组成和含量上平滑肌与骨骼肌有一定的差异。平滑肌和骨骼肌的肌动蛋白和肌球蛋白没有显著差异。平滑肌中的连接蛋白和肌间线蛋白与骨骼肌在含量上有显著差异。连接蛋白是位于肌动蛋白和肌球蛋白纤维之间的间隙纤丝,起着固定粗丝的作用,能在钙蛋白酶和羧基蛋白酶的作用下降解;连接蛋白在平滑肌中含量较少,而在骨骼肌肌节中约占肌纤维重量的10%。肌间线蛋白是一种重要的细胞骨架蛋白,分子量约为 55 kDa,肌间线蛋白在平滑肌中的含量多达 5%,而在骨骼肌中肌间线蛋白的含量仅占肌原纤维蛋白总量的 0.18%。Chang 等报道钙蛋白酶可部分降解平滑肌中的肌间线蛋白,促进其嫩度的改善。平滑肌中不含有骨骼肌中的肌钙蛋白,但含有与肌钙蛋白功能类似的类肌钙蛋白(calponin)。平滑肌中的类肌钙蛋白,分子量为 32～35 kDa,是一类与横纹肌中的肌钙蛋白有类似功能的蛋白。

第三节　平滑肌的收缩机制

平滑肌纤维的收缩原理与骨骼肌纤维相类似,即以粗、细肌丝间的滑动为基础。但其结合蛋白不是肌钙蛋白而是钙调素(calmodulim),每个收缩单位的一端借肌丝附着于肌膜,各附着点的位置呈螺旋形,收缩单位与平滑肌纤维长轴有一定的交角。由于细肌丝以及细胞骨架的附着点密斑呈螺旋状分布,当肌丝滑动时,肌纤维呈螺旋状扭曲,长轴缩短。平滑肌纤维之间有较发达的缝隙连接,便于传递化

学信息和神经冲动,引起众多肌纤维同时收缩而形成功能整体。

　　尽管平滑肌细胞与横纹肌细胞的收缩机制类似,均以"肌丝滑动"机制完成收缩行为,但是不同类型肌肉的显著差异在于其中的肌球蛋白与肌动蛋白摩尔比的不同。很多学者通过大量的电镜和电泳试验来研究各种平滑肌中收缩蛋白的含量,结果发现,鸡腿平滑肌中肌球蛋白与肌动蛋白的比例为1:(8~16),牛胃平滑肌中比例为1:16,血管平滑肌中为1:15。而在横纹肌如心肌、骨骼肌中分别为1:4、1:6。可见,平滑肌和横纹肌在收缩蛋白的组成上有很大差异,这可能是导致它们行使不同功能的决定性因素之一。但 Murphy 等推测低肌球蛋白与肌动蛋白摩尔比可能与平滑肌表现出的功能特异性有关,会导致平滑肌细胞在收缩时产生更大的作用力,这种力与横纹肌产生的力相当或更大。另外,大多数平滑肌组织在功能上也存在着多样性和差异性,这同样与它们结构上的差异有关,主要取决于平滑肌组织中肌小节收缩蛋白的含量、肌球蛋白丝和肌动蛋白丝的组合形式,以及肌动蛋白在细胞质和密体上的嵌入方式。平滑肌虽然也具有同骨骼肌类似的肌丝结构,但由于它们不存在像骨骼肌那样平行而有序的排列(平滑肌的肌丝有它自己的"有序的"排列),特点是细胞内部存在一个细胞骨架,包含一些卵圆形的称为致密体的结构,它们也间隔地出现于细胞膜的内侧,称为致密区,并且后者与相邻细胞的类似结构相对,而且两层细胞膜也在此处连结甚紧,因而共同组成了一种机械性耦联,藉以完成细胞间张力的传递;细胞间也存在别的连接形式,如缝隙连接,它们可以实现细胞间的电耦联和化学耦联。在致密体和致密区中发现有同骨骼肌 Z 带中类似的蛋白成分,故认为这两种结构可能是与细肌丝连接的部位。另外,在致密体和致密区之间还有一种直径介于粗、细肌丝之间的丝状物存在,它们是一种称为结蛋白(desmin)的聚合体。这样由丝状物联结起来的致密体和膜内侧的致密区就形成了完整的细胞内构架。

　　平滑肌细胞中的细肌丝有同骨骼肌类似的分子结构,但不含肌钙蛋白;同一体积的平滑肌所含肌纤蛋白的量是骨骼肌的 2 倍,推测平滑肌肌浆中有大量细肌丝存在,它们的排列大致与细胞长轴平行。与此相反,胞浆中肌凝蛋白的量却只有骨骼肌的1/4。估计连接在致密体上的3~5根细肌丝会被少数粗肌丝包绕,形成相互交错式的排列,这可能就是类似于骨骼肌中肌小节的功能单位。一般平滑肌细胞呈梭形,直径2~5 μm;其长度可变性很大,大约长度为400 μm 时是产生张力的最适长度。它们没有骨骼肌(和心肌)那样发达的肌管系统。肌细胞膜只有一些纵向排列的袋状凹入,但其功能尚不清楚,不过这使得细胞膜表面积和细胞体积之比变得更大,因此和肌丝靠近的不是横管或肌浆网系统,而是肌膜。细胞被激活时,细胞外 Ca^{2+} 进入膜内,但平滑肌细胞中靠近膜的肌浆网也构成了细胞内 Ca^{2+} 贮存库。一些兴奋性递质、激素或药物同肌膜受体结合时,通过 G-蛋白在胞浆中产生第二信使,引起 Ca^{2+} 库中的 Ca^{2+} 释出。因平滑肌的细肌丝中不存在肌钙蛋白,因而 Ca^{2+} 引起平滑肌细胞中粗、细肌丝相互滑行的横桥循环的机制与骨骼肌不同。目前认为,横桥的激活开始于它的磷酸化,而这又依赖于一称为肌凝蛋白激酶的活化;其过程是 Ca^{2+} 先结合于胞浆中一种称为钙调蛋白(calmodulin)的特殊蛋白质,后者结合 4 个 Ca^{2+} 之后才使肌凝蛋白激酶活化,使 ATP 分解,由此产生的磷酸基结合于横桥并使横桥处于高自由状态。比起平滑肌来,平滑肌横桥激活的机制需要较长的时间,这和平滑肌收缩的缓慢相一致。

第二章 含平滑肌内脏的食用研究进展

长期以来,含平滑肌的胃、肠等内脏作为食材,被制作成凉拌肚丝、香辣肚丝、红烧肚丝、酸辣牛百叶、火锅等菜肴,深受人们的欢迎。为此,结合含平滑肌内脏的食用研究进展,本章重点介绍含平滑肌内脏的分割、涨发、卤制、煮制、涮制、烤制等加工研究现状。

第一节 分 割

分割是为了使具有相似食用价值的原料聚在一起的分类过程。与骨骼肌相比,动物胃肠等内脏厚薄不均,给加工造成了很大的不便,为此要对原料进行适宜分割。本节以牦牛瘤胃为研究对象,根据牦牛瘤胃的组织结构差异对其进行精细划分,并对不同部位蛋白质组成及食用品质进行分析,旨在为含平滑肌牛瘤胃产品的开发提供参考。

一、含平滑肌瘤胃的分类分析

瘤胃的内表面(黏膜面)在和外表面的沟相对应的位置有由肌纤维构成的柱状隆起称肉柱,俗称"肚领"。因此,先将瘤胃分为肚领与非肚领。

(一)牦牛瘤胃非肚领部分分析

1. 牦牛瘤胃非肚领聚类分析

对非肚领部位厚度进行测量,并通过聚类分析的方法对牦牛瘤胃非肚领部位厚度结果进行聚类分析,聚类分析结果如图 2-1 所示。由图 2-1 可知,在欧氏距离 10 时,可将 56 个牦牛瘤胃非肚领部分样本分为 2 大类,即非肚领(Ⅰ)和非肚领(Ⅱ),其中非肚领(Ⅰ)厚度范围为 0.19~0.43 cm,非肚领(Ⅱ)厚度范围为 0.43~0.80 cm。

2. 牦牛瘤胃非肚领分类结果验证

运用聚类分析的方法,通过采用游标卡尺对牦牛瘤胃不同部位厚度的测量结果进行结果验证。验证结果见表 2-1 至表 2-3。将非肚领部分计算标准差、变异系数及方差分析验证,此分类方式正确。因此,牦牛瘤胃非肚领可分为非肚领(Ⅰ)、非肚领(Ⅱ)。

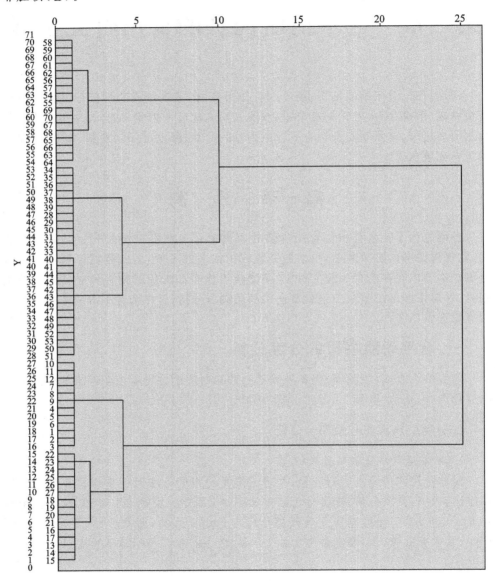

图 2-1　牦牛瘤胃非肚领厚度分类树状图

表 2-1 牦牛瘤胃厚度基本描述统计

分组	厚度/cm	极大值/cm	极小值/cm	均值(SD)±标准差/cm	变异系数 CV/%
第一类	≤0.43	0.43	0.12	0.28±0.09	34.11
第二类	>0.43	0.80	0.43	0.62±0.10	17.46

表 2-2 牦牛瘤胃厚度类别方差分析

分组	第一类(≤0.43 cm)	第二类(>0.43 cm)
厚度	0.28±0.09[a]	0.62±0.10[b]

注:同行肩标小写字母不同表示差异显著($P<0.05$)。

表 2-3 牦牛瘤胃类别间差异显著性分析

变量	平方和	均方	F 值	显著性
厚度	1.434	1.434	155.899	**

(二)牦牛瘤胃不同区域划分

通过牦牛瘤胃厚度测量方法以及聚类分析方法,将牦牛瘤胃分为肚领、非肚领(Ⅰ)、非肚领(Ⅱ)3个部分,即本试验的3个处理组。根据以上结果将牦牛瘤胃进行区域划分,如图2-2所示。图2-2反映出了3个处理组即肚领、非肚领(Ⅰ)、非肚领(Ⅱ)3部分的实际分布区域,图中黑色阴影部分为非肚领(Ⅱ),其厚度>0.43 cm;阴影

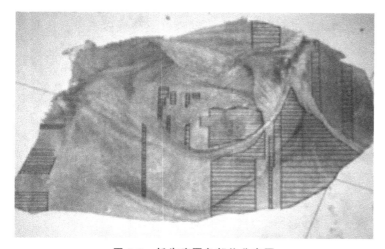

彩图扫码查看

图 2-2 牦牛瘤胃各部位分布图

部分为肚领部位；剩下的非阴影部分为非肚领（Ⅰ），其厚度≤0.43 cm。通过对其重量测量，其中瘤胃重量为4～6 kg，其肚领重量约占35%，非肚领（Ⅰ）约占40%，非肚领（Ⅱ）约占25%。

二、含平滑肌瘤胃不同部位的蛋白组成

蛋白根据溶解性分为水溶性蛋白、盐溶性蛋白和不溶性蛋白。水溶性蛋白质主要是肌浆蛋白，其占肉中蛋白质的20%～30%，一般包括糖酵解途径的酶和肌红蛋白等，它由100种左右不同的蛋白质构成，是球状且分子量相对较低的蛋白。盐溶性蛋白主要是肌原纤维蛋白，约占肌肉的10%，占肌肉蛋白质重量的50%左右，是肌肉水溶性、盐溶性的收缩性结构蛋白，食用价值最高，是决定肉色泽、风味和质地的主要因素，肌原纤维蛋白是由细丝状的蛋白质凝胶构成的，这些细丝平行排列成束，直接参与肌肉的收缩过程，去掉之后，肌纤维的形状和组织便遭到破坏，所以常称之为肌肉的结构蛋白。不溶性蛋白主要是结缔组织（基质）蛋白质，也称间质蛋白质。一般约占肌肉蛋白质总量的10%，约占肌肉的2%。结缔组织的成分主要是硬性蛋白，包含胶原蛋白、弹性蛋白、网状蛋白及黏蛋白等。胶原蛋白是一种糖蛋白，是结缔组织的主要结构成分，占结缔组织干物质的55%～95%。

蛋白组成是影响牦牛瘤胃营养价值和加工特性的重要因素。对牦牛瘤胃3个部位的蛋白组成进行分析，结果如表2-4所示，非肚领（Ⅰ）不溶性蛋白含量最高，为21.86%，分别显著和极显著高于非肚领（Ⅱ）（$P<0.05$）和肚领（$P<0.01$）两部分，且非肚领（Ⅱ）部分不溶性蛋白含量也显著高出肚领66.35%左右（$P<0.05$）。此外，其盐溶性蛋白含量也为最高。牦牛瘤胃不同部位三种蛋白组成占比基本相同，均表现为水溶性蛋白含量最高，且显著或极显著高于盐溶性和不溶性蛋白含量。3种蛋白中不溶性蛋白主要是结缔组织（基质蛋白），而盐溶性蛋白主要是肌原纤维蛋白。Zarkadas等研究发现牛胃中肌原纤维蛋白占平滑肌蛋白的35.3%，同时牛胃黏膜肌层含有较多的胶原纤维和弹性纤维，二者分别占牛胃总蛋白的20.1%、1.0%，与本研究结果一致。

表2-4　牦牛瘤胃不同部位蛋白组成　　　　　　　　%

指标	非肚领（Ⅰ）	非肚领（Ⅱ）	肚领
不溶性蛋白含量	21.86±5.11[Ba]	15.77±8.18[Cb]	9.48±0.91[Cc]
水溶性蛋白含量	33.92±3.14[Ab]	34.52±0.41[Ab]	43.03±3.23[Aa]
盐溶性蛋白含量	23.15±2.47[Bb]	25.42±1.70[Bb]	33.81±6.12[Ca]

注：小写字母为同行差异显著，大写字母为同列差异显著。

三、不同温度下含平滑肌瘤胃的蛋白动态变化

牦牛瘤胃不同加热条件下,水溶性、盐溶性和不溶性蛋白含量变化如图 2-3 至图 2-6 所示。

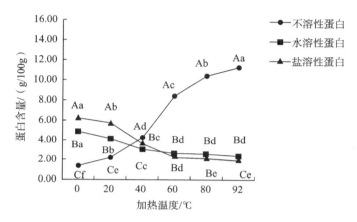

图 2-3　牦牛瘤胃肚领不同加热温度下蛋白组成

注:小写字母不同表示不同温度下组内差异显著($P<0.05$)。大写字母不同表示不同溶性蛋白组内差异显著($P<0.05$)。

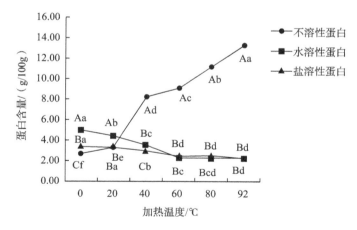

图 2-4　牦牛瘤胃非肚领不同加热温度下蛋白组成

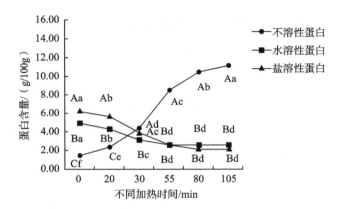

图 2-5　牦牛瘤胃肚领不同加热时间蛋白组成

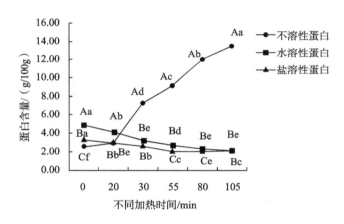

图 2-6　牦牛瘤胃非肚领不同加热时间蛋白组成

由图 2-3 至图 2-6 可知,随着温度的升高及加热时间的延长,牦牛瘤胃不溶性蛋白含量均呈现上升的趋势,但其水溶性蛋白和盐溶性蛋白呈现先下降后几乎保持不变的态势。其中牦牛瘤胃肚领原料肉的不溶性蛋白含量为 1.37 g/100 g 左右、水溶性蛋白含量为 4.9 g/100 g 左右、盐溶性蛋白含量为 6.24 g/100 g 左右,非肚领原料肉的不溶性蛋白含量为 2.73 g/100 g 左右、水溶性蛋白含量为 4.96 g/100 g 左右、盐溶性蛋白含量为 3.52 g/100 g 左右,了解其原料肉的蛋白组成,同时可以看出牦牛瘤胃肚领与非肚领的蛋白组成差异,两者的差异主要是肚领较非肚领的盐溶性蛋白含量高,不溶性蛋白含量低。但在加热温度为 0～92℃ 及加热时间为 0～105 min 时,牦牛瘤胃肚领不溶性蛋白含量增加了 10 g/100 g 左右,其中不溶性蛋白含有较多的胶原蛋白,胶原蛋白在体内起着支撑和连接的作用,而加热温度的变化可能会影响胶原蛋白的溶解度,进而引起胶原蛋白含量升高。水溶性蛋白降低了 3 g/100 g 左右,但盐溶性蛋白含量降低了 4.2 g/100 g 左右,非肚领不溶性蛋白含量增加了 11 g/100 g 左右,水溶性蛋白含量降低了 3 g/100 g 左右,盐溶性蛋白降低了 1.5 g/100 g 左右,且牦牛瘤胃肚领的水溶性蛋白含量和盐溶性蛋白均显著高于非肚领($P<0.05$),非肚领不溶性蛋白含量高于肚领,这可能是因为水溶性蛋白主要是肌浆蛋白,而盐溶性蛋白主要是由肌原纤维蛋白组成的,随着加热温度的升高和加热时间的延长,蛋白变性失活,从而其含量下降。

四、含平滑肌瘤胃不同部位的食用品质分析

保水性是重要的食用品质指标,同时保水性与肉制品的风味、营养成分、多汁性、嫩度也密切相关,直接影响到肉品的储藏和加工。衡量保水性的指标为加压损失率、蒸煮损失率等,其中加压损失率是衡量肉品保水性及影响肉品储藏性、加工出品率的主要指标。蒸煮损失率测定肌肉在烹饪过程中的保水情况,反映了肌肉蛋白在受热过程中变性凝固失去水分重量的程度,反映了产品的出品率。由表2-5 可知,牦牛瘤胃非肚领(Ⅰ)与非肚领(Ⅱ)加压损失率差异不显著,且加压损失率均 20% 左右,但均显著低于肚领加压损失率($P<0.05$),其差异在 15% 左右。

表 2-5　牦牛瘤胃不同部位加压损失率及蒸煮损失率　　　　　%

指标	非肚领(Ⅰ)	非肚领(Ⅱ)	肚领
加压损失率	20.92 ± 1.36^b	19.85 ± 0.60^b	28.44 ± 1.20^a
蒸煮损失率	24.38 ± 3.11^b	22.38 ± 3.19^b	38.49 ± 2.27^a

注:同行肩标小写字母不同表示牦牛瘤胃不同部位组间差异显著($P<0.05$),下同。

通过以上试验方法,对牦牛瘤胃不同部位进行剪切力测定,试验结果如表 2-6 所示。剪切力作为肉品嫩度的重要指标,对肉品的食用品质有一定的影响。嫩度是影响牛肉消费最重要的因素之一,结构蛋白质的降解在牛肉的成熟嫩化过程中发挥重要的作用。从表 2-6 中可以看出:非肚领(Ⅱ)剪切力为 158.86 N,显著高于非肚领(Ⅰ)($P<0.05$),其差异为 29.4 N 左右,极显著高于肚领($P<0.01$),其差异为 68.6 N 左右,同时非肚领(Ⅰ)与肚领之间差异显著($P<0.05$),其差异为 39.2 N 左右。

表 2-6　牦牛瘤胃不同部位剪切力

指标	非肚领（Ⅰ）	非肚领（Ⅱ）	肚领
剪切力/N	129.65 ± 7.94^b	158.86 ± 6.86^a	92.708 ± 4.31^c

通过对牦牛瘤胃不同部位进行质构特性测定,试验结果见表 2-7。质构特性是采用质构仪模拟人体牙齿咀嚼食物时所感受到的各类指标的客观反映。其中硬度是描述与食品变形或穿透产品所需的力有关的质地特性,是食品保持形状的内部结合力。从表 2-7 中可知,非肚领（Ⅰ）硬度最大,为 9290.76 g,且显著或极显著高于非肚领（Ⅱ）和肚领（$P<0.01$）两部分,其中非肚领（Ⅱ）部分硬度高出肚领部分 3720.61 g 左右。罗天林研究发现牦牛瘤胃的硬度范围在 4354 g 左右,与本书研究结果相一致。本研究发现肚领部分硬度最低,这主要是由于其水溶性蛋白和盐溶性蛋白含量均显著和极显著高于非肚领（Ⅱ）和非肚领（Ⅰ）两部分,而不溶性蛋白(结缔组织)含量最低。

表 2-7　牦牛瘤胃不同部位质构(TPA)特性

指标	非肚领（Ⅰ）	非肚领（Ⅱ）	肚领
硬度/（N/cm²）	91.04 ± 1.37^c	66.80 ± 5.72^b	30.33 ± 0.67^a
弹性	0.95 ± 0.01^a	0.93 ± 0.06^a	0.88 ± 0.08^b
黏聚性	0.80 ± 0.02^a	0.79 ± 0.03^a	0.75 ± 0.02^b
咀嚼性/N	69.46 ± 1.87^a	39.83 ± 4.51^b	28.01 ± 2.31^c

弹性表示物体在外力作用下发生形变,外力撤除后恢复原来状态的能力。从表 2-7 中可知,非肚领（Ⅰ）弹性最大,为 0.95,与非肚领（Ⅱ）差异不显著（$P>0.05$）,但二者均高于肚领部分 0.070 左右。孔祥荣等研究发现牦牛瘤胃的弹性范围在 0.931 左右,与本书研究结果相一致,本研究发现肚领部分弹性最低可能是由于不溶性蛋白含量分别显著和极显著低于非肚领（Ⅱ）和非肚领（Ⅰ）（$P<0.01$）两部分,从而使结缔组织中的弹性蛋白、胶原蛋白含量较其他两部分低,弹性和抗张能力弱。

黏聚性描述的是咀嚼食物时食物抵抗受损,并紧密连接,使食物保持完整的性质,它代表了样品内部结合键的强度。从表 2-7 可知,非肚领（Ⅰ）黏聚性最大,为 0.80。与非肚领（Ⅱ）黏聚性差异不显著（$P>0.05$）,但均显著高于肚领部分 0.050 左右。罗天林研究发现牦牛瘤胃内聚性范围在 0.75 左右,与本书研究结果相一致,本研究发现肚领部分内聚性最低的原因可能与肚领本身所含蛋白质的含量有关,由于肚领部位水溶性、盐溶性蛋白含量均最高,而不溶性蛋白含量最低,从而在肚领内部蛋白质含量较其他两部分低,内聚性差。

咀嚼性与硬度、弹性、凝聚性有关,是将固体食品咀嚼到可吞咽时需做功的多少,数值上等于硬度与凝聚性和弹性的乘积。从表2-7中可知,非肚领(Ⅰ)咀嚼性最大,为7088.14 g,分别显著和极显著高于非肚领(Ⅱ)和肚领($P < 0.01$)两部分,且非肚领(Ⅱ)部分咀嚼性高出肚领部分1206 g左右。罗天林研究发现牦牛瘤胃的咀嚼性范围在2716 g左右,咀嚼性介于肚领部位与非肚领部位之间,与本书研究结果相一致。本试验发现肚领部位咀嚼性最低,肚领内部蛋白质含量较其他两部分少,结缔组织中弹性蛋白、胶原蛋白含量较其他两部分低。

五、小结

瘤胃根据构造特点及厚薄差异可分为肚领、非肚领(Ⅰ)、非肚领(Ⅱ)三部分,三者的蛋白组成占比为水溶性蛋白>盐溶性蛋白>不溶性蛋白,肚领盐溶性蛋白和水溶性蛋白均高于其他,不溶性蛋白含量低于其他,非肚领(Ⅰ)和非肚领(Ⅱ)三种蛋白差异不大。牦牛瘤胃非肚领(Ⅰ)与非肚领(Ⅱ)加压损失率和蒸煮损失率差异不显著,但均显著低于肚领,非肚领(Ⅱ)剪切力最大,显著和极显著高于非肚领(Ⅰ)和肚领部分。质构特性中,非肚领(Ⅰ)硬度和咀嚼性均显著高于非肚领(Ⅱ),极显著高于肚领。非肚领(Ⅰ)和非肚领(Ⅱ)黏聚性与弹性之间差异不显著,但均显著高于肚领。研究发现,牦牛瘤胃不同部位组织结构的差异可能源于蛋白组成的差异,进而影响其食用品质的差异。因此,通过了解牦牛瘤胃不同部位蛋白组成及食用品质差异,为牦牛瘤胃的工业化生产提供了借鉴。

第二节　涨　发

市售牛肚一般为干制,若直接进行加工,则其口感如同嚼橡皮,很难下咽。因此,牛肚食用前必须经过涨发处理,其目的是使干制品重新吸收水分,最大限度地恢复原有鲜嫩、松软的特点,还可以除去原料中的腥臊气味和杂质,使之便于切配和烹调,也有利于消化吸收。涨发是将干制品从化学组成和组织结构上尽可能恢复到原始鲜活状态的一个过程。涨发对肉制品的影响主要有以下几点:①改变蛋白质的结构特性;②使牛肚膨胀吸水从而产生"脆嫩化渣"的特性;③去除异味与杂质。

牛肚的涨发包括水发、酸发、碱发、酶发和复合发等。

一、清水涨发

如图 2-7 所示,可看出牛肚在清水体系涨发中增重率及感官评分的变化,随着料液比的升高,感官评分与增重率呈现先增加后降低的趋势,且感官评分的变化趋势和增重率的变化趋势相似,都在料液比值为 1∶6 时达到峰值,说明感官评分与增重率的变化呈正相关。综上分析可得,最佳料液比为 1∶6。

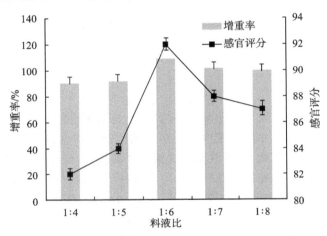

图 2-7　清水涨发料液比对牛肚增重率和感官评分的影响

从图 2-8 可看出,增重率随着涨发时间的延长而上升,且在 1.5 h 时增重率达到峰值,这与之前 0.5 h 的增重率相比,差异较大。主要是因为干制牛肚后,牛肚

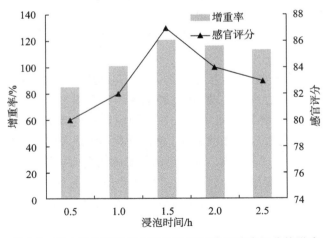

图 2-8　清水涨发浸泡时间对牛肚增重率和感官评分的影响

失去了大量水分,使得细胞之间的空间缩水,再将牛肚放到清水中时,由于渗透压的原因,牛肚又会吸收外部的水分。同时从感官评分看,随着涨发时间的延长,感官评分逐渐提高后开始下降,当达1.5 h时为最高。

由图2-9可以看出,涨发0.5 h时,剪切力值最高,在涨发1～2 h时剪切力值有所降低,到2.5 h时剪切力值又上升,说明牛肚的嫩度并没有因为清水涨发后再漂烫得到改善,并且较高的吸水率也没有产生较低的剪切力值(如1.5 h处理组)。因此,单靠纯水的浸泡牛肚达不到涨发的效果。

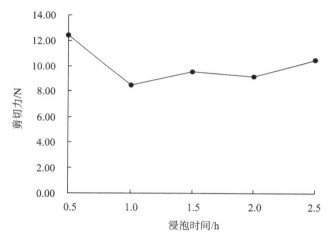

图2-9　清水涨发浸泡时间对牛肚剪切力的影响

二、碱液涨发

如图2-10所示,可以看出干制牛肚在食用碱水溶液浸泡过程中增重率和感官评分的变化情况,图中显示牛肚的吸水率与碱液有关,增重率与感官评分的变化较为明显,碱浓度为2%时,感官评分和增重率都达到较高值,说明碱液涨发可以提高干制牛肚的吸水效率。碱液中的碳酸钠能够与细胞间的脂蛋白接触并发生化学反应,从而溶解细胞间的一些脂蛋白,使细胞之间的空隙变大,进而水分进入牛肚内部。但当碱液浓度大于3%时,牛肚增重率变化比较平缓,是因为牛肚吸水达到饱和,这时候对牛肚增重率的影响较小,而对感官评分的影响较大,可能是随着碱浓度的增大,对色泽及口感都有较大的影响,如会使牛肚组织产生软烂、苦味等。

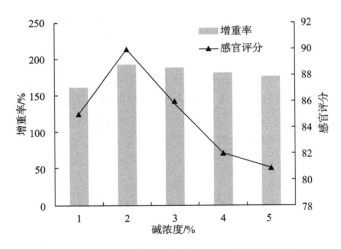

图 2-10　碱浓度对牛肚增重率和感官评分的影响

如图 2-11、图 2-12 所示,可以看出干制牛肚在食用碱水溶液浸泡过程中的增重率和剪切力值、感官评分的变化情况。可见干制牛肚的增重率、剪切力值以及感官评分由于碱液的影响,均有明显变化。在浸泡 60 min 时牛肚增重率达到最大、剪切力值最小。说明碱液涨发能够加快牛肚吸水进程,提高牛肚吸水率及嫩度。且从感官分析看,当牛肚在碱液中的浸泡时间达 60 min 时,其感官品质也是最高的。综上分析,碱液的涨发效果较好。

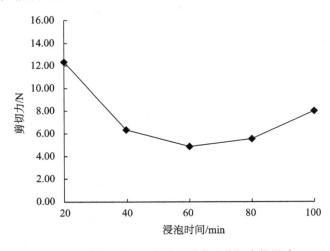

图 2-11　碱液涨发浸泡时间对牛肚剪切力的影响

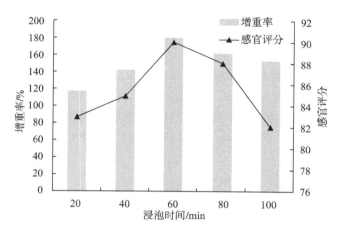

图 2-12　碱液涨发浸泡时间对牛肚增重率和感官评分的影响

三、酶液涨发

干制牛肚在酶水溶液浸泡过程中增重率和感官评分的变化情况见图 2-13，从图中可看出，在 3％酶液中涨发的牛肚增重率高于其他涨发组，之后则呈平缓变化趋势，表明牛肚吸水达到饱和状态，也可能是其内部水溶性物质的溶出所导致。而在 4％酶浓度之后感官评分变化趋势减小，可能是该样品由于酶液的作用时间过长，导致质地过于软烂，影响产品的食用。综上分析得出酶液的最佳涨发浓度为 3％。

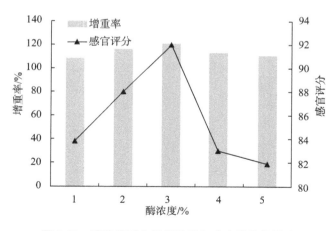

图 2-13　酶浓度对牛肚增重率和感官评分的影响

　　干制牛肚在木瓜蛋白酶水溶液中涨发时的增重率与剪切力、感官评分的变化情况如图 2-14、图 2-15 所示。由图可知,牛肚在酶液中涨发 20 min 时,其增重率和感官评分明显高于其他涨发组,之后则呈下降趋势,表明牛肚吸水已达饱和状态,也有可能是牛肚内部水溶性物质的溶出所致,在 50 min 时其感官评分和剪切力值达到最低,可能是因为酶液的作用时间过长,使牛肚感官品质有所下降,影响了牛肚的食用品质。以增重率作为指标进行检测,实验发现碱液涨发比酶液涨发效果好。由此可以得出:单一使用酶液不能使牛肚达到最大吸水率,且作用时间较短。

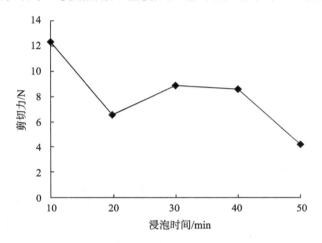

图 2-14　酶液涨发浸泡时间对牛肚剪切力的影响

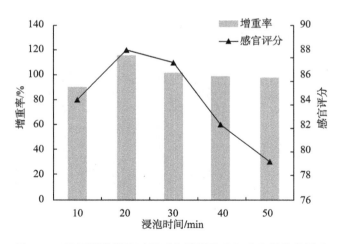

图 2-15　酶液涨发浸泡时间对牛肚增重率和感官评分的影响

四、酸液涨发

干制牛肚在不同浓度的酸水溶液涨发过程中增重率和感官评分的变化情况见图 2-16。从图中可看出,增重率和感官评分均有明显变化,且干制牛肚在整体上的增重率呈现上升变化趋势,当酸浓度达到 5% 时增重率达最高值,但感官评分最低,出现色泽变化及组织发生软烂,因此综合分析涨发速度和感官品质,选取最佳的酸浓度为 2%。

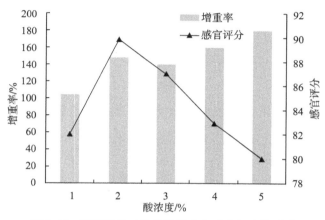

图 2-16　酸液涨发对牛肚增重率和感官评分的影响

如图 2-17、图 2-18 所示,可以看到干制牛肚在酸水溶液涨发过程中的增重率、

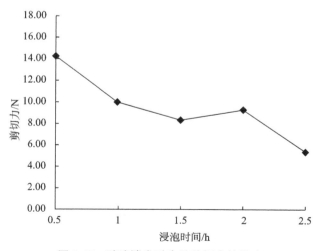

图 2-17　酸液涨发对牛肚剪切力的影响

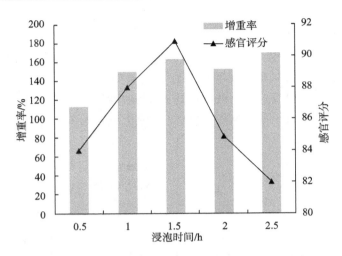

图 2-18　酸液涨发对牛肚增重率和感官评分的影响

剪切力值以及感官评分的变化情况。从图中可以看出,牛肚增重率整体上呈现上升趋势,剪切力值呈下降趋势;但与碱液涨发法相比,增重率与剪切力值都具有较大差距,并且感官评价发现涨发后牛肚原有的异味没有彻底去除,随着时间的延长,感官品质先上升后开始下降。因此,酸液涨发法可放弃。

五、酶液-碱液涨发

由图 2-19、图 2-20 可以看出牛肚在 2‰酶液中浸泡 20 min 后继续在碱液中浸

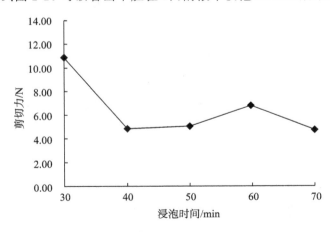

图 2-19　酶液-碱液涨发对牛肚剪切力的影响

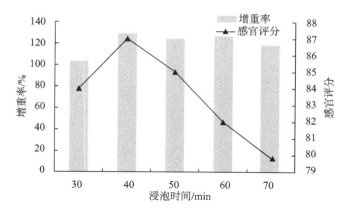

图 2-20　酶液-碱液涨发对牛肚增重率和感官评分的影响

泡时增重率与剪切力、感官品质的变化情况。涨发 40 min 时牛肚增重率和感官评分最高,随后开始下降;而剪切力值相对较低且剪切力值呈下降趋势。从整体的感官评分来看,单纯利用碱液涨发比酶液-碱液涨发效果要好,碱液涨发使得牛肚感官上更饱满,色泽鲜嫩。实验说明,未经酶液处理的效果比经酶处理后再用稀碱液涨发组的效果更好。

六、碱液-清水涨发

从图 2-21、图 2-22 可以看出,牛肚在 2% 碱液中浸泡后再在清水中浸泡不同时间时增重率及剪切力、感官品质的变化情况。把经碱液涨发的牛肚泡在清水中,牛

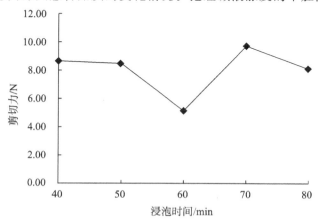

图 2-21　碱液-清水涨发对牛肚剪切力的影响

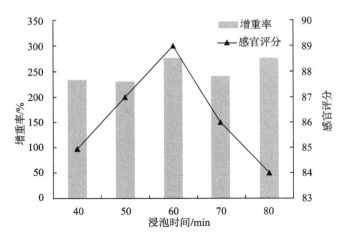

图 2-22　碱液-清水涨发对牛肚增重率和感官评分的影响

肚增重率呈先升高后降低趋势,浸泡 60 min 时达最高值,主要是因为水分子向牛肚内部自由扩散,达到渗透压的平衡,使细胞内外碱液浓度达到平衡,从而达到了细胞最大的吸水量,随后降低可能是其部分物质开始溶出;当浸泡 60 min 时,其剪切力值达最低。此外,从整体的感官评分来看,感官评分先升高再降低,浸泡 60 min 时达最高,可能因为碱液的作用时间过长导致感官品质下降。综上所述,单纯利用碱液涨发在感官上比用碱液-水涨发更饱满,色泽更鲜嫩。

七、小结

以清水、食用碱 Na_2CO_3、木瓜蛋白酶、食用柠檬酸为主要涨发试剂对干制牛肚进行不同方式的涨发实验,同时以增重率和剪切力值、感官评分作为分析指标,研究了干制牛肚的涨发工艺。单因素试验采用了清水涨发法、碱液涨发法、酸液涨发法、酶液-碱液复合法及碱液-清水复合法的涨发方法,实验发现牛肚增重率、剪切力值以及感官评分存在差异。通过剪切力值以及增重率、感官评分进行分析,得出牛肚的最佳涨发工艺为:用浓度为 2% 的食用碱(碳酸钠)水溶液中浸泡牛肚样品 1 h,涨发后的牛肚膨胀饱满,弹性好,肉感强。

第三节　卤　制

卤制牛肚是一个深受广大消费者喜爱的传统酱卤食品,本节在传统酱卤制品工艺的基础上,对牛肚卤制过程中影响卤制产品质量的香辛料用量、基本调味料

（食盐、食糖、生抽、料酒等）、卤制时间和浸泡时间、干燥时间等进行了研究,旨在为卤制牛肚产品的研发提供参考。

一、香辛料配方对含平滑肌牛肚品质的影响

影响卤制品感官品质的最重要因素是各香辛料的用量和比例。研究结合相关理论,将制备好的干制牛肚原料经涨发后预煮,投入不同配料比的卤汁中,使用电磁炉加热,控制卤汁温度在103℃,使卤汁始终保持微沸状态,到规定时间收干卤汁出锅,最终得出较优配料比例。选择最常用的12种香辛料,研究不同香辛料用量对卤制牛肚的影响,结果见表2-8。由表可知,配方4感官评分最高,配料比例白芷、黄芪、八角、小茴香、砂仁、花椒、草果、丁香、香叶、良姜、胡椒、干姜为6∶3∶6∶3∶3∶4∶6∶3∶3∶3∶4∶5。

表 2-8　卤料的组成及其对卤制品感官评分的影响　　　　　　　　　　　　　　　　g

香辛料名称	配方 1	配方 2	配方 3	配方 4	配方 5	配方 6
白芷	5	5	6	6	7	7
黄芪	2	3	3	3	4	4
八角	5	5	6	6	7	7
小茴香	2	2	3	3	3	4
砂仁	5	4	4	3	3	6
花椒	2	3	3	4	4	5
草果	4	4	5	6	6	5
丁香	4	4	3	3	3	2
香叶	2	2	3	3	3	4
良姜	4	4	3	3	3	2
胡椒	3	3	4	4	4	5
干姜	4	4	5	5	6	6
感官评分	81	83	84	86	79	80

二、食盐对含平滑肌牛肚品质的影响

对卤制品而言,食盐的添加量至关重要。从表2-9可以看出,食盐用量对硬度、剪切力、出品率、感官评分指标影响较大,其中硬度和剪切力随食盐添加量的增加呈增大趋势,但食盐量的改变对弹性和咀嚼性影响不大,食盐有提鲜味作用,但

量过多则严重影响口感,当食盐用量为 1.5% 时,其感官评分最高。因此,食盐在 1%~2% 是最适的添加范围。综上分析可得到,食盐添加量选择 1%、1.5% 和 2% 做进一步优化。

表 2-9　食盐用量对卤制牛肚品质的影响

食盐用量/%	硬度/(N/cm²)	弹性/mm	咀嚼性/mJ	剪切力/N	出品率/%	感官评分
0.5	13.00± 0.44	0.947± 0.021	1350.53± 58.90	5.56± 0.23	80.13± 0.45	85
1	14.08± 0.74	0.941± 0.015	1391.11± 39.55	5.16± 0.11	81.47± 0.62	87
1.5	15.15± 0.71	0.931± 0.005	1324.16± 52.01	6.21± 1.04	82.14± 0.43	95
2	18.05± 0.40	0.912± 0.060	1322.90± 44.95	7.16± 0.18	83.00± 0.39	90
2.5	22.31± 0.81	0.921± 0.046	1351.92± 36.99	8.86± 0.15	82.11± 0.50	86

三、生抽对含平滑肌牛肚品质的影响

从表 2-10 可看出,生抽用量影响卤制品口感、质地、色泽。生抽用量对硬度、弹性、咀嚼性、剪切力、出品率的影响不大,没有明显的规律。但对口感、外观色泽的影响较大,添加适量生抽可以改善卤制品色泽、口感,而过量则会严重影响产品的外观色泽,由表可看出生抽为 3% 时,感官评分为最高。综合评定生抽在 2%~4% 是最适的添加范围。因此生抽添加量选择 2%、3% 和 4% 三个水平做进一步优化。

表 2-10　生抽用量对卤制牛肚品质的影响

生抽用量/%	硬度/(N/cm²)	弹性/mm	咀嚼性/mJ	剪切力/N	出品率/%	感官评分
1	13.71± 0.55	0.963± 0.009	1475.50± 49.31	5.51± 0.25	83.66± 0.45	85
2	13.96± 0.57	0.942± 0.006	1390.89± 21.40	5.96± 0.21	82.58± 0.39	91
3	14.08± 0.54	0.926± 0.041	1411.78± 32.22	5.16± 0.26	83.06± 0.31	93

续表 2-10

生抽用量/%	硬度/(N/cm²)	弹性/mm	咀嚼性/mJ	剪切力/N	出品率/%	感官评分
4	13.69± 0.40	0.951± 0.038	1455.572± 45.61	4.41± 0.31	80.17± 0.39	87
5	14.37± 0.49	0.954± 0.023	1415.69± 24.86	5.68± 0.19	81.93± 0.49	81

四、冰糖对含平滑肌牛肚品质的影响

如表 2-11 所示,冰糖用量对卤制牛肚的品质有一定的影响,冰糖用量的改变对硬度、弹性、咀嚼性、剪切力、出品率等影响不大,没有明显的变化,而对感官品质的影响较大。冰糖用量主要表现在对口感风味的影响,添加适当冰糖可以增加卤制品口感、风味,而用量过多又会严重影响口感、风味。因此从感官评价可判定冰糖用量在 2%～4%范围较合适,且冰糖用量为 3%的实验组最终得到的评分最高为 93 分,所以冰糖添加量选择 2%、3%和 4%三个水平做进一步优化。

表 2-11 冰糖用量对卤制牛肚品质的影响

冰糖用量/%	硬度/(N/cm²)	弹性/mm	咀嚼性/mJ	剪切力/N	出品率/%	感官评分
1	14.55± 0.64	0.912± 0.015	1310.26± 49.94	6.29± 0.33	83.32± 0.50	86
2	15.11± 0.51	0.948± 0.012	1375.63± 44.10	5.51± 0.31	81.96± 0.39	91
3	14.91± 0.58	0.903± 0.023	1368.83± 31.72	5.41± 0.34	83.81± 0.45	93
4	14.63± 0.43	0.933± 0.026	1405.65± 40.44	5.37± 0.14	81.30± 0.42	87
5	15.07± 0.40	0.941± 0.027	1362.75± 47.51	5.96± 0.28	80.22± 0.19	85

五、料酒对含平滑肌牛肚品质的影响

从表 2-12 可以看出不同料酒用量对卤制牛肚的品质影响与冰糖用量对卤制牛肚品质的影响有些相似,不同料酒用量对硬度、弹性、咀嚼性、剪切力、出品率等影响不大,且各个指标的自身变化也呈现无规律性,而对感官品质影响较大。从最终的感官评分来看,料酒用量为 2% 的实验组最终得到的评分最高,为 91 分,料酒用量在 1%～3% 范围应该都是可行的,所以料酒添加量选择 1%、2% 和 3% 三个水平做进一步优化。

表 2-12 料酒用量对卤制牛肚品质的影响

料酒用量/%	硬度/(N/cm²)	弹性/mm	咀嚼性/mJ	剪切力/N	出品率/%	感官评分
1	13.24± 0.23	0.953± 0.007	1379.79± 17.11	5.77± 0.09	80.41± 0.25	88
2	13.66± 0.41	0.963± 0.010	1347.34± 36.61	5.23± 0.26	83.28± 0.43	91
3	13.34± 0.15	0.952± 0.026	1385.31± 38.10	5.81± 0.31	81.63± 0.50	90
4	13.90± 0.37	0.968± 0.003	1367.98± 48.08	4.85± 0.28	82.97± 0.40	86
5	13.12± 0.21	0.951± 0.029	1401.68± 44.56	5.49± 0.14	83.70± 0.44	84

六、卤制时间对含平滑肌牛肚品质的影响

从表 2-13 可以看出,卤制时间的改变对硬度、咀嚼性、剪切力、出品率、感官品质等有较大影响,硬度、咀嚼性随着卤制时间的延长呈上升趋势,出品率呈下降趋势,而对弹性指标影响较小,变化没有明显规律性。从表中可看出,感官评分最高出现在 6 min。而之后感官评分出现降低的原因可能是卤制时间过长,影响了牛肚的嫩度和咀嚼性等,所以本实验最佳卤制时间定为 6 min。

表 2-13 卤制时间对卤制牛肚品质的影响

卤制时间/min	硬度/(N/cm²)	弹性/mm	咀嚼性/mJ	剪切力/N	出品率/%	感官评分
2	12.81± 0.66	0.925± 0.034	1314.90± 51.82	5.42± 0.11	83.98± 0.23	83
4	11.98± 0.67	0.941± 0.004	1445.57± 42.28	6.35± 0.18	81.00± 0.34	86
6	11.46± 0.68	0.933± 0.014	1394.34± 37.40	5.19± 0.21	80.09± 0.20	90

续表 2-13

卤制时间/min	硬度/(N/cm²)	弹性/mm	咀嚼性/mJ	剪切力/N	出品率/%	感官评分
8	14.91± 0.76	0.962± 0.044	1425.04± 56.30	5.68± 0.25	79.72± 0.54	87
10	16.47± 0.64	0.953± 0.004	1581.05± 48.75	6.43± 0.12	79.37± 0.48	84

七、浸泡时间对含平滑肌牛肚品质的影响

为使成品能有较好的口感风味,采用卤制后将其继续浸泡在卤汁中使产品更加入味。在一定浸泡时间内能得到口感、质地较好的卤制品。从表 2-14 可以看出不同浸泡时间对硬度、咀嚼性、感官品质等有较大的影响,且硬度、咀嚼性呈增大趋势,而对弹性、剪切力的影响较小,其数据变化并没有呈现明显的规律,从感官分析,可看出当浸泡时间为 9 min 时,感官评分达最高值 93 分,得出此时卤制品的口感较佳,因此取最佳浸泡时间为 9 min。

表 2-14　浸泡时间对卤制牛肚品质的影响

浸泡时间/min	硬度/(N/cm²)	弹性/mm	咀嚼性/mJ	剪切力/N	出品率/%	感官评分
0	13.16± 0.63	0.931± 0.008	1301.11± 21.17	6.28± 0.28	80.59± 0.46	87
3	12.72± 0.58	0.957± 0.029	1378.60± 61.21	5.81± 0.12	83.13± 0.53	88
6	12.82± 0.55	0.941± 0.003	1356.17± 58.15	5.91± 0.11	83.52± 0.53	90
9	13.04± 0.31	0.958± 0.005[a]	1368.05± 22.40	5.61± 0.28	81.69± 0.49	93
12	14.29± 0.29	0.963± 0.010	1395.87± 51.54	6.16± 0.17	80.29± 0.39	89

八、干燥时间对含平滑肌牛肚品质的影响

从表 2-15 可以看出,不同干燥时间对卤制牛肚产品的品质影响与其他因素对卤制牛肚的品质影响差别较大,不同干燥时间对硬度、弹性、咀嚼性、出品率、水分

活度、感官品质等指标都有较大的影响。弹性和出品率、水分活度呈下降趋势，硬度总体呈增加的趋势，其他指标未呈现明显规律性变化。从感官评分和水分活度来看，干燥时间为 25 min 的实验组最终得到的评分最高为 92 分、水分活度较低为 0.855。因此，综上分析，取最佳干燥时间为 25 min。

表 2-15   干燥时间对卤制牛肚的品质影响

干燥时间 /min	硬度 /(N/cm²)	弹性 /mm	咀嚼性 /mJ	剪切力 /N	出品率 /%	水分活度	感官评分
0	12.92± 0.38	0.932± 0.024	1250.41± 30.76	4.25± 0.3	82.49± 0.35	0.949± 0.004	84
5	13.07± 0.21	0.932± 0.014	1316.38± 44.37	4.62± 0.25	81.70± 0.32	0.903± 0.05	86
15	12.83± 0.27	0.955± 0.018	1295.13± 56.84	4.83± 0.09	76.13± 0.31	0.891± 0.003	89
25	13.41± 0.34	0.942± 0.030	1240.01± 40.52	4.42± 0.11	71.44± 0.36	0.855± 0.003	92
35	13.20± 0.28	0.929± 0.012	1372.04± 50.50	4.66± 0.15	61.80± 0.50	0.852± 0.005	85
45	13.97± 0.27	0.902± 0.006	1411.76± 19.54	5.43± 0.12	52.25± 0.29	0.850± 0.002	80

九、卤制工艺条件优化

对卤制工艺条件进行优化，并利用 DPS 软件进行方差分析。以生抽、食盐、食用冰糖、料酒为变化因素，设计四因素三水平的正交试验表，如表 2-16 所示。

表 2-16   正交试验($L93^4$)设计优化卤制工艺表   %

水平	因素			
	食盐用量 A	生抽用量 B	冰糖用量 C	料酒用量 D
1	1	2	2	1
2	1.5	3	3	2
3	2	4	4	3

表 2-17　优化卤制工艺正交试验($L93^4$)结果

处理号	因素				综合评分		综合评分(平均)
	食盐用量 A/%	生抽用量 B/%	冰糖用量 C/%	料酒用量 D/%	I	II	
1	1(1)	1(2)	1(2)	1(1)	0.4168	0.3448	0.3808
2	1	2(3)	2(3)	2(2)	0.3622	0.3045	0.3333
3	1	3(4)	3(4)	3(3)	0.3927	0.3053	0.3490
4	2(1.5)	1	2	3	0.3766	0.3113	0.3439
5	2	2	3	1	0.3842	0.5022	0.4432
6	2	3	1	2	0.7015	0.8164	0.7589
7	3(2)	1	3	2	0.5081	0.6222	0.5651
8	3	2	1	3	0.2624	0.3479	0.3051
9	3	3	2	1	0.3155	0.2068	0.2611
K1	2.1644	2.5857	2.9711	2.2497			
K2	3.1195	2.1588	1.8684	3.2078			
K3	2.2688	2.8083	2.7134	2.0953			
K1	0.3607	0.4309	0.4952	0.375			
K2	0.5199	0.3598	0.3114	0.5346			
K3	0.3781	0.468	0.4522	0.3492			
R	0.1592	0.1082	0.1838	0.1854			
主次顺序:$D>C>A>B$							
最优组合:$A_2B_3C_1D_2$							

　　由表 2-17 可看出,食盐用量、生抽用量、冰糖用量、料酒用量对综合评分的影响的主次顺序是 $D>C>A>B$,并得到最优水平组合是 $A_2B_3C_1D_2$。然后对正交试验结果进行方差分析,结果如表 2-18 所示,由表可知,A 因素对综合评分有显著性影响($P<0.05$),B 因素对综合评分没有显著性影响($P>0.05$),C 和 D 对综合评分影响极显著($P<0.01$)。通过对比 F 值,可得出 4 个因素中食盐用量、生抽用量、冰糖用量、料酒用量对综合评分影响的主次顺序是 $D>C>A>B$,这与上述极差分析结果一致。通过上述分析得到的最优水平组合是 $A_2B_3C_1D_2$,就是正交试验中的第六处理组,即为食盐用量 1.5%、生抽用量 3%、冰糖用量 2%、料酒用量 2%,其综合评价得分为 0.7589,大于正交试验其他组,说明正交试验得到的结果是可信的。正交试验第六处理组的结果是剪切力值为 5.37N、出品率为 75.5%,

感官评分为 90 分，由此可知其出品率和感官评分均较高。

表 2-18　正交试验（L93⁴）结果的方差分析表

变异来源	平方和	自由度	均方差	F	F_α
A	0.0915	2	0.0457	7.3484*	$F_{0.05(2,9)}=4.26$
B	0.0363	2	0.0182	2.9160	$F_{0.01(2,9)}=8.02$
C	0.1109	2	0.0555	8.9086**	
D	0.1211	2	0.0605	9.7246**	
误差	0.0560	9	0.0062		

十、小结

从实验结果可以看出，卤制含平滑肌牛肚时，食盐的浓度、卤制的时间、卤制时卤料的配方对成品的感官品质有明显影响。卤制中食盐、生抽、食用冰糖、料酒的最佳用量分别为 1.5%、3%、2% 和 2%；最佳的卤制时间、浸泡时间分别为 6 min、9 min；最佳的卤料配比为：白芷、黄芪、八角、小茴香、砂仁、花椒、草果、丁香、香叶、良姜、胡椒、干姜为 6∶3∶6∶3∶3∶4∶6∶3∶3∶3∶4∶5；对牛肚卤制品进行干燥时的最佳干燥时间为 25 min。其产品的最终水分活度为 0.855。

第四节　煮　制

煮制是畜产品常用的熟制方式之一，煮制条件下牛肚的品质变化规律对煮制牛肚的工艺选择具有重要的意义。本节通过研究肚领和非肚领的煮制工艺，为牛肚的加工提供参考。

一、切片长度对含平滑肌牛肚领品质的影响

在不同切片长度下牦牛瘤胃肚领感官评价综合得分变化如图 2-23 所示。由图可知，随着切片长度的增加，感官评价综合得分呈先上升后下降的趋势。在切片长度为 5 cm 时，牦牛瘤胃肚领熟制品的感官评价综合得分最高，显著（$P<0.05$）高于切片长度为 4 cm 和 6 cm 的感官评价综合得分，极显著（$P<0.01$）高于其他切块长度的感官评价综合得分。因此，选择 5 cm 为最适宜的切片长度。

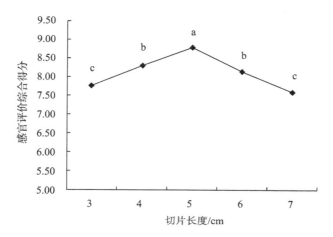

图 2-23　切片长度对感官评价综合得分的影响

二、煮制温度对含平滑肌牛肚领品质的影响

在不同煮制温度下牦牛瘤胃肚领感官评价综合得分变化如图 2-24 所示。由图可知,随着煮制温度的升高,感官评价综合得分呈先上升后下降的趋势。在煮制温度为 90℃时,牦牛瘤胃肚领熟制品的感官评价综合得分最高,显著($P<0.05$)高于煮制温度为 88℃的感官评价综合得分,极显著($P<0.01$)高于其他煮制温度的感官评价综合得分。因此,选择 90℃为最适宜的煮制温度。

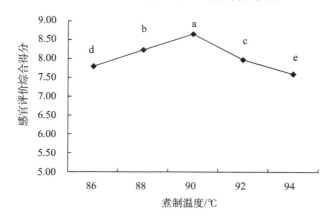

图 2-24　煮制温度对感官评价综合得分的影响

三、煮制时间对含平滑肌牛肚领品质的影响

在不同煮制时间下牦牛瘤胃肚领感官评价综合得分变化如图 2-25 所示。由图可知,随着煮制时间的增加,感官评价综合得分呈先上升后下降的趋势。在煮制时间为 22 min 时,牦牛瘤胃肚领熟制品的感官评价综合得分最高,显著($P<0.05$)高于煮制时间为 20 min 的感官评价综合得分,极显著($P<0.01$)高于其他煮制时间的感官评价综合得分。因此,22 min 为最适宜的煮制时间,选择其作为响应面中心试验点。

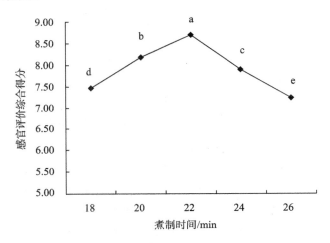

图 2-25 煮制时间对感官评价综合得分的影响

四、含平滑肌肚领煮制工艺优化

在单因素试验的基础上,以切片长度、煮制温度、煮制时间为自变量,利用响应面法优化最佳煮制工艺条件。

1. 响应面试验设计及结果分析

响应面试验设计方案如表 2-19 所示。通过 Design-Expert 软件对试验数据进行拟合分析,自变量分别为切片长度、煮制温度、煮制时间,通过分析得到如下回归模型:

$$Y=9.007+0.026375A+0.00725B-0.05788C+0.05AB-0.15425AC+0.04BC-0.58738A^2-0.12563B^2-0.19388C^2$$

表 2-19　响应面试验设计方案

序号	切片长度 A/cm	煮制温度 B/℃	煮制时间 C/min
1	4	88	22
2	6	88	22
3	4	92	22
4	6	92	22
5	4	90	20
6	6	90	20
7	4	90	24
8	6	90	24
9	5	88	20
10	5	92	20
11	5	88	24
12	5	92	24
13	5	90	22
14	5	90	22
15	5	90	22
16	5	90	22
17	5	90	22

2. 感官综合评价结果

选取 10 位评价员按照响应面设计的方案进行感官评分,结果如表 2-20 所示。

表 2-20　感官评价表

序号	1	2	3	4	5	6	7	8	9	10	平均值
1	8.20	9.30	8.40	8.30	8.75	7.83	7.75	8.10	8.10	8.05	8.28
2	9.00	8.43	8.75	8.25	7.25	8.07	8.10	8.20	7.70	7.95	8.17
3	8.50	8.83	8.30	8.20	8.75	9.00	8.50	7.70	7.90	7.50	8.32
4	8.75	8.90	8.20	8.75	8.40	8.50	8.20	8.50	8.20	7.70	8.41
5	8.10	8.00	8.10	8.30	8.50	7.83	8.20	7.75	8.40	8.30	8.15
6	9.00	8.40	8.50	8.30	8.10	8.20	8.75	9.20	8.50	8.75	8.57
7	8.00	8.30	8.10	8.50	8.40	8.30	8.00	7.80	8.20	8.30	8.19
8	8.20	7.70	8.10	8.10	7.70	7.90	8.10	8.30	8.10	7.75	8.00

续表 2-20

序号	1	2	3	4	5	6	7	8	9	10	平均值
9	8.75	8.50	8.10	8.50	8.75	8.75	8.50	9.00	9.00	8.50	8.64
10	8.75	8.50	8.30	8.50	9.30	9.10	9.40	7.90	8.00	9.30	8.71
11	9.00	8.50	9.00	9.00	8.20	8.10	8.50	8.40	9.10	8.10	8.59
12	8.75	9.00	8.75	9.20	8.75	9.00	8.10	9.50	8.40	8.75	8.82
13	9.20	8.50	9.50	8.75	9.50	8.50	9.20	9.30	8.75	9.00	9.02
14	9.00	8.50	9.00	9.30	9.30	9.50	8.20	9.20	8.75	9.00	8.98
15	9.20	8.60	8.80	9.20	9.30	9.50	9.30	9.30	9.10	9.10	9.13
16	8.90	8.30	9.50	8.75	9.30	8.50	9.20	9.30	9.40	8.30	8.90
17	9.25	9.25	9.25	8.50	9.50	9.00	8.75	9.20	8.75	9.00	9.02

3. 回归方程的显著性检验及方差分析

根据 Design-Expert 8.0.6 软件得到回归方程的显著性检验及方差分析，如表 2-21 所示。据方差分析结果，该方程是感官评价综合得分与牦牛瘤胃肚领煮制工艺各参数的合适数学模型，所以，可以利用此回归方程确定牦牛瘤胃肚领煮制最佳工艺条件。由表 2-21 中 F 值的大小可以判断各因素对综合得分影响的强弱。各个因素对综合得分影响的程度大小的次序为切片长度＞煮制时间＞煮制温度，数学模型的结果表明二次项 A^2 差异性达到极显著水平（$P < 0.01$）。

表 2-21 回归方程的显著性检验及方差分析

方差来源	平方和	自由度	均方差	F 值	P 值	显著性
模型	1.973008809	9	0.2119223201	18.75712264	0.0004	**
切片长度 A	0.005565125	1	0.005565125	0.476161883	0.5124	
煮制温度 B	0.0421	1.0000	0.0421	3.5979	0.0997	
煮制时间 C	0.0268	1.0000	0.0268	2.2927	0.1738	
AB	1.0000E-02	1	1.0000E-02	0.855617588	0.3857	
AC	9.5172E-02	1	9.5172E-02	8.143105097	0.0246	
BC	6.4000E-03	1	6.4000E-03	0.547595256	0.4834	
A^2	1.452671118	1	1.452671118	124.2930958	<0.0001	**
B^2	0.0664	1	0.0664	5.6855	0.0486	*
C^2	0.1583	1	0.1583	13.5413	0.0079	**
残差	0.0818	7	0.0117			
失拟项	0.0529	3	0.0176	2.4373	0.2047	

续表 2-21

方差来源	平方和	自由度	均方差	F 值	P 值	显著性
纯误差	0.0289	4	0.0072			
总离差	2.0548	16				

注：** 表示差异极显著，$P<0.01$；* 表示差异显著，$P<0.05$。

4. 各因素交互作用的响应面分析

各因素交互作用对感官评分影响的响应面图如图 2-26 所示。由响应面的陡峭程度可知，切片长度对感官评分的影响最大，其次是煮制时间和煮制温度，这与方差分析结果相一致。从图 2-26 可以看出，在每组因素交互作用下，感官评分均有最大值，说明各组交互作用对感官评分有影响。因此，各试验因子对响应值的影响不是简单的线性关系，利用该回归方程可以确定牦牛瘤胃肚领的最佳煮制工艺条件。

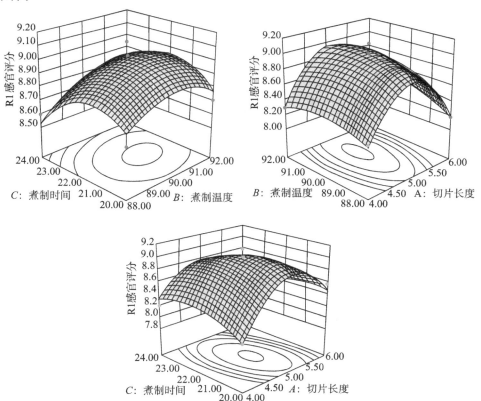

图 2-26　各因素交互作用对感官评分影响的响应面图

5. 验证试验结果

通过响应面分析确定牦牛瘤胃肚领的最佳煮制工艺条件是切片长度为5.05 cm、煮制温度为90.55℃、煮制时间为21.72 min,此条件下由响应面分析得到感官评分的理论值为9.02。在最优参数的条件下,对牦牛瘤胃煮制工艺进行了3次试验,试验平均值为9.2,与实际误差相差0.18,测定结果稳定,偏差不大,试验结果可靠,具有实用价值。为了便于工业化应用,将其修正为切片长度为5 cm、煮制温度为90℃、煮制时间为22 min。

五、切片大小对含平滑肌非肚领品质的影响

在不同切片大小下牦牛瘤胃非肚领感官评分如图2-27所示。由图可知,随着切片大小的增加,感官评分呈先上升后下降的趋势。在切片大小为10 cm×10 cm时,牦牛瘤胃非肚领熟制品的感官评分最高,显著($P<0.05$)高于切片大小为9 cm×9 cm的感官评分,极显著($P<0.01$)高于其他切片大小的感官评分。因此,选择10 cm×10 cm为适宜的切片大小,选择其为响应面中心试验点。

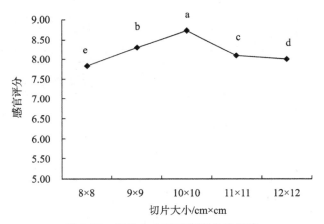

图2-27 切片大小对感官评分的影响

注:不同字母表示差异显著,$P<0.05$;相同字母表示观测值在0.05水平上差异不显著,下图同。

六、煮制温度对含平滑肌非肚领品质的影响

煮制温度对感官评分的影响如图2-28所示。由图可知,随着煮制温度的升高,感官评分呈先升高后降低的趋势。在85℃时,牦牛瘤胃非肚领熟制品的感官评分最高,显著($P<0.05$)高于煮制温度为90℃的感官评分,极显著($P<0.01$)高于煮制温度为75℃、80℃和94℃的感官评分。因此,选择85℃为适宜的煮制温

度,选择其作为响应面中心试验点。

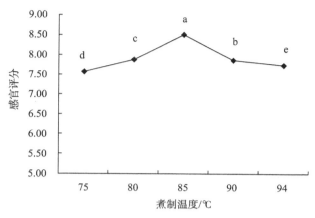

图 2-28　煮制温度对感官评分的影响

七、煮制时间对含平滑肌非肚领品质的影响

从图 2-29 可知,随着煮制时间的延长,感官评分呈先上升后下降的趋势。在煮制时间为 12 min 时,牦牛瘤胃非肚领熟制品的感官评分最高,显著($P<0.05$)高于煮制时间为 14 min 的感官评分,极显著($P<0.01$)高于其他煮制时间的感官评分。因此,最佳煮制时间为 12 min,选择其作为响应面中心试验点。

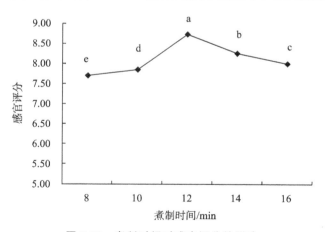

图 2-29　煮制时间对感官评分的影响

八、含平滑肌非肚领煮制工艺优化

在单因素试验的基础上,以切片大小、煮制温度、煮制时间为自变量,利用响应面法优化最佳煮制工艺条件。

1. 响应面试验设计与结果

牦牛瘤胃非肚领煮制工艺响应面试验设计方案及结果见表2-22。通过Design-Expert软件对试验数据进行拟合分析,自变量分别为切片大小、煮制温度、煮制时间,利用Design-Expert软件分析得到如下回归模型:

$$Y = 9.007 + 0.026375A + 0.00725B - 0.05788C + 0.05AB - 0.15425AC + 0.04BC - 0.58738A^2 - 0.12563B^2 - 0.19388C^2$$

表 2-22　响应面试验设计方案及结果

序号	切片大小 A/cm×cm	煮制温度 B/℃	煮制时间 C/min
1	9×9	80	12
2	11×11	80	12
3	9×9	90	12
4	11×11	90	12
5	9×9	85	10
6	11×11	85	10
7	9×9	85	14
8	11×11	85	14
9	10×10	80	10
10	10×10	90	10
11	10×10	80	14
12	10×10	90	14
13	10×10	85	12
14	10×10	85	12
15	10×10	85	12
16	10×10	85	12
17	10×10	85	12

2. 感官综合评价结果

根据响应面设计结果,选取10位评价员进行评价,结果如表2-23所示。

表 2-23　感官评分

序号	1	2	3	4	5	6	7	8	9	10	平均值
1	8.50	9.10	8.40	8.25	8.75	7.83	7.75	8.20	8.00	8.05	8.28
2	9.10	8.10	8.75	8.75	7.25	8.07	8.10	8.20	7.90	7.95	8.22
3	8.83	8.83	8.20	8.10	8.75	9.00	8.40	7.90	7.70	7.50	8.32
4	8.4	8.83	8.30	8.00	8.40	8.50	8.20	7.75	8.30	7.70	8.22
5	8.10	8.00	8.10	8.20	8.50	7.83	8.20	7.75	8.40	8.30	8.14
6	9.00	8.40	8.50	8.20	8.10	8.20	8.75	9.20	8.50	8.75	8.56
7	8.00	8.30	8.10	8.40	8.40	8.30	8.20	7.90	8.30	8.30	8.22
8	8.50	7.75	8.30	8.10	7.70	8.30	8.10	8.75	8.10	7.75	8.14
9	7.83	7.70	8.10	8.07	8.07	7.75	8.30	8.20	8.20	7.70	7.99
10	8.07	7.75	8.00	8.07	8.10	8.50	8.40	8.20	8.10	7.95	8.11
11	8.10	8.30	8.20	8.75	8.20	8.30	8.75	7.75	8.20	8.20	8.28
12	8.00	8.40	8.10	8.50	7.75	7.83	8.10	8.20	8.50	8.40	8.18
13	9.20	9.50	9.50	8.50	9.50	8.75	9.20	9.30	8.75	9.50	9.17
14	9.10	8.75	8.75	8.75	9.00	9.00	9.00	9.40	9.00	9.00	9.03
15	9.00	9.20	8.75	9.10	9.30	9.10	8.50	9.20	9.00	9.20	9.04
16	9.40	9.10	9.20	9.00	9.20	9.40	9.40	9.40	9.10	9.10	9.22
17	9.25	8.75	8.75	9.25	9.20	9.20	8.75	9.20	9.40	8.30	9.01

3. 回归方程的显著性检验及方差分析

根据 Design-Expert 8.0.6 软件得到表 2-24。据方差分析结果,该方程是感官评分与牦牛瘤胃非肚领煮制工艺各参数的合适数学模型,所以,可以利用此回归方程确定牦牛瘤胃非肚领煮制最佳工艺条件。由表 2-24 中 F 值的大小可以判断各因素对感官评分影响的强弱。各个因素对感官评分影响的程度大小的次序为切片大小>煮制温度>煮制时间,数学模型的结果表明二次项 A^2、B^2、C^2 差异性达到极显著水平($P<0.01$)。

表 2-24　回归方程的显著性检验及方差分析

方差来源	平方和	自由度	均方差	F 值	P 值	显著性
模型	2.791326441	9	0.310147382	16.821032	0.0006	
切片大小 A	0.0036125	1	0.0036125	0.1959261	0.3714	

续表 2-24

方差来源	平方和	自由度	均方差	F 值	P 值	显著性
煮制温度 B	0.0005	1.0000	0.0005	0.0295	0.8684	
煮制时间 C	0.0000	1.0000	0.0000	0.0001	0.9920	
AB	3.0625E-04	1	3.0625E-04	0.0166097	0.9011	
AC	6.4262E-02	1	6.4262E-02	3.4853022	0.1042	
BC	1.1990E-02	1	1.1990E-02	0.6502985	0.4465	
A^2	0.526529013	1	0.526529013	28.556621	0.0011	
B^2	0.9585	1	0.9585	51.9859	0.0002	
C^2	0.9465	1	0.9465	51.3342	0.0002	
残差	0.1291	7	0.0184			
失拟项	0.0913	3	0.0304	3.2229	0.1439	
纯误差	0.0378	4	0.0094			
总离差	2.9204	16				

注：** 表示差异极显著，$P<0.01$；* 表示差异显著，$P<0.05$。

4. 各因素交互作用的响应面分析

各因素交互作用对感官评分影响的响应面图如图 2-30 所示。

由响应面的陡峭程度可知，切片大小对感官评分的影响最大，其次是煮制温度和煮制时间，这与方差分析结果相一致。从图 2-30 可以看出，在每组因素交互作用下，感官评分均有最大值，说明各组交互作用对感官评分有影响。一次项和二次项都有显著性因素。因此，各试验因子对响应值的影响不是简单的线性关系，利用该回归方程可以确定牦牛瘤胃非肚领的最佳煮制工艺。

5. 验证试验结果

通过响应面分析确定牦牛瘤胃非肚领的最佳煮制工艺条件是切片大小为 10 cm×10 cm、煮制温度为 85℃、煮制时间为 12 min，此条件下由响应面分析得到感官评分的理论值为 9.09。在最优参数的条件下，对牦牛瘤胃煮制工艺进行了 3 次试验，试验平均值为 9.3，与实际误差相差 0.21，测定结果稳定，偏差不大，试验结果可靠，具有实用价值。

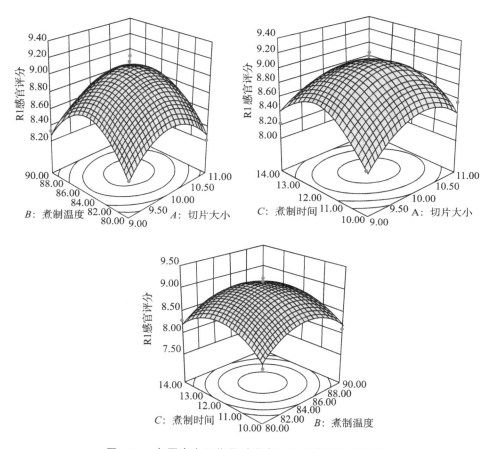

图 2-30　各因素交互作用对感官评分影响的响应面图

九、含平滑肌肚领和非肚领的品质分析

由表 2-25 可知,在煮制工艺方面,牦牛瘤胃肚领的加工损失极显著高于非肚领($P<0.01$),二者相差了 5% 左右,肚领的剪切力极显著高于非肚领($P<0.01$),二者相差了 0.8 左右,肚领的硬度极显著高于非肚领($P<0.01$),二者相差了 700左右,肚领的弹性、黏聚性和咀嚼性与非肚领之间差异不显著($P>0.01$)。这可能与其组织结构有关。

表 2-25 熟制品加工特性

样品	加工损失/%	剪切力/N	质构特性			
			硬度/(N/cm²)	弹性/mm	黏聚性	咀嚼性/mJ
煮制肚领	38.92±0.57**	26.95±0.39**	20.11±0.93**	0.85±0.01	0.70±0.1	1210.75±225.96
煮制非肚领	33.42±1.12	18.82±0.59	13.33±0.67	0.78±0.06	0.67±0.15	995.88±71.13
涮制肚领	24.05±0.67**	31.65±1.18**	32.42±2.66*	0.85±0.01	0.77±0.03	1884.49±35.20
涮制非肚领	28.56±0.75	27.93±0.59	26.66±1.73	0.86±0.01	0.77±0.02	1572.86±145.94
烤制肚领	41.30±0.78**	40.67±1.27**	40.05±0.55**	0.88±0.01*	0.76±0.03	2144.41±148.49*
烤制非肚领	37.65±0.36	31.65±0.88	33.05±0.80	0.86±0.01	0.77±0.01	1900.21±10.45

注：* 表示同一加工工艺下牦牛瘤胃肚领与非肚领之间差异显著（$P < 0.05$）

十、小结

通过单因素和响应面试验方法,获得肚领和非肚领最佳煮制工艺分别为切片大小为 5 cm、煮制温度为 90℃、煮制时间为 22 min 和切片大小为10 cm×10 cm、煮制温度为 85℃、煮制时间为 12 min。在煮制工艺方面,牦牛瘤胃肚领的加工损失极显著高于非肚领,两者相差了 8.13 N 左右,肚领的剪切力极显著高于非肚领,两者相差了 0.8 左右,肚领的硬度极显著高于非肚领,两者相差了 6.78 N/cm²,肚领的弹性、黏聚性和咀嚼性与非肚领之间差异不显著。

第五节 涮 制

涮制是牛肚类产品主要的食用方式之一。本节研究了切片厚度、涮制温度、时间等因素对牛肚品质的影响,旨在为牛肚的涮制提供参考。

一、切片厚度对含平滑肌肚领品质的影响

在不同切片厚度下牦牛瘤胃肚领感官评分的变化如图 2-31 所示。由图可知,

随着切片厚度的增加,感官评分呈先上升后下降的趋势。在切片厚度为 0.3 cm
时,牦牛瘤胃肚领熟制品的感官评分最高,显著($P<0.05$)高于厚度为 0.2 cm 的
感官评分,极显著($P<0.01$)高于厚度为 0.1 cm、0.4 cm 和 0.5 cm 的感官评分。
因此,选择 0.3 cm 为适宜的切片厚度,选择其作为响应面中心试验点。

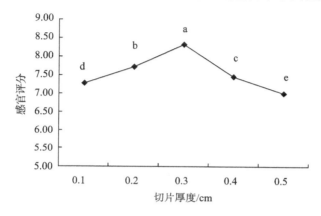

图 2-31　切片厚度对感官评分的影响

注:不同字母表示差异显著,$P<0.05$;相同字母表示观测值在 0.05 水平上差异不显著,下图同。

二、涮制温度对含平滑肌肚领品质的影响

涮制温度对感官评分的影响如图 2-32 所示。由图可知,随着涮制温度的升
高,感官评分呈先升高后降低的趋势。在 90℃时,牦牛瘤胃肚领熟制品的感官评分

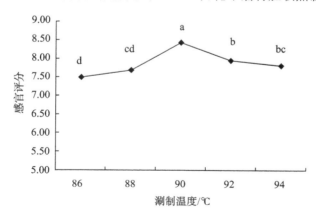

图 2-32　涮制温度对感官评分的影响

最高,极显著($P<0.01$)高于涮制温度为 86℃和 88℃的感官评分,显著($P<0.05$)高于温度为 92℃和 94℃的感官评分。本研究发现不同涮制温度对产品品质影响较大,影响其质地、口感及风味,同时得出 90℃为最佳涮制温度,选择其作为响应面中心试验点。

三、涮制时间对含平滑肌肚领品质的影响

涮制时间对感官评分的影响如图 2-33 所示。由图可知,随着涮制时间的延长,感官评分呈先上升后下降的趋势。在涮制时间为 2.0 min 时,牦牛瘤胃肚领熟制品的感官评分最高,显著($P<0.05$)高于涮制时间为 1.5 min 的感官评分,极显著($P<0.01$)高于涮制时间为 1.0 min、2.5 min 和 3.0 min 的感官评分。因此,本试验的最佳涮制时间为 2.0 min,选择其作为响应面试验点。

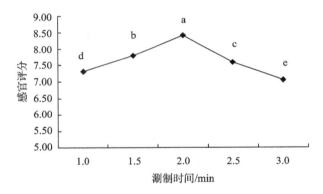

图 2-33　涮制时间对感官评分的影响

四、含平滑肌肚领的涮制工艺优化

在单因素试验的基础上,以切片厚度、涮制温度、涮制时间为自变量,利用响应面法优化最佳涮制工艺条件。

1. 响应面试验设计与结果

牦牛瘤胃肚领涮制工艺响应面试验结果见表 2-26。采用 Design-Expert 软件对试验数据进行拟合分析,自变量分别为切片厚度、涮制温度、涮制时间,通过分析得到如下回归模型:

$R1=9.23-0.13A+0.063B-3.125E-003C+0.12AB-0.056AC-0.038BC-0.42A^2-0.51B^2-0.28C^2$

表 2-26 响应面试验设计方案及结果

序号	切片厚度 A/cm	涮制温度 B/℃	涮制时间 C/min
1	0.20	88	2.00
2	0.40	88	2.00
3	0.20	92	2.00
4	0.40	92	2.00
5	0.20	90	1.50
6	0.40	90	1.50
7	0.20	90	2.50
8	0.40	90	2.50
9	0.30	88	1.50
10	0.30	92	1.50
11	0.30	88	2.50
12	0.30	92	2.50
13	0.30	90	2.00
14	0.30	90	2.00
15	0.30	90	2.00
16	0.30	90	2.00
17	0.30	90	2.00

2. 感官综合评价结果

根据响应面设计,选取 10 位评价员进行感官评分,评分结果如表 2-27 所示。

表 2-27 感官评分表

序号	1	2	3	4	5	6	7	8	9	10	平均值
1	7.75	8.25	9.00	9.00	7.75	8.00	8.25	9.00	8.75	9.25	8.50
2	7.75	7.75	8.00	8.25	7.25	8.00	8.00	7.75	7.75	8.25	7.88
3	9.00	8.75	9.00	8.00	8.75	8.00	8.50	8.50	8.25	8.00	8.48
4	9.00	8.25	8.25	7.75	8.40	8.25	8.20	8.25	8.75	7.75	8.35
5	7.75	8.75	9.00	9.00	8.50	7.83	8.00	9.00	8.75	9.00	8.60
6	8.00	8.25	8.50	9.00	8.10	8.20	8.00	9.00	8.75	9.00	8.55
7	9.00	8.75	9.00	8.75	8.40	8.30	8.25	8.25	8.25	8.25	8.63
8	9.00	8.00	9.00	8.00	7.70	8.30	8.00	7.75	8.75	7.75	8.35

续表 2-27

序号	1	2	3	4	5	6	7	8	9	10	平均值
9	7.75	8.00	8.75	8.75	8.07	7.75	8.00	8.50	8.50	9.00	8.35
10	7.75	8.50	8.50	9.00	8.10	8.50	8.00	9.00	8.75	9.00	8.45
11	8.75	8.00	9.00	7.75	8.20	8.30	8.00	8.50	9.00	8.00	8.50
12	9.00	8.25	9.00	8.00	7.75	7.83	8.25	8.00	9.00	8.00	8.45
13	9.50	9.25	9.00	9.00	9.50	8.75	9.50	9.00	9.00	9.00	9.15
14	9.50	9.50	9.50	9.00	9.00	9.00	9.50	9.25	9.50	9.25	9.40
15	9.00	9.00	9.00	9.25	9.30	9.10	9.00	9.00	9.00	9.50	9.08
16	9.25	9.50	9.00	9.50	9.50	9.00	9.25	9.25	9.50	9.00	9.25
17	9.00	9.75	9.00	9.25	9.20	9.20	9.50	9.00	9.25	9.25	9.25

3. 回归方程的显著性检验及方差分析

根据 Design-Expert 8.0.6 软件得到表 2-28。据方差分析结果，该方程是感官评分与牦牛瘤胃非肚领涮制工艺各参数的合适数学模型，所以，可以利用此回归方程确定牦牛瘤胃非肚领涮制最佳工艺条件。由表 2-27 中 F 值的大小可以判断各因素对感官评分影响的强弱。各个因素对综合得分影响的程度大小次序为切片厚度＞涮制温度＞涮制时间，数学模型结果表明二次项 A^2、B^2、C^2 差异性达到显著水平（$P<0.05$）。

表 2-28　回归方程的显著性检验及方差分析

方差来源	平方和	自由度	均方差	F 值	P 值	显著性
模型	2.64	9	0.29	17.7	0.0005	**
切片厚度 A	0.14	1	0.14	8.73	0.0212	*
涮制温度 B	0.031	1	0.031	1.89	0.2117	
涮制时间 C	7.813E-005	1	7.813E-005	4.723E-003	0.9471	
AB	0.062	1	0.062	3.78	0.0930	
AC	0.013	1	0.013	0.77	0.4107	
BC	5.625E-003	1	5.625E-003	0.34	0.5781	
A^2	0.73	1	0.73	43.97	0.0003	**
B^2	1.09	1	1.09	66.05	<0.0001	**
C^2	0.33	1	0.33	19.69	0.0030	**
残差	0.12	7	0.017			

续表 2-28

方差来源	平方和	自由度	均方差	F 值	P 值	显著性
失拟项	0.056	3	0.019	1.24	0.4056	
纯误差	0.060	4	0.015			
总离差	2.75	16				

注：** 表示差异极显著，$P<0.01$；* 表示差异显著，$P<0.05$。

4. 各因素交互作用的响应面分析

各因素交互作用对感官评分影响的响应面图如图 2-34 所示。

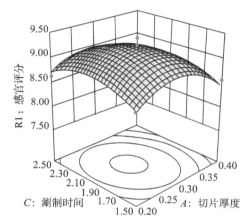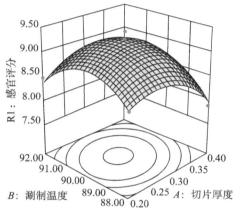

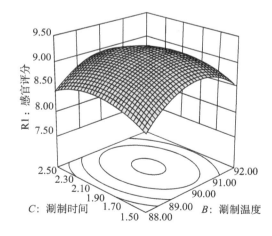

图 2-34　各因素交互作用对感官评分影响的响应面图

由响应面的陡峭程度可知,切片厚度对感官评分的影响最大,其次是涮制温度和涮制时间,这与方差分析结果相一致。从图 2-34 可以看出,在每组因素交互作用下,感官评分均有最大值,说明各组交互作用对感官评分有影响。因此,各试验因子对响应值的影响不是简单的线性关系,利用该回归方程可以确定牦牛瘤胃肚领的最佳涮制工艺。

5. 验证试验结果

通过响应面分析确定牦牛瘤胃肚领涮制的最佳工艺条件是切片厚度为 0.28 cm、涮制温度为 90.08℃、涮制时间为 2.00 min。此条件下理论值为 9.24,在此条件下进行试验,结果为 9.25,与试验相差 0.01,测定结果稳定,偏差不大。为了便于工业化应用,最终将其修订为切片厚度为 0.3 cm、涮制温度为 90℃、涮制时间为 2.00 min。

五、切片厚度对含平滑肌非肚领品质的影响

在不同切片厚度下感官评分变化如图 2-35 所示。由图可知,随切片厚度的增加,牦牛瘤胃非肚领感官评分呈先上升后下降的趋势。其中切片厚度为 0.4 cm 时感官评分最高,显著高于($P<0.05$)切片厚度为 0.3 cm 的感官评分,极显著高于($P<0.01$)切片厚度为 0.2 cm、0.5 cm 和 0.6 cm 的感官评分。综合考虑,切片厚度为 0.4 cm 时品质较佳,选择其作为响应面中心试验点。

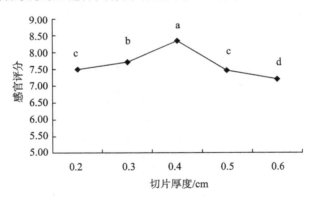

图 2-35 切片厚度对感官评分的影响

六、涮制温度对含平滑肌非肚领品质的影响

涮制温度对感官评分的影响如图 2-36 所示。由图可知,牦牛瘤胃非肚领的感官评分呈先基本稳定再上升后下降的趋势。涮制温度为 90℃ 时感官评分显著高

于涮制温度为 92℃ 的样品($P<0.05$),极显著高于其他涮制温度的样品($P<0.01$)。由此得出牦牛瘤胃非肚领熟制品的最佳涮制温度为 90℃。因此,在 90℃ 水温下涮制,产品口感较好,选择其作为响应面中心试验点。

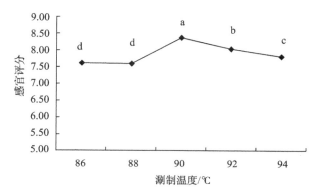

图 2-36 涮制温度对感官评分的影响

七、涮制时间对含平滑肌非肚领品质的影响

涮制时间对感官评分的影响如图 2-37 所示。由图可知,随涮制时间延长,牦牛瘤胃非肚领熟制品的感官评分呈先升高再降低的趋势。牦牛瘤胃非肚领涮制时间为 1.5 min 时感官评分最高,显著高于涮制时间为 1 min 和 2 min($P<0.05$)的感官评分,极显著高于涮制时间为 0.5 min 和 2.5 min($P<0.01$)的感官评分,表明牦牛瘤胃经涮制 1.5 min 后嫩度和风味更佳,感官效果更好,故选择其作为响应面中心试验点。

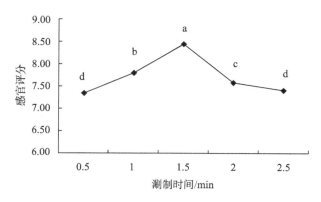

图 2-37 涮制时间对感官评分的影响

八、含平滑肌非肚领涮制工艺优化

在单因素试验的基础上,以切片厚度、涮制温度、涮制时间为自变量,利用响应面法优化最佳涮制工艺条件。

1. 响应面试验设计与结果

牦牛瘤胃非肚领涮制工艺响应面试验结果见表2-29。采用 Design-Expert 软件对试验数据进行拟合分析,自变量分别为切片厚度、涮制温度、涮制时间,通过分析得到如下回归模型:

$$Y = 9.24 - 0.14A + 0.031B + 0.014C + 0.081AB - 0.065AC - 0.044BC - 0.41A^2 - 0.50B^2 - 0.34C$$

表 2-29　响应面试验设计方案及结果

序号	切片厚度 A/cm	涮制温度 B/℃	涮制时间 C/min
1	0.30	88	1.5
2	0.50	88	1.5
3	0.30	92	1.5
4	0.50	92	1.5
5	0.30	90	1.5
6	0.50	90	1.0
7	0.30	90	2.0
8	0.50	90	2.0
9	0.40	88	1.0
10	0.40	92	1.0
11	0.40	88	2.0
12	0.40	92	2.0
13	0.40	90	1.5
14	0.40	90	1.5
15	0.40	90	1.5
16	0.40	90	1.5
17	0.40	90	1.5

2. 感官综合评价结果

根据响应面设计,选取10位评价员进行感官评分,评分结果见表2-30。

表 2-30　感官评分表

序号	1	2	3	4	5	6	7	8	9	10	平均值
1	8.00	8.75	8.25	9.25	8.5	8.25	8.25	8.75	8.75	8.75	8.55
2	8.25	8.00	8.00	8.25	7.50	8.00	8.00	8.00	7.75	8.25	8.00
3	9.00	8.75	8.75	8.25	8.50	8.25	8.5	8.75	8.25	8.00	8.50
4	8.25	8.25	8.25	7.75	8.75	8.25	8.5	8.25	8.75	7.75	8.25
5	8.00	8.75	8.25	8.75	8.50	8.00	8.25	9.00	8.75	9.00	8.53
6	8.35	8.25	8.50	9.00	8.50	8.00	8.5	8.75	8.75	8.25	8.49
7	9.00	8.75	9.00	9.25	8.75	8.25	8.5	8.25	8.25	8.25	8.63
8	8.75	8.00	9.00	8.25	8.75	8.00	8.25	8.00	8.50	7.75	8.33
9	8.00	7.75	8.75	8.00	7.75	8.25	8.25	8.5	8.25	8.75	8.30
10	8.00	8.50	8.50	7.75	8.25	8.00	8.5	8.75	8.50	9.25	8.40
11	8.00	8.00	9.00	7.75	9.00	8.25	9.00	8.5	9.00	8.25	8.48
12	8.75	8.25	8.75	8.25	8.75	8.25	8.25	8.25	8.5	8.00	8.40
13	9.25	9.25	9.00	9.00	9.00	9.25	9.25	9.00	9.25	9.00	9.13
14	9.00	9.50	9.50	9.25	9.00	9.50	9.5	9.00	9.25	9.00	9.33
15	9.00	9.00	9.00	9.25	9.00	9.00	9.00	9.00	9.00	9.50	9.01
16	9.25	9.50	9.00	9.50	9.25	9.00	9.00	9.25	9.00	9.25	9.25
17	9.00	9.75	9.00	9.25	9.25	9.50	9.25	9.00	9.25	9.25	9.25

3. 回归方程的显著性检验及方差分析

根据 Design-Expert 8.0.6 软件得到表 2-31。据方差分析结果,该方程是感官评分与牦牛瘤胃非肚领涮制工艺各参数的合适数学模型,所以,可以利用此回归方程确定牦牛瘤胃非肚领涮制最佳工艺条件。由表 2-31 中 F 值的大小可以判断各因素对感官评分影响的强弱。各个因素对综合得分影响的程度大小的次序为切片厚度＞涮制温度＞涮制时间,数学模型的结果表明一次项 A、二次项 A^2、B^2、C^2 差异性达到极显著水平(P＜0.01)。

表 2-31　回归方程的显著性检验及方差分析

方差来源	平方和	自由度	均方差	F 值	P 值	显著性
模型	2.73	9	0.30	31.41	＜0.0001	**
切片厚度	0.16	1	0.16	16.10	0.0051	**

续表 2-31

方差来源	平方和	自由度	均方差	F 值	P 值	显著性
涮制温度	7.813E-003	1	7.813E-003	0.81	0.3928	
涮制时间	1.653E-003	1	1.653E-003	0.17	0.6914	
AB	0.026	1	0.026	2.74	0.1424	
AC	0.017	1	0.017	1.75	0.2273	
BC	7.656E-003	1	7.656E-003	0.79	0.4027	
A^2	0.69	1	0.69	72.00	<0.0001	**
B^2	1.06	1	1.06	110.16	<0.0001	**
C^2	0.50	1	0.50	51.55	0.0002	**
残差	0.068	7	9.651E-003			
失拟项	0.036	3	0.012	1.48	0.4056	
纯误差	0.032	4	8.000E-003			
总离差	2.80	16				

注：** 表示差异极显著，$P<0.01$；* 表示差异显著，$P<0.05$。

4. 各因素交互作用的响应面分析

各因素交互作用对感官评分影响的响应面图如图 2-38 所示。

由响应面的陡峭程度可知，切片厚度对感官评分的影响最大，其次是涮制温度和涮制时间，这与方差分析结果相一致。从图 2-38 可以看出，在每组因素交互作用下，感官评分均有最大值，说明各组交互作用对感官评分有影响。因此，各试验因子对响应值的影响不是简单的线性关系，利用该回归方程可以确定牦牛瘤胃非肚领的最佳涮制工艺。

5. 验证试验结果

通过响应面分析确定牦牛瘤胃非肚领的最佳工艺条件是切片厚度为 0.38 cm、涮制温度为 90.03℃、涮制时间为 1.52 min，此条件下由响应面分析得到感官评分的理论值为 9.25。在最优参数的条件，对牦牛瘤胃涮制工艺进行了 3 次试验，试验平均值为 9.5，与实际误差相差 0.25，测定结果稳定，偏差不大，试验结果可靠，具有实用价值。为了便于工业化应用，将其修正为切片厚度为 0.5 cm、涮制温度为 90℃、涮制时间为 1.6 min。

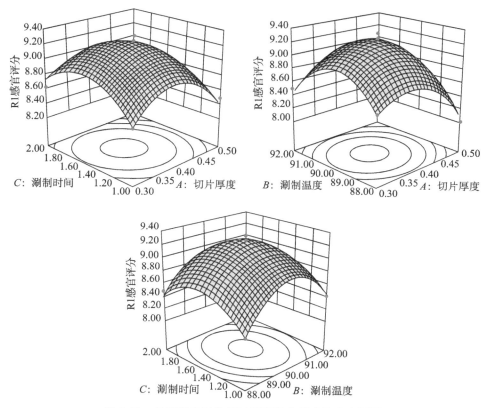

图 2-38　各因素交互作用对感官评分影响的响应面图

九、含平滑肌肚领和非肚领的品质分析

由表 2-32 可知，涮制方面，牦牛瘤胃肚领的加工损失极显著低于非肚领（$P<$ 0.01），二者相差了 4% 左右，肚领剪切力极显著高于非肚领（$P<0.01$），二者相差了 3.72 N 左右，硬度显著高于其非肚领（$P<0.05$），二者相差了 5.76 N/cm² 左右，肚领的弹性、黏聚性和咀嚼性与非肚领之间差异不显著（$P>0.05$）。

表 2-32　熟制品加工特性

样品	加工损失/%	剪切力/N	质构特性			
			硬度/（N/cm²）	弹性/mm	黏聚性	咀嚼度/mJ
煮制肚领	38.92±0.57**	26.95±0.39**	20.11±0.93**	0.85±0.01	0.70±0.1	1210.75±225.96

续表2-32

样品	加工损失/%	剪切力/N	质构特性			
			硬度/(N/cm²)	弹性/mm	黏聚性	咀嚼度/mJ
煮制非肚领	33.42± 1.12	18.81± 0.59	13.33± 0.67	0.78± 0.06	0.67± 0.15	995.88± 71.13
涮制肚领	24.05± 0.67**	31.65± 1.18**	32.42± 2.66*	0.85± 0.01	0.77± 0.03	1884.49± 35.20
涮制非肚领	28.56± 0.75	27.93± 0.59	26.66± 1.73	0.86± 0.01	0.77± 0.02	1572.86± 145.94
烤制肚领	41.30± 0.78**	40.67± 1.27**	40.05± 0.55**	0.88± 0.01*	0.76± 0.03	2144.41± 148.49*
烤制非肚领	37.65± 0.36	31.65± 0.88	33.05± 0.80	0.86± 0.01	0.77± 0.01	1900.21± 10.45

注：*表示同一加工工艺下牦牛瘤胃肚领与非肚领之间差异显著（$P<0.05$）。

十、小结

牦牛瘤胃肚领与非肚领最佳涮制工艺条件分别为切片厚度0.3 cm、涮制温度90℃、涮制时间2 min和切片厚度0.5 cm、涮制温度90℃、涮制时间1.6 min。涮制方面，牦牛瘤胃肚领的加工损失极显著低于非肚领，两者相差了4%左右，肚领剪切力极显著高于非肚领，两者相差了3.72 N左右，硬度显著高于其非肚领，两者相差了5.76 N/cm²左右，肚领的弹性、黏聚性和咀嚼性与非肚领之间差异不显著。

第六节　烤　　制

烤制可以赋予肉品特殊的质构和风味，烤制品深受广大消费者的喜爱。本节介绍了预煮时间、烤制温度、烤制时间和切片厚度对牛肚品质的影响，旨在为牛肚的加工提供参考。

一、预煮时间对含平滑肌肚领品质的影响

预煮时间对牦牛瘤胃肚领感官评分的影响如图2-39所示。由图可知，感官评分随着预煮时间的延长，呈现先上升后下降的趋势，在预煮时间为18 min时，感官评分达到最大值，显著高于预煮时间为14 min、16 min和20 min（$P<0.05$）的感官

评分,极显著高于预煮时间为 22 min($P<0.01$)的感官评分。因此,预煮时间适宜为 18 min,选择其作为响应面中心试验点。

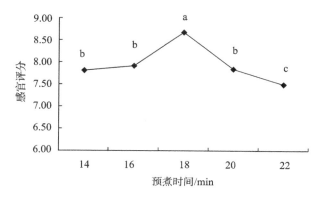

图 2-39 预煮时间对感官评分的影响

二、烤制温度对含平滑肌肚领品质的影响

由图 2-40 可知,感官评分随着烤制温度的升高,呈现先上升后下降的趋势,在烤制温度为 175℃时,感官评分达到最大值,显著高于 185℃($P<0.05$),极显著高于其他($P<0.01$)。因此,适宜预煮时间为 175℃,选择其作为响应面中心试验点。

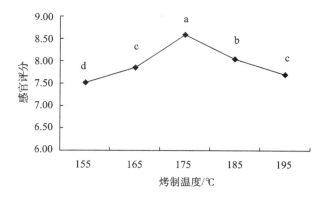

图 2-40 烤制温度对感官评分的影响

三、烤制时间对含平滑肌肚领品质的影响

烤制时间对牦牛瘤胃感官评分的影响如图 2-41 所示。由图可知,随着烤制时间的延长,感官评分呈现先上升后下降的趋势,在烤制时间为 12 min 时,感官评分

达到最大值,显著高于烤制时间为 14 min($P<0.05$)的感官评分,极显著高于烤制时间为 8 min、10 min 和 16 min($P<0.01$)的感官评分。因此,烤制时间适宜为 14 min,选择其作为响应面中心试验点。

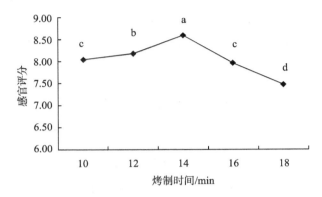

图 2-41　烤制时间对感官评分的影响

四、切片厚度对含平滑肌肚领品质的影响

切片厚度对牦牛瘤胃感官评分的影响如图 2-42 所示。由图可知,感官评分整体变化不大,且不同切片厚度之间差异不显著($P>0.05$),因此,剔除切片厚度作为响应面中心试验点。

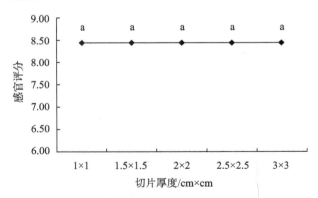

图 2-42　切片厚度对感官评分的影响

五、含平滑肌肚领烤制工艺优化

在单因素试验的基础上,以预煮时间、烤制温度、烤制时间为自变量,利用响应

面法选择最佳烤制工艺条件。

1. 响应面试验设计与结果

牦牛瘤胃非肚领烤制工艺响应面试验结果见表 2-33。采用 Design-Expert 软件对试验数据进行拟合分析,自变量分别为预煮时间、烤制温度、烤制时间,通过分析得到如下回归模型:

$$Y = 9.2064 - 0.05475A + 0.00812B + 0.0175C - 0.1055AB + 0.0175AC - 0.0225BC - 0.6347A^2 - 0.46223B^2 - 0.3092C^2$$

表 2-33　响应面试验设计方案及结果

序号	预煮时间 A/min	烤制温度 B/℃	烤制时间 C/min
1	16	165	14
2	20	165	14
3	16	185	14
4	20	185	14
5	16	175	12
6	20	175	12
7	16	175	16
8	20	175	16
9	18	165	12
10	18	185	12
11	18	165	16
12	18	185	16
13	18	175	14
14	18	175	14
15	18	175	14
16	18	175	14
17	18	175	14

2. 感官综合评价结果

根据响应面设计,选取 10 位评价员进行感官评分,评分结果如表 2-34 所示。

表 2-34 感官评分表

序号	1	2	3	4	5	6	7	8	9	10	平均值
1	7.85	8.25	8.40	8.40	7.75	7.83	7.75	8.40	8.85	8.05	8.15
2	7.85	8.43	8.43	8.25	7.25	8.07	8.10	8.20	7.75	7.95	8.06
3	9.00	8.75	8.75	8.20	8.75	8.00	8.50	8.10	7.90	7.50	8.37
4	7.60	8.20	8.20	7.50	8.40	8.50	7.75	7.50	7.70	7.90	7.86
5	7.90	8.50	8.50	8.30	8.50	8.10	8.20	7.90	8.50	8.40	8.26
6	8.10	8.40	7.75	8.70	8.10	8.00	8.50	8.00	8.70	8.10	8.31
7	8.10	7.70	8.40	7.75	8.50	8.30	8.50	8.50	8.40	8.30	8.18
8	9.00	8.40	8.70	8.10	8.30	8.50	8.30	7.75	8.50	7.75	8.30
9	7.75	7.75	8.50	8.60	7.75	8.20	8.50	8.50	8.50	9.00	8.33
10	7.75	8.50	9.00	9.00	7.95	8.00	8.25	8.60	8.75	9.00	8.43
11	8.75	8.00	7.75	8.25	8.30	9.20	8.50	8.50	9.00	8.10	8.49
12	9.00	8.35	9.00	8.00	8.75	8.25	8.25	8.10	9.20	8.20	8.50
13	9.00	9.25	9.25	9.00	9.00	9.00	9.25	9.00	9.00	9.00	9.15
14	9.25	9.50	9.30	8.35	8.25	9.50	9.50	9.20	9.50	9.30	9.16
15	9.00	9.10	9.20	9.25	9.00	9.00	9.25	9.00	9.40	9.50	9.17
16	9.25	9.50	9.10	9.50	9.25	9.25	9.00	9.25	9.50	9.00	9.26
17	9.00	9.75	9.20	9.53	9.30	9.50	9.25	9.00	9.25	9.25	9.30

3. 回归方程的显著性检验及方差分析

根据 Design-Expert 8.0.6 软件得到表 2-35。据方差分析结果，该方程是感官评分与牦牛瘤胃肚领烤制工艺各参数的合适数学模型，所以，可以利用此回归方程确定牦牛瘤胃肚领烤制最佳工艺条件。由表 2-35 中 F 值的大小可以判断各因素对感官评分影响的强弱。各个因素对综合得分影响的程度大小的次序为预煮时间＞烤制时间＞烤制温度，数学模型的结果表明二次项 A^2、B^2、C^2 差异性达到极显著水平（$P<0.01$），由软件得到其相关系数 $R_2=0.9687$，说明试验所选择的 3 个变量对响应值的影响已达 96.87%，表示该模型条件能够很好地反映实际值。其他影响因素对综合得分的影响可忽略不计。

表 2-35　回归方程的显著性检验及方差分析

方差来源	平方和	自由度	均方差	F 值	P 值	显著性
模型	3.3899	9.0000	0.3767	24.0855	0.0002	**
预煮时间 A/min	0.0240	1.0000	0.0240	1.5335	0.2555	
烤制温度 B/℃	2.178E-03	1.0000	2.178E-03	0.1393	0.7200	
烤制时间 C/min	2.450E-03	1.0000	2.450E-03	0.1567	0.7040	
AB	0.0450	1.0000	0.0445	2.8469	0.1354	
AC	1.225E-03	1.0000	1.225E-03	0.0783	0.7877	
BC	2.025E-03	1.0000	2.025E-03	0.1295	0.7296	
A^2	1.6962	1.0000	1.6962	108.4640	<0.0001	**
B^2	0.8995	1.0000	0.8995	57.5186	0.0001	**
C^2	0.4025	1.0000	0.4025	25.7411	0.0014	**
残差	0.1095	7.0000	0.0156			
失拟差	0.0899	3.0000	0.0300	6.1328	0.0561	
纯误差	0.0195	4.0000	0.0049			
总离差	3.4994	16.0000				

4. 各因素交互作用的响应面分析

各因素交互作用对感官评分的响应面图如图 2-43 所示。

由响应面的陡峭程度可知,预煮温度对感官评分的影响最大,其次是烤制时间和烤制温度,这与方差分析结果相一致。从图 2-43 可以看出,在每组因素交互作用下,感官评分均有最大值,说明各组交互作用对感官评分有影响。因此,各试验因子对响应值的影响不是简单的线性关系,利用该回归方程可以确定牦牛瘤胃肚领的最佳烤制工艺。

5. 验证试验结果

通过响应面分析确定牦牛瘤胃肚领的烤制最佳工艺条件是预煮时间为16.96 min、烤制温度为 175.22℃、烤制时间为 14.05 min,此条件下的理论值为9.21。在最优参数的条件下,对牦牛瘤胃涮制工艺进行了 3 次试验,试验平均值为9.4,与实际误差相差 0.16,测定结果稳定,偏差不大,试验结果可靠,具有实用价值。为了便于工业化应用,最终将其修正为预煮时间为 17 min、烤制温度为175℃、烤制时间为 14 min。

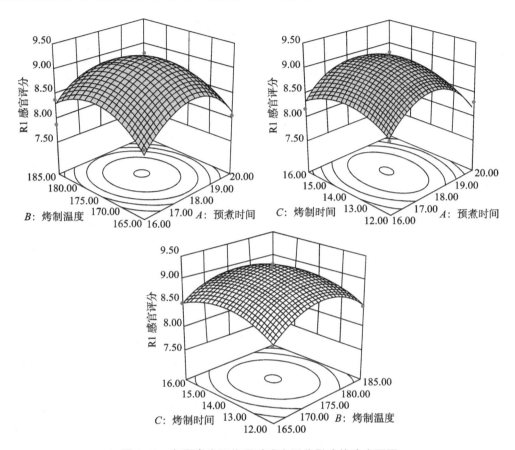

图 2-43　各因素交互作用对感官评分影响的响应面图

六、预煮时间对含平滑肌非肚领品质的影响

由图 2-44 可知,感官评分随着预煮时间的延长,呈现先上升后下降的趋势,在预煮时间为 14 min 时,感官评分达到最大值,显著高于预煮时间为 16 min 和 18 min($P<0.05$)的感官评分,极显著高于其他预煮时间($P<0.01$)的感官评分。因此,预煮时间适宜为 14 min,选择其作为响应面中心试验点。

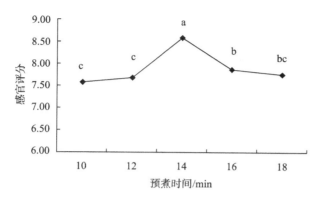

图 2-44 预煮时间对感官评分的影响

七、烤制温度对含平滑肌非肚领品质的影响

烤制温度对牦牛瘤胃感官评分的影响如图 2-45 所示。由图可知,随着烤制温度的升高,感官评分呈现先上升后下降的趋势,在烤制温度为 185℃ 时,感官评分达到最大值,显著高于烤制温度为 175℃、195℃、205℃($P<0.05$)的感官评分,极显著高于烤制温度为 165℃($P<0.01$)的感官评分。因此,烤制温度适宜为185℃,选择其作为响应面中心试验点。

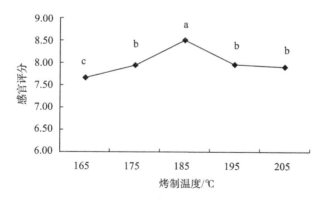

图 2-45 烤制温度对感官评分的影响

八、烤制时间对含平滑肌非肚领品质的影响

烤制时间对牦牛瘤胃感官评分的影响如图 2-46 所示。由图可知,随着烤制时间的延长,感官评分呈现先上升后下降的趋势,在烤制时间 12 min 时,感官评分达

到最大值,显著高于烤制时间为 14 min($P<0.05$)的感官评分,极显著高于烤制时间为 8 min、10 min 和 16 min($P<0.01$)的感官评分。因此,烤制时间适宜为 14 min,选择其作为响应面中心试验点。

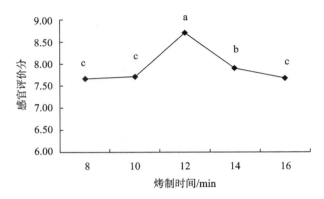

图 2-46　烤制时间对感官评分的影响

九、切片厚度对含平滑肌肚领品质的影响

切片厚度对牦牛瘤胃感官评分的影响如图 2-47 所示。由图可知,感官评分整体变化不大,且不同切片厚度之间差异不显著($P>0.05$),因此,剔除切片厚度作为响应面中心试验点。

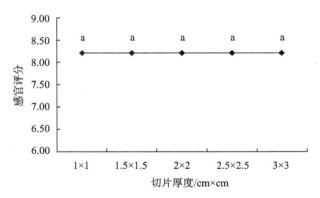

图 2-47　切片厚度对感官评分的影响

十、含平滑肌非肚领烤制工艺优化

在单因素试验的基础上,以预煮时间、烤制温度、烤制时间为自变量,利用响应

面法选择最佳烤制工艺条件。

1. 响应面试验设计与结果

牦牛瘤胃非肚领烤制工艺响应面试验结果见表 2-36。采用 Design-Expert 软件对试验数据进行拟合分析，自变量分别为预煮时间、烤制温度、烤制时间，通过分析得到如下回归模型：

$$Y = 9.235 - 0.1275A - 0.00812B + 0.020875C + 0.005AB - 0.092AC - 0.05375BC - 0.45088A^2 - 0.53163B^2 - 0.31463C^2$$

表 2-36　响应面试验设计方案及结果

序号	预煮时间 $A/\min$	烤制温度 $B/℃$	烤制时间 $C/\min$
1	12	175	12
2	16	175	12
3	12	195	12
4	16	195	12
5	12	185	10
6	16	185	10
7	12	185	14
8	16	185	14
9	14	175	10
10	14	195	10
11	14	175	14
12	14	195	14
13	14	185	12
14	14	185	12
15	14	185	12
16	14	185	12
17	14	185	12

2. 感官综合评价结果

根据响应面设计，选取 10 位评价员进行感官评分，评分结果如表 2-37 所示。

表 2-37　感官评分表

序号	1	2	3	4	5	6	7	8	9	10	平均值
1	7.75	8.40	8.30	8.50	8.40	8.10	8.20	7.90	8.50	8.40	8.25
2	8.10	8.40	8.50	8.70	8.10	8.00	8.50	8.00	8.70	8.10	8.31
3	8.05	7.80	7.80	7.90	8.50	8.30	8.50	8.30	8.40	8.30	8.19
4	7.75	7.75	8.70	8.60	7.75	8.20	8.50	8.40	8.05	9.00	8.27
5	7.75	8.50	8.50	9.00	7.95	8.00	8.25	8.60	8.75	9.00	8.43
6	8.75	8.00	9.00	7.70	8.33	8.30	9.20	8.50	9.00	8.10	8.49
7	9.10	8.75	8.75	8.75	9.25	8.25	8.50	8.25	8.25	8.25	8.64
8	8.75	8.00	9.00	8.25	8.75	8.00	8.25	8.00	8.50	7.75	8.33
9	8.00	7.70	8.75	8.75	7.75	8.25	8.25	8.50	8.25	8.75	8.30
10	8.20	8.50	8.50	7.75	8.25	8.00	8.50	8.75	8.50	9.25	8.42
11	8.00	8.10	9.00	7.75	9.00	8.25	8.80	8.50	9.00	8.25	8.47
12	8.50	8.25	8.75	8.75	8.25	8.25	8.25	8.50	8.00	8.25	8.38
13	9.25	9.25	9.40	9.20	9.10	9.30	9.20	9.00	9.25	9.00	9.20
14	9.00	9.50	9.50	9.50	9.00	9.30	9.25	9.25	9.25	9.25	9.28
15	9.00	9.20	9.20	9.20	9.25	9.00	9.75	8.80	9.00	9.20	9.14
16	9.30	9.25	9.50	9.50	9.75	8.80	9.40	9.50	9.50	9.30	9.30
17	9.40	8.80	9.25	9.75	9.00	9.50	9.25	9.25	9.10	9.30	9.26

3. 回归方程的显著性检验及方差分析

根据 Design-Expert 8.0.6 软件得到表 2-38。据方差分析结果,该方程是感官评分与牦牛瘤胃非肚领烤制工艺各参数的合适数学模型,所以,可以利用此回归方程确定牦牛瘤胃非肚领烤制最佳工艺条件。由表 2-38 中 F 值的大小可以判断各因素对综合得分影响的强弱。各个因素对综合得分影响的程度大小的次序为烤制时间＞预煮时间＞烤制温度,数学模型的结果表明二次项 A^2、B^2、C^2 差异性达到极显著水平($P<0.01$)。

表 2-38　回归方程的显著性检验及方差分析

方差来源	平方和	自由度	均方差	F 值	P 值	显著性
模型	2.7863	9.000	0.3096	53.0645	＜0.0001	**
预煮时间 A/min	1.3005E-03	1	1.3005E-03	0.2229078	0.6512	

续表2-38

方差来源	平方和	自由度	均方差	F值	P值	显著性
烤制温度 B/℃	5.2813E-04	1	5.2813E-04	0.0905215	0.7723	
烤制时间 C/min	3.4861E-03	1	3.4861E-03	0.5975275	0.4648	
AB	1E-04	1	1E-04	0.0171402	0.8995	
AC	0.0339	1	0.0339	5.8030	0.0468	*
BC	0.0116	1	0.0116	1.9808	0.2021	
A^2	0.8560	1	0.8560	146.7113	<0.0001	**
B^2	1.1900	1	1.1900	203.9680	<0.0001	**
C^2	0.4168	1	0.4168	71.4394	<0.0001	**
残差	0.0408	7	0.0058			
失拟项	0.0233	3	0.0078	1.7783	0.2903	
纯误差	0.0175	4	0.0044			
总离差	2.8272	16				

注：** 表示差异极显著，$P<0.01$；* 表示差异显著，$P<0.05$。

4. 各因素交互作用的响应面分析

各因素交互作用对感官评分的响应面图如图2-48所示。

由响应面的陡峭程度可知,烤制时间对感官评分的影响最大,其次是预煮时间和烤制温度,这与方差分析结果相一致。从图2-48可以看出,在每组因素交互作用下,感官评分均有最大值,说明各组交互作用对感官评分有影响。因此,各试验因子对响应值的影响不是简单的线性关系,利用该回归方程可以确定牦牛瘤胃非肚领的最佳烤制工艺。

5. 验证试验结果

通过响应面分析确定牦牛瘤胃非肚领的烤制最佳工艺条件是预煮时间为13.96 min、烤制温度为184.9℃、烤制时间为12.07 min,此条件下的理论值为9.24。在最优参数的条件下,对牦牛瘤胃烤制工艺进行了3次试验,试验平均值为9.5,与实际误差相差0.26,测定结果稳定,偏差不大,试验结果可靠,具有实用价值。为了便于工业化应用,最终将其修正为预煮时间为14 min、烤制温度为185℃、烤制时间为12 min。

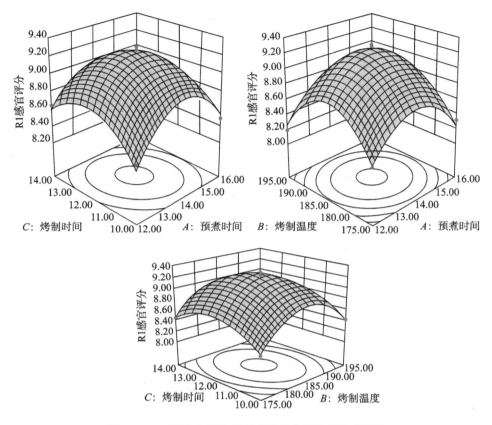

图 2-48　各因素交互作用对感官评分影响的响应面图

十一、含平滑肌肚领和非肚领的品质分析

由表 2-39 可知，在烤制工艺方面，肚领加工损失极显著高于非肚领（$P<$ 0.01），二者相差了 5% 左右，剪切力极显著高于非肚领（$P<0.01$），二者相差了 9.02 N 左右，肚领的硬度极显著高于非肚领（$P<0.01$），二者相差了 7 N/cm² 左右，肚领的弹性显著高于非肚领（$P<0.05$），二者相差了 0.02 mm 左右，肚领的咀嚼性显著高于非肚领（$P<0.05$），二者相差了 200 mJ 左右，但肚领的黏聚性与非肚领之间差异不显著（$P>0.05$）。由此可见，在烤制工艺中，牦牛瘤胃肚领的加工损失、剪切力及质构特性高于非肚领，这可能是由于其组织结构的差异。此时，得到的牦牛瘤胃肚领与非肚领熟制品肉质软硬适中，多汁，有嚼劲，适合食用。

表 2-39　熟制品加工特性

样品	加工损失/%	剪切力/N	质构特性			
			硬度/(N/cm²)	弹性/mm	黏聚性	咀嚼性/mJ
煮制肚领	38.92± 0.57**	26.95± 0.39**	20.11± 0.93**	0.85± 0.01	0.70± 0.1	1210.75± 225.96
煮制非肚领	33.42± 1.12	18.82± 0.59	13.33± 0.67	0.78± 0.06	0.67± 0.15	995.88± 71.13
涮制肚领	24.05± 0.67**	31.65± 1.18**	32.42± 2.66*	0.85± 0.01	0.77± 0.03	1884.49± 35.20
涮制非肚领	28.56± 0.75	27.93± 0.59	26.66± 1.73	0.86± 0.01	0.77± 0.02	1572.86± 145.94
烤制肚领	41.30± 0.78**	40.67± 1.27**	40.05± 0.50**	0.88± 0.01*	0.76± 0.03	2144.41± 148.49*
烤制非肚领	37.65± 0.36	31.65± 0.88	33.05± 0.80	0.86± 0.01	0.77± 0.01	1900.21± 10.45

注：* 表示同一加工工艺下牦牛瘤胃肚领与非肚领之间差异显著（$P < 0.05$）。

十二、小结

牦牛瘤胃肚领和非肚领的最佳烤制工艺条件分别是预煮时间为 17 min、烤制温度为 175℃、烤制时间为 14 min 和预煮时间为 14 min、烤制温度为 185℃、烤制时间为 12 min。在烤制工艺方面，肚领加工损失极显著高于非肚领，两者相差了 5%左右，剪切力极显著高于非肚领，两者相差了 9.02 N 左右，肚领的硬度极显著高于非肚领，两者相差了 7 N/cm² 左右，肚领的弹性显著高于非肚领，两者相差了 0.02 mm 左右，肚领的咀嚼性显著高于非肚领，两者相差了 200 mJ 左右，但肚领的黏聚性与非肚领之间差异不显著。由此可见，在烤制工艺中，牦牛瘤胃肚领的加工损失、剪切力及质构特性高于非肚领，这可能是由于其组织结构的差异。此时，得到的牦牛瘤胃肚领与非肚领熟制品肉质软硬适中，多汁，有嚼劲，适宜食用。

第三章 平滑肌营养特性

平滑肌是肌肉组织的一类,然而平滑肌与骨骼肌和心肌相比营养价值如何,是否具有精深加工的潜力等问题,尚不清楚。为此,研究了平滑肌、骨骼肌、心肌的蛋白质、脂肪、氨基酸、脂肪酸等营养指标,旨在为平滑肌的精深加工提供理论依据。

一、平滑肌、骨骼肌、心肌的蛋白质和脂肪含量分析

牦牛骨骼肌、平滑肌和心肌的蛋白质和脂肪含量见表3-1。牦牛平滑肌、心肌和骨骼肌的蛋白质含量分别为(15.10±0.46)%、(16.80±0.50)%和(20.77±1.06)%,心肌和平滑肌的蛋白质含量显著低于骨骼肌中的蛋白质含量($P<$0.05),但均高于鸡蛋12%和海湾扇贝12.70%的蛋白质含量;牦牛平滑肌、骨骼肌和心肌的脂肪含量分别为(1.30±0.10)%、(2.27±0.15)%和(3.57±0.31)%,其含量依次增加且差异显著($P<0.05$)。可见,平滑肌和心肌具有较高的蛋白质含量,同时平滑肌具有相对较低的脂肪含量,具有较好的营养和开发利用价值。

表 3-1　牦牛骨骼肌、平滑肌和心肌的蛋白质和脂肪含量　　　　　　　%

营养成分	骨骼肌	平滑肌	心肌
蛋白质	20.77±1.06[b]	15.10±0.46[a]	16.80±0.50[a]
脂肪	2.27±0.15[b]	1.30±0.10[a]	3.57±0.31[c]

二、平滑肌、骨骼肌、心肌中氨基酸组成及含量分析

由表3-2牦牛肌肉中氨基酸含量可见,牦牛骨骼肌、平滑肌和心肌的氨基酸构成比较完整,含有常见的18种氨基酸,其中包括8种必需氨基酸,2种半必需氨基酸,8种非必需氨基酸,总氨基酸含量分别为(17.33±0.06)%、(13.11±0.41)%和(16.97±0.34)%。牦牛骨骼肌、平滑肌和心肌的必需氨基酸/总氨基酸(EAA/TAA)分别为41.30%、37.70%和40.41%,必需氨基酸/非必需氨基酸(EAA/NEAA)分别为70.38%、60.53%和67.81%。根据FAO/WHO的理想模式,质量较好的蛋白质其EAA/TAA为40%左右,EAA/NEAA在60%以上。可见,牦牛骨骼肌、平滑肌和心肌的氨基酸模式基本都符合FAO/WHO的理想模式。此外,

鲜味氨基酸的含量也是评价蛋白质质量中的一种方式,天冬氨酸、谷氨酸、甘氨酸和丙氨酸作为鲜味氨基酸,牦牛骨骼肌、平滑肌和心肌的鲜味氨基酸/总氨基酸的比例分别为 32.58%、35.82% 和 34.75%,平滑肌中的鲜味氨基酸含量相对较高。由以上分析可见,平滑肌、心肌和骨骼肌一样,均含有符合 FAO/WHO 推荐的氨基酸理想模式和相对丰富的鲜味氨基酸,具备深度开发和利用的价值。

表 3-2　牦牛肌肉中氨基酸组成及含量　　　　　　　　　　　%

氨基酸	骨骼肌	平滑肌	心肌
苏氨酸	0.74±0.04[b]	0.55±0.06[a]	0.74±0.01[b]
缬氨酸	0.85±0.05[b]	0.63±0.02[a]	0.91±0.05[b]
蛋氨酸	0.26±0.02[b]	0.23±0.01[ab]	0.20±0.02[a]
异亮氨酸	0.88±0.04[c]	0.61±0.02[a]	0.78±0.03[b]
亮氨酸	1.45±0.11[b]	0.98±0.05[a]	1.46±0.09[b]
苯丙氨酸	1.22±0.09[b]	0.87±0.02[a]	1.28±0.07[b]
赖氨酸	1.58±0.05[b]	0.96±0.06[a]	1.36±0.09[b]
色氨酸	0.17±0.02	0.12±0.01	0.14±0.05
天冬氨酸	1.54±0.02[b]	1.14±0.08[a]	1.45±0.07[b]
谷氨酸	2.61±0.14[b]	2.02±0.11[a]	2.76±0.11[b]
丝氨酸	0.59±0.03[ab]	0.52±0.04[a]	0.64±0.03[b]
甘氨酸	0.62±0.06[a]	0.81±0.03[b]	0.74±0.04[b]
精氨酸	1.30±0.08[b]	0.94±0.06[a]	1.14±0.07[b]
脯氨酸	0.58±0.03	0.67±0.03	0.68±0.09
丙氨酸	0.89±0.01[b]	0.72±0.07[a]	0.94±0.02[b]
半胱氨酸	0.05±0.01	0.05±0.01	0.04±0.01
组氨酸	1.26±0.08[b]	0.78±0.06[a]	1.18±0.06[b]
酪氨酸	0.75±0.04[b]	0.51±0.04[a]	0.53±0.02[a]
TAA	17.33±0.06	13.11±0.41	16.97±0.34
EAA	7.16±0.14	4.94±0.12	6.86±0.16
NEAA	10.11±0.16	8.17±0.29	10.11±0.16
DAA	5.65±0.06	4.70±0.10	5.90±0.19
EAA/TAA	41.30	37.70	40.41
DAA/TAA	32.58	35.82	34.75
EAA/NEAA	70.38	60.53	67.81

注:TAA:总氨基酸;EAA:必需氨基酸;NEAA:非必需氨基酸;DAA:鲜味氨基酸。

三、平滑肌、骨骼肌、心肌氨基酸营养价值评价

根据 FAO/WHO 的模式标准,质量较好的蛋白质氨基酸组成中 EAA/TAA 应在 40% 左右,EAA/NEAA 应在 60% 以上。检测牦牛肉的 EAA/TAA 为 38.83%,EAA/NEAA 为 63.31%,可以判断牦牛肉氨基酸比例更合理,营养全面,是优质蛋白质来源。在非必需氨基酸中,组氨酸对幼儿是必需氨基酸,也是尿毒症患者的必需氨基酸,组氨酸脱羧后形成组胺,具有很强的血管舒张作用;甘氨酸具有独特的甜味,但过多摄入不利于人体的吸收利用。新鲜牦牛肉中鲜味氨基酸总量为 7.39 mg/100 g,包括必需氨基酸异亮氨酸,非必需氨基酸甘氨酸、脯氨酸、丝氨酸、丙氨酸、谷氨酸,这 6 种氨基酸是形成牦牛肉香味所必需的前体氨基酸,与牦牛肉的风味有直接关系。

表 3-3 氨基酸营养价值评价

	FAO/WHO	鸡蛋	骨骼肌			平滑肌			心肌		
			AA	AAS	CS	AA	AAS	CS	AA	AAS	CS
Thr	4.00	4.70	3.56	0.89	0.76	3.64	0.91	0.77	4.40	1.10	0.94
Val	5.00	6.60	4.09	0.82	0.62	4.17	0.83	0.63	5.42	1.08	0.82
Met+Cys	3.50	5.70	1.49	0.43	0.26	1.85	0.53	0.33	1.43	0.41	0.25
Ile	4.00	5.40	4.24	1.06	0.78	4.04	1.01	0.75	4.64	1.16	0.86
Leu	7.00	8.60	6.98	1.00	0.81	6.49	0.93	0.75	8.69	1.24	1.01
Phe+Tyr	6.00	9.30	9.48	1.58	1.02	9.14	1.52	0.98	10.77	1.80	1.16
Lys	5.50	7.00	7.61	1.38	1.09	6.36	1.16	0.91	8.10	1.47	1.16
Trp	1.00	1.70	0.82	0.82	0.48	0.79	0.79	0.47	0.83	0.83	0.49
EAAs	36.00	49.00	38.28	7.97	5.82	36.49	7.69	5.59	44.29	9.10	6.68
EAAI			67.25			66.35			75.89		

注:AA 氨基酸含量,AAS 氨基酸评分,CS 蛋白质化学评分。

牦牛骨骼肌、平滑肌和心肌必需氨基酸总量分别为 38.28%、36.49% 和 44.29%,均高于 FAO/WHO 所推荐的 36%,低于鸡蛋蛋白中必需氨基酸总量 49%。根据氨基酸评分和化学评分可知,骨骼肌、平滑肌和心肌中的第一限制氨基酸均为甲硫氨酸(AAS 评分分别为 0.53、0.41 和 0.26,CS 评分分别为 0.26、0.33 和 0.25);骨骼肌、平滑肌和心肌中的第二限制氨基酸均为色氨酸(AAS 评分分别为 0.82、0.79 和 0.83,CS 评分分别为 0.48、0.47 和 0.49)。除第一限制氨基酸甲硫氨酸外,骨骼肌、平滑肌和心肌中的必需氨基酸 AAS 评分均在 0.80 以上(平滑

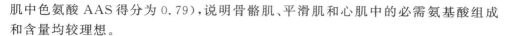

肌中色氨酸 AAS 得分为 0.79），说明骨骼肌、平滑肌和心肌中的必需氨基酸组成和含量均较理想。

牦牛骨骼肌、平滑肌和心肌的 EAAI 分别为 67.25、66.35 和 75.89，心肌 EAAI 指数大于骨骼肌 EAAI 指数，骨骼肌和平滑肌的 EAAI 指数相近，表明心肌肉更接近标准蛋白质，但骨骼肌和平滑肌的得分也较高。总体表明，骨骼肌、平滑肌和心肌蛋白均属于优质蛋白质，有较高的营养价值。

四、平滑肌、骨骼肌、心肌脂肪酸种类及含量分析

牦牛骨骼肌、平滑肌和心肌中检出 10 种脂肪酸，其中饱和脂肪酸 4 种，分别是肉豆蔻酸（C14:0）、棕榈酸（C16:0）、硬脂酸（C18:0）和花生酸（C20:0）。饱和脂肪酸中各脂肪酸生理功能性不一，肉豆蔻酸是体内主要的饱和脂肪酸，但可能是导致胆固醇升高的最主要的因素，月桂酸在体内被认为具有抗病毒和抗菌能力，但与血清中胆固醇含量呈显著正相关。不饱和脂肪酸 6 种，其中单不饱和脂肪酸 3 种，分别是肉豆蔻油酸（C14:1）、棕榈油酸（C16:1）、油酸（C18:1），单不饱和脂肪酸有保护心脏、降血糖、调节血脂、降低胆固醇、防止记忆力下降等生理功能；多不饱和脂肪酸 3 种，分别是亚油酸（C18:2, n-6）、α-亚麻酸（C18:3, n-3）和二十二碳酸，多不饱和脂肪酸具有多种特殊的生物活性，在生物系统中有着广泛的功能，对于稳定细胞膜功能、保护视力、抗炎、降低胆固醇、调控基因表达、维持细胞因子和脂蛋白平衡、抗肿瘤、抗心血管疾病以及促进生长发育等方面起着重要作用。

表 3-4 牦牛肌肉脂肪酸种类及含量分析 ％

脂肪酸	骨骼肌	平滑肌	心肌
饱和脂肪酸（SFA）	53.11±0.58[a]	62.28±1.22[b]	67.70±1.50[c]
肉豆蔻酸（C14:0）	2.86±0.11[a]	4.19±0.14[c]	3.81±0.07[b]
棕榈酸（C16:0）	29.87±0.33[a]	42.16±0.86[c]	39.95±0.32[b]
硬脂酸（C18:0）	19.73±0.37[b]	16.01±0.36[a]	23.38±1.28[c]
花生酸（C20:0）	0.66±0.08[b]	0.33±0.02[a]	0.55±0.03[b]
不饱和脂肪酸（UFA）	47.36±1.07[c]	38.73±0.74[b]	31.39±0.32[a]
单不饱和脂肪酸（MUFA）	41.47±0.77[c]	37.24±0.80[b]	24.69±0.18[a]
肉豆蔻油酸（C14:1, n-3）	0.77±0.05[a]	0.84±0.07[a]	2.12±0.11[b]
棕榈油酸（C16:1, n-7）	4.15±0.15[b]	6.94±0.11[c]	3.57±0.12[a]
油酸（C18:1, n-9）	36.55±0.76[c]	29.46±0.85[b]	19.01±0.19[a]
多不饱和脂肪酸（PUFA）	5.89±0.32[b]	1.49±0.08[a]	6.70±0.15[c]

续表 3-4

脂肪酸	骨骼肌	平滑肌	心肌
亚油酸(C18:2,n-6)	4.05±0.20[c]	0.66±0.07[a]	3.61±0.08[b]
α-亚麻酸(C18:3,n-3)	0.67±0.02[b]	0.43±0.03[a]	0.62±0.05[b]
C20:3,n-3	1.17±0.14[b]	0.39±0.02[a]	2.47±0.17[c]
MUFA/SFA	0.78	0.59	0.36
PUFA/SFA	0.11	0.02	0.10
n-6/n-3	1.55	0.40	0.70
Total	100.47±1.38	101.42±1.87	99.09±1.23

牦牛骨骼肌、平滑肌和心肌中检出 10 种脂肪酸,其中饱和脂肪酸 4 种,分别是肉豆蔻酸、棕榈酸、硬脂酸和花生酸;不饱和脂肪酸 6 种,其中单不饱和脂肪酸 3 种,分别是肉豆蔻油酸、棕榈油酸、油酸;多不饱和脂肪酸 3 种,分别是亚油酸、α-亚麻酸和二十二碳酸。牦牛骨骼肌、平滑肌和心肌中饱和脂肪酸的含量分别为 (53.11±0.58)%、(62.68±1.22)% 和 (67.70±1.50)%,不饱和脂肪酸的含量分别为 47.36±1.07、38.73±0.74 和 31.39±0.32。牦牛骨骼肌、平滑肌和心肌中 MUFA/SFA 分别为 0.78、0.59 和 0.36;PUFA/SFA 分别为 0.11、0.02 和 0.10;n-6/n-3PUFA 比值分别为 1.55、0.40 和 0.70,远低于 HMSO(UK Department of Health)和我国推荐的人类食品 n-6/n-3PUFA 比值最大安全上限 4.0。从脂肪酸组成和比例的角度来看,平滑肌、心肌和骨骼肌一样,具备较好的开发利用价值。

由表 3-4 可知,饱和脂肪酸主要是肉豆蔻酸、棕榈酸、硬脂酸和花生酸。牦牛是反刍动物,与单胃动物不同,脂肪酸的构成受饮食和瘤胃中脂肪的氢化的影响,研究表明瘤胃中微生物有氢化效果,饮食可以改变肉中脂肪酸的构成。因此,学者已经对操控必需脂肪酸进行了研究,如人们熟知的对人体健康有益的 α-亚麻酸。牦牛肉的单不饱和脂肪酸(MUFA)主要有肉豆蔻油酸、棕榈油酸、油酸 3 种。牦牛肉中具有代表性的 MUFA 是油酸,它存在于植物油和动物脂肪中,也是分析出的脂肪酸中含量最高的 MUFA。油酸也具有降低血浆总胆固醇的水平,增强抗氧化酶的活性,预防动脉粥样硬化以及降低患冠心病的危险性,还具有降低血压和降血糖以及防止记忆下降和促进生长发育的作用。新鲜牦牛肉所含多不饱和脂肪酸(PUFA)主要是亚油酸和 α-亚麻酸。其中 n-3 族 PUFA 较有代表性的物质 α-亚麻酸(C18:3,n-3)与人体免疫、衰老发生、胎儿发育和基因调控等过程密切相关;n-6 族 PUFA 较有代表性的化合物有亚油酸(LA),是脑和视神经组织以及细胞膜的重要物质基础,具有促进婴儿生长发育等作用,且亚油酸为人体必需脂肪酸,人体不能自行合成而必须从食物中摄取。

牦牛骨骼肌、平滑肌和心肌均属于高蛋白和低脂肪类型的肌肉,其必需氨基酸占总氨基酸的比例和必需氨基酸与非必需氨基酸的比例合理,基本都符合 FAO/WHO 的理想模式;限制氨基酸均为甲硫氨酸和色氨酸;其 n-6/n-3 PUFA 比值分别为 1.55、0.40 和 0.70,远低于 HMSO(UK Department of Health)和我国推荐的人类食品中 n-6/n-3PUFA 比值最大安全上限 4.0。总体来说,骨骼肌、平滑肌和心肌均属高蛋白低脂肪的食品;氨基酸组成较合理,脂肪酸组成丰富,从营养价值来看,平滑肌和心肌与骨骼肌一样,具有较高的营养价值和深度开发潜力。

五、小结

牦牛平滑肌、心肌和骨骼肌的蛋白质含量分别为(15.10±0.46)%、(16.80±0.50)%和(20.77±1.06)%;脂肪含量分别为(1.30±0.10)%、(2.27±0.15)%和(3.57±0.31)%,说明牦牛骨骼肌、平滑肌和心肌均属于高蛋白和低脂肪类型的肌肉。

从氨基酸组成来看,牦牛骨骼肌、平滑肌和心肌的氨基酸构成比较完整,总氨基酸含量分别为(17.33±0.06)%、(13.11±0.41)%和(16.97±0.34)%,必需氨基酸占总氨基酸的比例和必需氨基酸与非必需氨基酸的比例合理,基本都符合 FAO/WHO 的理想模式;牦牛骨骼肌、平滑肌和心肌的鲜味氨基酸/总氨基酸的比例分别为 32.58%、35.82% 和 34.75%,均含有较高比例的鲜味氨基酸。牦牛骨骼肌、平滑肌和心肌的限制氨基酸均为甲硫氨酸和色氨酸;牦牛骨骼肌、平滑肌和心肌的 EAAI 分别 67.25、66.35 和 75.89,骨骼肌、平滑肌和心肌蛋白均属于优质蛋白质。

从脂肪酸的角度来看,牦牛骨骼肌、平滑肌和心肌中检出 10 种脂肪酸。不饱和脂肪酸的含量分别为(47.36±1.07)%、(38.73±0.74)%和(31.39±0.32)%;n-6/n-3PUFA 比值分别为 1.55、0.40 和 0.70,远低于 HMSO(UK Department of Health)和我国推荐的人类食品中 n-6/n-3PUFA 比值最大安全上限 4.0。从脂肪酸组成和比例的角度来看,平滑肌和心肌与骨骼肌一样,具备较好的开发利用价值。

总体来看,牦牛骨骼肌、平滑肌和心肌均属高蛋白低脂肪的食品;氨基酸组成较合理,脂肪酸组成丰富,故从营养价值来看,平滑肌和心肌与骨骼肌一样,具有较高的营养价值,具备深度开发的潜力。

第四章 平滑肌品质形成机制

牦牛宰后除提供了牦牛肉(骨骼肌)外,还产生了大量的内脏副产物,这些胃、肠等副产物中含有丰富的平滑肌,长期以来这些副产物主要被用来加工成菜肴,未能充分发挥其中平滑肌的肉用价值。目前对骨骼肌品质形成机制研究比较清楚,而对平滑肌的研究主要是加工工艺和品质变化,对其品质形成尤其是嫩度形成机制的研究鲜见报道,成了制约平滑肌资源开发和精深加工的关键因素。为此,本章以牦牛瘤胃平滑肌为研究对象,研究了冷藏期间平滑肌剪切力、质构等品质的变化规律;从胶原蛋白和肌纤维变化以及蛋白质降解的角度分析了影响平滑肌嫩度的因素,明确了肌纤维降解和结缔组织弱化对平滑肌嫩度的影响;并应用蛋白质组学技术和生物信息学分析揭示了牦牛平滑肌关键蛋白影响其嫩度的代谢通路,为牦牛平滑肌嫩度的形成提供了理论依据。

第一节 冷藏期间平滑肌品质变化规律研究

肉品品质是影响其食用价值和经济价值发挥的重要因素。pH、色差、失水率、蒸煮损失、剪切力和质构等指标是评价肉品品质的主要指标。当前,国内外对肉品品质的研究主要集中在骨骼肌,研究表明同一物种不同部位和不同物种同一部位肌肉的嫩度、持水性和肉色等品质存在显著差异。然而,平滑肌是不同于骨骼肌的一类肌肉,其冷藏期间的品质变化规律如何,相关报道较少。因此,本节研究了牦牛平滑肌冷藏期间的品质变化规律,旨在为平滑肌的冷藏和品质形成提供理论依据。

一、平滑肌 pH 变化分析

牦牛平滑肌冷藏期间 pH 变化如图 4-1 所示,在冷藏的 $0 \sim 3$ d,牦牛平滑肌的 pH 显著降低($P < 0.05$),从第 0 天的 7.15 ± 0.05 下降到第 3 天时的 6.65 ± 0.06,下降了 6.99%;在冷藏的 $3 \sim 7$ d,牦牛平滑肌的 pH 又升高,从第 3 天的 6.65 ± 0.06 升高到第 7 天时的 6.85 ± 0.09,升高了 3.01%。总体来看,在冷藏的 7 d 中,牦牛平滑肌的 pH 先下降再升高,变化趋势呈"V"形,且 pH 下降的幅度大于上升

的幅度。

pH 是评价肉品鲜度的主要参考指标。宰后牦牛体内的糖原在无氧的条件下进行糖酵解产生乳酸,与此同时 ATP 也会分解产生磷酸,糖酵解产生的乳酸和 ATP 分解产生的磷酸积累会造成牦牛肌肉组织的 H^+ 浓度升高,进而导致 pH 下降。pH 降低到一定程度时,肌内 H^+ 浓度的增加会造成糖酵解、ATP 分解相关酶活性被钝化,乳酸和磷酸的产生减少,使得肌内 pH 上升。本试验中牦牛平滑肌的 pH 随冷藏时间的变化呈"V"形,即先降低后升高,说明牦牛平滑肌 pH 的变化主要是牦牛宰后的糖酵解和 ATP 分解而引起的。这与牛肉冷藏过程中的 pH 的变化规律一致。

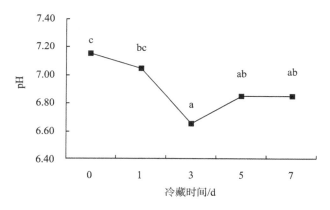

图 4-1 牦牛平滑肌冷藏期间 pH 变化

二、平滑肌持水性变化分析

牦牛平滑肌冷藏期间汁液流失率变化如图 4-2 所示。由图可知,随冷藏时间的延长,牦牛平滑肌的汁液流失率显著上升($P<0.05$),在冷藏的 0～5 d 基本呈"直线"变化趋势,在冷藏的 5～7 d 差异不显著($P>0.05$);牦牛平滑肌的汁液流失率从第 0 天的 0% 增加到第 7 天时的(7.03 ± 0.53)%。汁液流失是肌肉组织中的水分从肌肉组织内部转移到表面,蒸发或聚积成滴流出的过程,宰后由于肌肉的肌纤维与肌细胞分离,形成空隙,肌肉中的水分就会通过这些空隙从肌肉内部转移到肌肉表面,造成汁液流失。

蒸煮损失是肉品在蒸煮过程中因水分和其他可溶性物质的流失而引起的质量减少。牦牛平滑肌冷藏期间蒸煮损失变化如图 4-3 所示,牦牛平滑肌的蒸煮损失随冷藏时间延长而显著增加($P<0.05$);在冷藏的 0～5 d 其变化趋势基本呈直

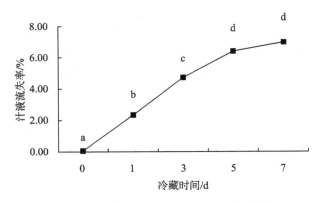

图 4-2　牦牛平滑肌冷藏期间汁液流失率变化

线,而 5～7 d 变化差异不显著($P>0.05$);牦牛平滑肌的蒸煮损失从第 0 天的 $(20.91\pm1.42)\%$增加到第 7 天时的$(30.12\pm1.78)\%$,增加了 44.05%,此变化趋势与牦牛平滑肌汁液流失率的变化趋势一致,表明冷藏期间牦牛平滑肌的持水能力下降。

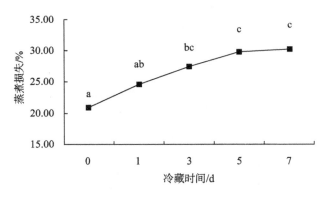

图 4-3　牦牛平滑肌冷藏期间蒸煮损失变化

　　持水性是肌肉主要品质指标,不仅影响肉品的口感,还直接影响肉品的经济价值;汁液流失和蒸煮损失是肉品持水性能的直接反映。宰后肌肉中的肌纤维与肌细胞分离,形成空隙使得肌肉内部的水分随空隙聚积到肌肉表面,造成肌肉的汁液流失;同时冷藏期间,肌肉的蛋白质、脂肪等大分子物质因内环境的变化而变性,造成肌肉的持水能力降低。本试验结果表明牦牛平滑肌的汁液流失率和蒸煮损失在冷藏期间显著上升($P<0.05$),表明牦牛平滑肌的持水能力随冷藏时间延长而显著下降。Honikel 和 Kim 研究表明,宰后冷藏期间,肌肉的汁液流失与其肌节长度

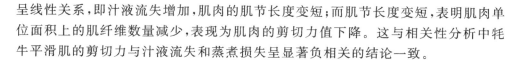

呈线性关系,即汁液流失增加,肌肉的肌节长度变短;而肌节长度变短,表明肌肉单位面积上的肌纤维数量减少,表现为肌肉的剪切力值下降。这与相关性分析中牦牛平滑肌的剪切力与汁液流失和蒸煮损失呈显著负相关的结论一致。

三、平滑肌色差变化分析

牦牛平滑肌冷藏期间色差变化如表 4-1 所示,总体来看冷藏期间牦牛平滑肌色差变化显著($P<0.05$)。L^* 值随冷藏时间延长显著下降($P<0.05$);a^* 值也显著下降($P<0.05$);而 b^* 值显著增大($P<0.05$)。L^* 值反映样品的亮度与样品表面的水分含量有关,随冷藏时间的延长样品的水分流失,导致样品水分含量减少,表现为 L^* 值降低。a^* 值反映样品的红度,受肌肉中肌红蛋白和氧气反应生成鲜红色的氧合肌红蛋白含量影响,氧合肌红蛋白不稳定会继续与氧气反应生成高铁肌红蛋白,导致样品红度值下降,冷藏时间延长会加速高铁肌红蛋白的产生,因此肉样的 a^* 值下降。b^* 值反映肉品的黄度值,与样品的新鲜程度有关,随冷藏时间的延长样品的鲜度逐渐降低,表现为 b^* 值增加。

表 4-1　牦牛平滑肌冷藏期间色差变化

冷藏时间/d	L^* 值	a^* 值	b^* 值
0	64.70 ± 1.19^b	3.92 ± 0.43^e	9.44 ± 0.94^a
1	63.97 ± 1.45^b	2.58 ± 0.53^d	10.01 ± 1.40^{ab}
3	64.50 ± 1.89^b	0.86 ± 0.09^c	11.70 ± 1.56^{ab}
5	64.00 ± 1.34^b	-0.04 ± 0.15^b	12.25 ± 0.59^{ab}
7	60.26 ± 0.45^a	-1.16 ± 0.11^a	12.87 ± 1.00^b

肉色不仅反映肌肉的鲜度,而且是消费者选购时的主要评价指标。肌肉中的肌红蛋白的含量和状态是影响肉色的主要因素,肌红蛋主要有脱氧肌红蛋白、氧合肌红蛋白和高铁肌红蛋白 3 种形式,这 3 种肌红蛋白的相对含量决定了肉品的颜色。本试验中牦牛平滑肌的 L^* 值和 a^* 值随冷藏时间延长而显著下降($P<0.05$),b^* 值随冷藏时间延长而显著增大($P<0.05$)。这与 Zakrys-Waliwander 等报道的牛肉冷藏期间 L^* 值和 a^* 值下降一致。此外,Yang 等报道真空包装牛肉冷藏 12 d 后的 a^* 值为 20.52,而牦牛平滑肌在冷藏第 0 天时 a^* 值仅为 3.92,表明牦牛平滑肌的红度值总体偏小,从这些数据可以看出平滑肌中的肌红蛋白数量显著少于骨骼肌中的肌红蛋白数量,这也与牦牛平滑肌与骨骼肌相比显著偏白的事实一致。

四、平滑肌嫩度变化分析

牦牛平滑肌冷藏期间剪切力变化如图 4-4 所示,牦牛平滑肌剪切力值随冷藏时间延长显著降低($P<0.05$),剪切力值由第 0 天时的(88.89 ± 4.12)N,减小到第 7 天时的(48.51 ± 6.57)N,减小了 45.43%。王琳琳报道牦牛肉的剪切力在成熟 7 d 后为(51.84 ± 2.55)N,从数值上看,牦牛平滑肌的剪切力小于牦牛肉(骨骼肌)的剪切力。

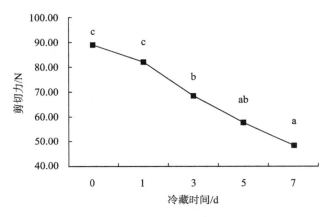

图 4-4 牦牛平滑肌冷藏期间剪切力变化

嫩度是肉品食用品质的主要评价指标,嫩度的高低直接影响消费者的购买。研究表明,肉品的嫩度主要由肌肉的基础硬度和尸僵硬度组成,基础硬度主要受肌内结缔组织的影响,而尸僵硬度主要是肌肉宰后僵直引起的。本试验结果表明,冷藏期间牦牛平滑肌的剪切力、硬度和咀嚼性显著降低($P<0.05$),其降低幅度分别为 45.43%、42.71% 和 30.90%,表明牦牛平滑肌的嫩度在冷藏期间得到了显著的改善。Cross 等报道由肌肉结缔组织的弱化只能引起肌肉嫩度 12% 的变化,而试验结果表明牦牛平滑肌嫩度的变化都高达 30% 以上。表明冷藏期间牦牛平滑肌的结缔组织发生了弱化,而肌纤维也发生了一定程度的降解,这两种因素的共同作用促进了牦牛平滑肌嫩度的改善。宰后由于肌肉中的无氧呼吸,使得乳酸、磷酸等酸性物质积累,改变了肌肉的生理环境,促使肌肉中的钙蛋白酶、组织蛋白酶、细胞凋亡酶等内源酶作用于底物,使得肌肉的伴肌球蛋白等骨架蛋白降解,导致肌原纤维的破坏而使嫩度降低;同时肌肉中的结缔组织,即包裹肌肉的肌束膜、肌内膜等被胶原蛋白酶等降解,促进肌肉嫩度的改善。

五、平滑肌质构变化分析

牦牛平滑肌冷藏期间质构变化如表 4-2 所示,总体来看随冷藏时间的延长,牦牛平滑肌的硬度和咀嚼性显著下降($P<0.05$);内聚性也呈下降趋势,但差异不显著($P>0.05$);弹性和胶着性呈先增加后减少的趋势($P<0.05$)。牦牛平滑肌硬度从冷藏第 0 天的(37.63 ± 0.88)N/cm 降低到第 7 天时的(21.56 ± 1.67)N/cm,降幅为 42.71%;咀嚼性从冷藏第 0 天的(102.11 ± 3.25)mJ 降低到第 7 天时的(70.56 ± 0.90)mJ,降幅为 30.90%。

表 4-2　牦牛平滑肌冷藏期间质构变化

冷藏时间/d	硬度/(N/cm²)	内聚性	弹性/mm	胶着性	咀嚼性/mJ
0	37.63 ± 0.88^{c}	0.68 ± 0.02^{a}	4.93 ± 0.32^{ab}	1.68 ± 0.16^{a}	102.1 ± 3.25^{c}
1	36.16 ± 0.98^{c}	0.67 ± 0.02^{a}	5.15 ± 0.29^{b}	1.96 ± 0.17^{ab}	96.39 ± 1.31^{bc}
3	30.97 ± 2.06^{bc}	0.62 ± 0.03^{a}	4.89 ± 0.32^{ab}	2.41 ± 0.38^{ab}	88.70 ± 5.39^{b}
5	25.19 ± 4.90^{ab}	0.59 ± 0.06^{a}	4.80 ± 0.20^{ab}	2.34 ± 0.08^{b}	74.78 ± 3.08^{a}
7	21.56 ± 1.67^{a}	0.58 ± 0.06^{a}	4.36 ± 0.30^{a}	2.05 ± 0.23^{b}	70.56 ± 0.90^{a}

六、平滑肌各指标间的相关性分析

冷藏时间与牦牛平滑肌剪切力和质构的相关性分析如表 4-3 所示。冷藏时间与牦牛平滑肌的剪切力、硬度、内聚性、弹性、咀嚼性呈显著负相关($P<0.05$),相关系数分别为 -0.963、-0.944、-0.750、-0.642、-0.967,与牦牛平滑肌的胶着性相关性差异不显著($P>0.05$)。这与牦牛平滑肌剪切力和质构随冷藏时间的变化规律一致,即牦牛平滑肌的剪切力和质构品质随冷藏时间延长而呈下降趋势,表明牦牛平滑肌嫩度增加。

表 4-3　冷藏时间与牦牛平滑肌剪切力和质构的相关性分析

	剪切力	硬度	内聚性	弹性	胶着性	咀嚼性
冷藏时间	$-0.963**$	$-0.944**$	$-0.750**$	$-0.642**$	0.436	$-0.967**$

牦牛平滑肌剪切力和质构与其他指标的相关性如表 4-4 所示。由表 4-4 可知除胶着性外,牦牛平滑肌的剪切力、硬度、内聚性、咀嚼性均与其 pH、L^* 值和 a^* 值呈显著正相关($P<0.05$),与其汁液流失、b^* 值和蒸煮损失呈显著负相关($P<0.05$)。表明牦牛平滑肌剪切力和质构与牦牛平滑肌其他品质密切相关,即牦牛平

滑肌的嫩度变化在一定程度上受 pH、色差、持水力的影响。而 pH、色差和持水力的变化在一定程度上反映肌肉内部结构的变化,即牦牛平滑肌嫩度的变化是由其肌肉内部结构变化引起的。

表 4-4　牦牛平滑肌嫩度指标与其他指标的相关性分析

嫩度指标	pH	汁液流失	L^*	a^*	b^*	蒸煮损失
剪切力	0.650 **	−0.924 **	0.544 *	0.933 **	−0.831 **	−0.886 **
硬度	0.597 *	−0.912 **	0.592 *	0.916 **	−0.749 **	−0.860 **
内聚性	0.537 *	−0.707 **	0.516 *	0.727 **	−0.718 **	−0.766 **
弹性	0.087	−0.547 *	0.537 *	0.522 *	−0.721 **	−0.495
胶着性	−0.719 **	0.596 *	0.041	−0.528 *	0.407	0.575 *
咀嚼性	0.552 *	−0.941 **	0.566 *	0.931 **	−0.842 **	−0.915 **

对冷藏时间与牦牛平滑肌剪切力、硬度、内聚性、弹性、胶着性和咀嚼性进行相关性分析,表明冷藏时间与牦牛平滑肌的剪切力、硬度、内聚性、弹性、咀嚼性呈显著负相关($P<0.05$),这与牦牛平滑肌剪切力、硬度、内聚性、弹性、胶着性和咀嚼性随冷藏时间的变化规律一致。对牦牛平滑肌剪切力、硬度、内聚性、弹性、胶着性和咀嚼性与其 pH、汁液流失率、L^* 值、a^* 值、b^* 值和蒸煮损失进行相关性分析,表明牦牛平滑肌的剪切力、硬度、内聚性、咀嚼性均与其 pH、L^* 值和 a^* 值呈显著正相关($P<0.05$),与其汁液流失、b^* 值和蒸煮损失呈显著负相关($P<0.05$)。表明牦牛平滑肌的嫩度与其他品质密切相关,即牦牛平滑肌嫩度的变化在一定程度上受 pH、色差、持水力的影响。而 pH、色差和持水力的变化在一定程度上反映肌肉内部结构的变化,这一系列的结果表明牦牛平滑肌的嫩度变化是由其肌肉内部结构变化引起的。

对冷藏时间与牦牛平滑肌剪切力、硬度、内聚性、弹性、胶着性和咀嚼性进行相关性分析,表明冷藏时间与牦牛平滑肌的剪切力、硬度、内聚性、弹性、咀嚼性呈显著负相关($P<0.05$),这与牦牛平滑肌剪切力、硬度、内聚性、弹性、胶着性和咀嚼性随冷藏时间的变化规律一致。对牦牛平滑肌剪切力、硬度、内聚性、弹性、胶着性和咀嚼性与 pH、汁液流失率、L^* 值、a^* 值、b^* 值和蒸煮损失进行相关性分析,表明牦牛平滑肌的剪切力、硬度、内聚性、咀嚼性均与其 pH、L^* 值和 a^* 值呈显著正相关($P<0.05$),与其汁液流失、b^* 值和蒸煮损失呈显著负相关($P<0.05$)。表明牦牛平滑肌的嫩度与其他品质密切相关,即牦牛平滑肌嫩度的变化在一定程度上受 pH、色差、持水力的影响。而 pH、色差和持水力的变化在一定程度上反映肌肉内

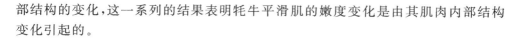

部结构的变化,这一系列的结果表明牦牛平滑肌的嫩度变化是由其肌肉内部结构变化引起的。

七、小结

牦牛平滑肌汁液流失率、蒸煮损失、b^* 值随冷藏时间延长而显著增加;L^* 值、a^* 值、剪切力、硬度和咀嚼性随冷藏时间延长而显著降低;pH 先降低后升高;弹性和胶着性先增加后降低;内聚性变化不显著。牦牛平滑肌的剪切力、硬度和咀嚼性在冷藏 7 d 后,其降幅分别为 45.43%、42.71% 和 30.90%,表明牦牛平滑肌的嫩度在冷藏期间得到了改善。相关性分析表明牦牛平滑肌的嫩度与冷藏时间、色差、持水力显著相关,而色差和持水力的变化在一定程度上反映肌肉内部结构的变化,即牦牛平滑肌的嫩度变化是由其肌肉内部结构变化引起的。综合来看,牦牛平滑肌肉用品质的变化规律与骨骼肌的变化基本一致,但在肉色和嫩度上平滑肌有其自身的特点

第二节　冷藏期间平滑肌肌纤维和胶原蛋白变化规律研究

嫩度是评价肌肉品质优劣的主要指标,也是影响消费者购买的主要因素。骨骼肌嫩度形成机制的研究表明,肌肉的嫩度与肌肉结缔组织的强弱和肌纤维的完整性密切相关,其中胶原蛋白含量及性质可反映结缔组织的强弱;MFI 指数可反映肌纤维的降解程度。然而,对平滑肌而言,冷藏期间的肌纤维降解和胶原蛋白含量、溶解性等变化程度如何,是否与平滑肌嫩度有显著相关性等问题尚未见报道。为此,本节研究了牦牛平滑肌冷藏期间肌纤维和胶原蛋白的变化及其对平滑肌嫩度的影响,旨在为平滑肌嫩度形成机制的研究提供理论依据和数据支持。

一、平滑肌胶原蛋白变化分析

牦牛平滑肌冷藏期间总胶原蛋白含量变化由图 4-5 可以看出,在 0~1 d 牦牛平滑肌总胶原蛋白含量变化不显著($P>0.05$),在 1~5 d 显著下降($P<0.05$),在 5~7 d 变化不显著($P>0.05$);总体来看牦牛平滑肌总胶原蛋白的含量随冷藏时间延长而显著降低($P<0.05$)。从第 0 天时的(67.08 ± 2.25)mg/g 降低到第 7 天时的(53.53 ± 1.76%)mg/g,降幅为 20.20%。胶原蛋白是结缔组织的重要组成成分,牦牛平滑肌冷藏期间胶原蛋白总含量下降表明牦牛平滑肌结缔组织发生了变化。

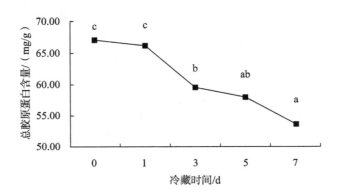

图 4-5　牦牛平滑肌冷藏期间总胶原蛋白含量变化

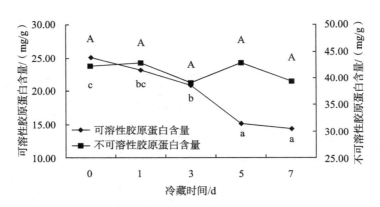

图 4-6　牦牛平滑肌冷藏期间可溶性和不可溶性胶原蛋白含量变化

肌肉中的胶原蛋白按照溶解性分为可溶性胶原蛋白和不可溶性胶原蛋白。牦牛平滑肌冷藏期间可溶性和不可溶性胶原蛋白含量变化如图 4-6 所示，在冷藏期间，牦牛平滑肌可溶性胶原蛋白含量显著降低（$P<0.05$），尤其是在 1～3 d 显著下降，与总胶原蛋白含量变化趋势一致；从第 0 天时的（24.95 ± 1.58）mg/g 下降到第 7 天时的（14.29 ± 0.78）mg/g，降幅为 42.73%。牦牛平滑肌不可溶性胶原蛋白含量随冷藏时间延长呈波动下降趋势，但差异不显著（$P>0.05$）。表明牦牛平滑肌在冷藏期间胶原蛋白的含量变化主要是由可溶性胶原蛋白变化引起的。

牦牛平滑肌冷藏期间胶原蛋白溶解度的变化由图 4-7 可以看出，牦牛平滑肌胶原蛋白溶解度随冷藏时间延长而显著降低（$P<0.05$），且胶原蛋白溶解性的变化主要发生在冷藏 3 d 后。从第 0 天时的（37.20 ± 2.01）% 下降到第 7 天时的（26.74 ± 2.27）%，下降了 28.12%。从冷藏期间牦牛平滑肌中可溶性和不可溶

胶原蛋白的含量变化可以看出，在整个冷藏期间可溶性胶原蛋白含量显著减少，而不可溶性胶原蛋白含量相对变化较小，整体表现为胶原蛋白溶解度随冷藏时间延长而降低。

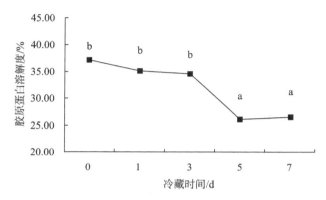

图 4-7　牦牛平滑肌冷藏期间胶原蛋白溶解度变化

胶原蛋白是肌肉结缔组织的主要成分，而结缔组织是影响肌肉基础硬度的主要因素。胶原蛋白含量和性质的变化会引起肌肉结缔组织的弱化，进而影响肉品的嫩度。本试验结果表明牦牛平滑肌总胶原蛋白和可溶性胶原蛋白含量随冷藏时间延长显著降低，降幅分别为 20.20％和 42.73％，不可溶性胶原蛋白含量变化不显著。这与 Modzelewska-Kapitula 等报道的牛肉半膜肌中总胶原蛋白含量和可溶性胶原蛋白含量随冷藏时间延长而降低一致。

胶原蛋白的溶解性是胶原蛋白的主要性质，大量的研究表明肌肉的嫩度与胶原蛋白的溶解性呈正相关。其中 Renand 等研究表明嫩度好的肌肉胶原蛋白溶解性大；Stanton 等指出在肌肉成熟过程中肌肉的肌束膜和肌内膜降解，使胶原蛋白的溶解性增加，促进了肌肉嫩度的改善。本试验结果也表明冷藏期间牦牛平滑肌胶原蛋白的溶解度随冷藏时间延长而显著降低，降幅为 28.12％。表明平滑肌胶原蛋白溶解性是影响平滑肌嫩度的主要因素。

二、平滑肌肌纤维变化分析

牦牛平滑肌冷藏期间 MFI 的变化如图 4-8 所示，牦牛平滑肌的 MFI 值随冷藏时间延长而显著上升（$P<0.05$），在 0～3 d 变化程度较小，在 3～7 d 牦牛平滑肌的 MFI 差显著增加（$P<0.05$），由第 0 天时的 22.60±2.16，增加到第 7 天时的 61.07±9.21，增加了 170.22％。王琳琳指出牦牛肉在经过 7 d 成熟后 MFI 从 33.08±2.14 增加到 118.66±1.77，增幅为 258.71％。表明冷藏期间牦牛平滑肌

肌纤维的破坏程度可能较骨骼肌小,但平滑肌肌纤维破坏程度也显著增加。结果表明牦牛平滑肌嫩度的形成与骨骼肌相比可能有差异。

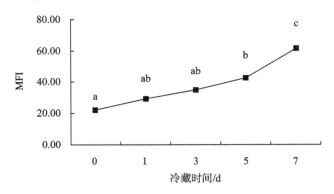

图 4-8　牦牛平滑肌冷藏期间 MFI 变化

　　肌纤维是肌肉结构的主要组成部分,研究表明肌纤维的有限降解是肌肉嫩度形成的主要原因。对肌肉肌纤维降解的原因普遍认为宰后肌肉的无氧呼吸导致了肌肉 pH 下降,促使肌肉内的钙离子释放,进而催化钙蛋白酶、组织蛋白酶、细胞凋亡酶等内源酶降解肌原纤维,使肌纤维的小片化程度增加,促进了肌肉嫩度改善。而肌原纤维小片化指数是肌纤维降解程度的直接反映。本试验中,牦牛平滑肌的 MFI 值随冷藏时间延长显著增加,增幅为 170.22%,与 Rajagopal 等报道的宰后水牛肉的 MFI 随成熟时间延长而增加一致。王琳琳报道牦牛肉(骨骼肌)在经过 7 d 成熟后 MFI 从 33.08 ± 2.14 增加到 118.66 ± 1.77,增幅为 258.71%。表明冷藏期间牦牛平滑肌肌纤维的破坏较骨骼肌小,但平滑肌的肌纤维破坏程度也较明显,在一定程度上促进了平滑肌嫩度的改善。

三、平滑肌肌纤维和胶原蛋白与嫩度的相关性分析

　　对冷藏时间和牦牛平滑肌剪切力、MFI、胶原蛋白含量进行相关性分析,结果如表 4-5 所示。冷藏时间与牦牛平滑肌的剪切力、总胶原蛋白含量、可溶性胶原蛋白含量和胶原蛋白溶解度呈负相关($P<0.01$),相关系数分别为 -0.963、-0.935、-0.962、-0.888;与 MFI 呈显著正相关($P<0.01$),相关系数为 0.907;与牦牛平滑肌不可溶性胶原蛋白含量相关性差异不显著($P>0.05$)。表明冷藏时间增加有利于牦牛平滑肌肌纤维的降解和胶原蛋白含量及溶解性的降低。

表 4-5　冷藏时间与牦牛平滑肌剪切力、胶原蛋白和 MFI 变化的相关性分析

	冷藏时间	剪切力	MFI	TCC	SCC	ICC	SC
冷藏时间	1						
剪切力	−0.963 **	1					
MFI	0.907 **	−0.883 **	1				
TCC	−0.935 **	0.918 **	−0.867 **	1			
SCC	−0.962 **	0.934 **	−0.824 **	0.901 **	1		
ICC	−0.357	0.371	−0.453	0.615 *	0.211	1	
SC	−0.888 **	0.856 **	−0.730 **	0.752 **	0.962 **	−0.056	1

牦牛平滑肌剪切力与总胶原蛋白含量、可溶性胶原蛋白含量和胶原蛋白溶解度呈正相关（$P<0.01$），相关系数分别为 0.918、0.934、0.856；与 MFI 呈显著负相关（$P<0.01$），相关系数为 −0.883；与不可溶性胶原蛋白含量相关性差异不显著（$P>0.05$）。表明牦牛平滑肌的剪切力与胶原蛋白变化呈正相关，与肌纤维变化呈负相关。

由以上分析可知，除不可溶性胶原蛋白含量外，冷藏时间、剪切力、MFI、总胶原蛋白含量、可溶性胶原蛋白含量和胶原蛋白溶解度均呈显著相关（$P<0.05$）。从相关系数来看，牦牛平滑肌的 MFI 与剪切力相关系数小于总胶原蛋白含量和可溶性胶原蛋白含量与剪切力的相关系数，但两者与剪切力的相关性均达到了极显著水平（$P<0.01$）。表明牦牛平滑肌的剪切力受胶原蛋白含量和性质变化与肌纤维降解双重作用的影响。

嫩度是肌肉的主要品质，受肌纤维和胶原蛋白变化的影响。相关性分析结果表明，牦牛平滑肌总胶原蛋白、可溶性胶原蛋白和胶原蛋白溶解性均与其剪切力呈极显著正相关，表明胶原蛋白变化对其嫩度影响显著。这与 Fang 等指出肌肉的嫩度与肌肉中胶原蛋白的含量呈显著负相关一致。Nishimura 等研究表明牛肉在4℃成熟 28 d 后，其肌束膜中的蛋白多糖显著降解，促进了牛肉结缔组织弱化，显著改善了牛肉的嫩度；Judge 等也报道宰后牛肉成熟期胶原蛋白的变性温度下降，表明肌肉结缔组织发生了显著的弱化。此外，牦牛平滑肌 MFI 值与其剪切力值呈显著负相关，表明肌纤维变化对其嫩度有显著的影响。这与 Rajagopal 等报道的水牛肉的嫩度与其 MFI 值呈显著正相关一致。表明在冷藏期间，牦牛平滑肌的嫩度受肌纤维和胶原蛋白变化的影响。

四、平滑肌组织结构变化分析

HE 染色法观察牦牛平滑肌冷藏期间微观结构的变化如图 4-9 所示,牦牛平滑肌的肌纤维随冷藏时间延长表现为,从完整到破裂、肌纤维间隙从小到大。在冷藏的第 0 天牦牛平滑肌的肌纤维结构完整,肌纤维间结构致密;第 1 天时,肌纤维出现细小裂纹,但肌纤维间结构仍致密完整;第 3 天时,牦牛平滑肌肌纤维开始崩解、小片化程度增加,且肌纤维间隙开始增大;第 5 天时,牦牛平滑肌肌纤维大量崩解、碎片化程度进一步加剧,肌纤维间隙显著增大;第 7 天时,牦牛平滑肌肌纤维进一步崩解、整个视野中肌纤维均呈小片化,肌纤维间隙进一步增大且逐步扩展到肌纤维中。HE 染色法观察牦牛平滑肌冷藏期间组织结构的变化表明,冷藏期间牦牛平滑肌的肌纤维大量崩解、小片化趋势明显,这与随冷藏时间延长牦牛平滑肌的MFI 值增大和剪切力值降低一致。

彩图扫码查看

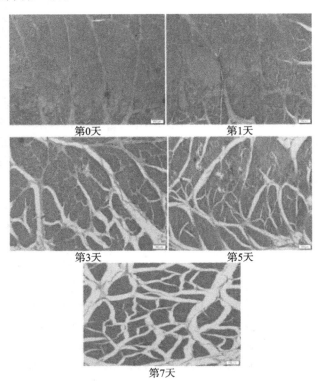

图 4-9 HE 染色法观察牦牛平滑肌冷藏期间微观结构的变化

　　天狼星红染色法观察牦牛平滑肌冷藏期间微观结构的变化如图 4-10 所示,牦牛平滑肌的整体结构随冷藏时间延长表现出从完整到破裂、肌纤维间隙从小到大的趋势,同时被染成深红色的胶原蛋白部分也呈现出从完整到破碎、从明显到不明显的趋势。肌纤维整体结构的变化与 HE 染色观察的结果基本一致,是肌纤维降解而引起的,与牦牛平滑肌的 MFI 增大和剪切力值降低一致。而胶原蛋白的变化则与牦牛平滑肌中总胶原蛋白、可溶性胶原蛋白含量以及胶原蛋白溶解性的变化趋势一致。表明牦牛平滑肌冷藏期间的胶原蛋白也发生了显著的变化,即牦牛平滑肌结缔组织弱化有利于平滑肌嫩度的形成。

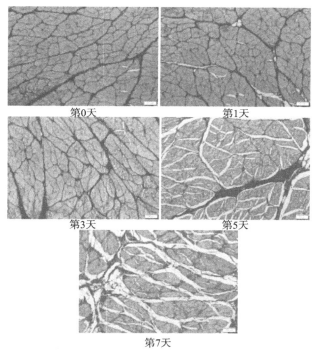

第0天　　　　　　　　第1天

第3天　　　　　　　　第5天

第7天

彩图扫码查看

图 4-10　天狼星红染色法观察牦牛平滑肌冷藏期间微观结构的变化

　　组织结构变化可以直观反映肌肉冷藏期间微观结构的变化。天狼星红染色液可将肌肉肌膜中的胶原蛋白染成深红色,本试验结果表明牦牛平滑肌中被染成深红色的胶原蛋白呈现出从完整到破碎、从明显到不明显的趋势,表明牦牛平滑肌冷藏期间结缔组织发生了显著的弱化。HE 染色法观察牦牛平滑肌冷藏期间微观结构的变化表明,牦牛平滑肌的肌纤维随冷藏时间延长表现为,从完整到破裂,肌纤维间隙从小到大,表明冷藏期间牦牛平滑肌肌纤维大量崩解、小片化趋势加剧,与牦牛平滑肌的 MFI 值增大和剪切力值降低一致。从组织结构变化的角度验证了牦牛平滑肌冷藏期间的结缔组织发生了弱化，肌纤维发生了降解，均影响牦牛平滑肌嫩度的改善。

五、小结

牦牛平滑肌总胶原蛋白、可溶性胶原蛋白含量和胶原蛋白溶解性均随冷藏时间延长而显著降低，降幅分别为 20.20%、42.73%、28.12%；而 MFI 指数显著增加，增幅为 170.22%，不可溶性胶原蛋白变化不显著。相关性分析表明牦牛平滑肌胶原蛋白特性和 MFI 指数均与其嫩度显著相关。HE 和天狼星红染色表明冷藏期间牦牛平滑肌肌纤维小片化趋势加剧和结缔组织弱化程度增加。综合表明影响牦牛平滑肌嫩度的因素与骨骼肌类似，都受肌纤维降解和结缔组织弱化的影响。

第三节 冷藏期间平滑肌蛋白质降解规律研究

动物宰后无氧呼吸会导致肌肉 pH 下降、钙离子释放等一系列内环境变化，促进钙蛋白酶、组织蛋白酶和细胞凋亡酶等内源酶对肌肉蛋白的降解，进而形成不同来源肌肉的不同食用品质。肌肉中的蛋白质主要是肌纤维蛋白和肌浆蛋白，按照溶解性来看主要分为水溶性、低盐溶性和高盐溶性蛋白。大量的研究表明，肌肉蛋白在冷藏期间发生了降解，Kemp 等进一步指出肌肉蛋白的降解与肌肉的嫩度显著相关。然而，有关平滑肌冷藏期间，不同溶解性蛋白质降解规律的变化尚未见报道。为此，以牦牛平滑肌为研究对象，在 (3 ± 1)℃条件下冷藏，分别在第 0 天、第 1 天、第 3 天、第 5 天和第 7 天取样，提取其不同溶解性蛋白质，并通过电泳分析不同溶解性蛋白质的变化，旨在明确牦牛平滑肌冷藏期间不同溶解性蛋白的降解规律，为平滑肌嫩度的形成提供理论依据。

一、平滑肌不同溶解性蛋白浓度变化分析

参考 Bradford 的方法对牦牛平滑肌不同溶解性蛋白浓度进行测定，用 1 $\mu g/\mu L$ 牛血清蛋白溶液制作标准曲线如图 4-11 所示，通过线性拟合可知 BSA 标准曲线的拟合方程为 $y=0.1741x-0.0173$，$R^2=0.9949$，由标准曲线的相关系数为 0.9949 可以看出，该拟合方程线性关系较好，可用于牦牛平滑肌不同溶解性蛋白浓度的测定。

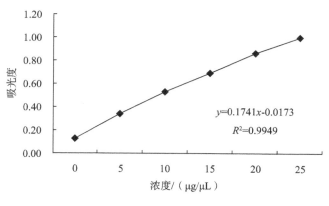

$$y=0.1741x-0.0173$$
$$R^2=0.9949$$

图 4-11　BSA 标准曲线

　　由图 4-12(A)可知,牦牛平滑肌总蛋白浓度随冷藏时间延长而显著下降($P<$ 0.05),在 0～7 d 牦牛平滑肌总蛋白的浓度从(29.28 ± 1.24)$\mu g/\mu L$ 降低到$15.40\pm$ 0.99 $\mu g/\mu L$,降幅达 47.40%。图 4-12(B)、(C)和(D)分别显示了牦牛平滑肌水溶性蛋白、低盐溶性蛋白和高盐溶性蛋白浓度均随冷藏时间延长而显著增加($P<$ 0.05)。其中水溶性蛋白浓度从(3.84 ± 0.41)$\mu g/\mu L$ 增加到(10.85 ± 0.85)$\mu g/$ μL,增幅达 182.55%;低盐溶性蛋白浓度从(2.52 ± 0.22)$\mu g/\mu L$ 增加到($3.52\pm$ 0.23)$\mu g/\mu L$,增幅达 39.68%;高盐溶性蛋白浓度从(6.43 ± 0.40)$\mu g/\mu L$ 增加到 (7.84 ± 0.50)$\mu g/\mu L$,增幅达 21.93%。从不同溶解性蛋白的浓度数值上看,总蛋白>高盐溶性蛋白>水溶性蛋白>低盐溶性蛋白;从不同溶解性蛋白的变化程度来看,水溶性蛋白>总蛋白>低盐溶性蛋白>高盐溶性蛋白。表明牦牛平滑肌在冷藏期间不同溶解性蛋白的浓度均发生了显著变化。

　　蛋白质是肌肉中的主要功能成分,蛋白质的含量、结构和状态对肌肉肉品性能的发挥起主要的作用。根据蛋白质的溶解性来分,可将其分为水溶性、低盐溶性和高盐溶性蛋白。本试验中牦牛平滑肌总蛋白的浓度随冷藏时间延长而显著降低,降幅为 47.40%,而水溶性、低盐溶性和高盐溶性蛋白的浓度均随冷藏时间延长而显著增加,增幅分别为 182.55%、39.68% 和 21.93%。这可能是因为冷藏期间牦牛平滑肌总蛋白在内源酶的作用下被降解,而导致总蛋白浓度下降,水溶性、低盐溶性和高盐溶性蛋白浓度增加。

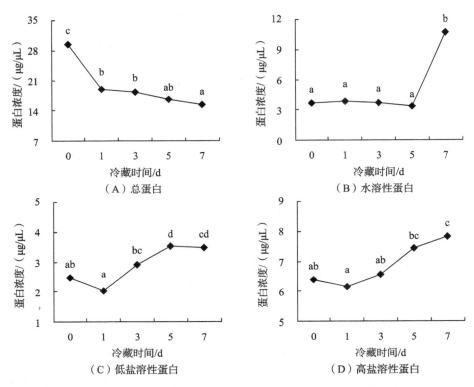

图 4-12　牦牛平滑肌冷藏期间总蛋白、水溶性蛋白、低盐溶性蛋白和高盐溶性蛋白浓度的变化

二、平滑肌总蛋白变化分析

冷藏期间牦牛平滑肌总蛋白的变化如图 4-13 所示,由图可知,牦牛平滑肌总蛋白条带较多,分子量主要集中在 15～250 kDa,不同冷藏期的总蛋白条带变化较大。其中牦牛平滑肌肌球蛋白重链和肌动蛋白在 0～7 d 变化不明显,而牦牛平滑肌原肌球蛋白在第 3 天显著变淡,到第 5 天和第 7 天时基本消失。牦牛平滑肌 130 kDa(Ⅰ)的条带在第 1 天后基本消失,25 kDa(Ⅱ)条带到第 3 天后减弱,15～25 kDa(Ⅲ)条带间有 3 条在第 7 天显著加强。牦牛平滑肌在冷藏期间变化的总趋势是大分子量蛋白条带减弱,而小分子量蛋白条带增强。在冷藏的第 3 天和第 7 天与第 0 天相比,蛋白条带变化明显。

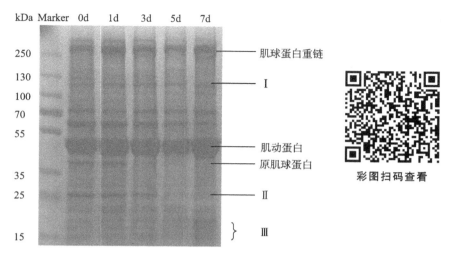

图 4-13　牦牛平滑肌冷藏期间总蛋白的变化

　　说明牦牛平滑肌中大分子量蛋白在内源酶的作用下被降解。Lana 等报道牛肉成熟过程中大分子量条带减弱，而小分子量条带增强支持了本实验结果。肌肉中的蛋白质按照其溶解性主要分为水溶性的肌浆蛋白、盐溶性的肌原纤维蛋白和不溶性的基质蛋白。试验结果表明不同冷藏期牦牛平滑肌总蛋白条带变化较大，总体来看表现为大分子量蛋白条带减弱，而小分子量蛋白条带增强，其中肌球蛋白重链和肌动蛋白变化不明显，而原肌球蛋白显著降解，说明牦牛平滑肌中大分子量蛋白在内源酶的作用下被降解。Lana 等报道牛肉成熟过程中大分子量条带减弱，而小分子量条带增强，这一结论支持了本实验结果。

三、平滑肌低盐溶性和水溶性蛋白变化分析

　　由图 4-14 可见，低盐溶性蛋白的条带整体偏弱，也主要分布在 15～250 kDa。条带Ⅰ、Ⅱ、Ⅲ和Ⅵ在 0～5 d 没有显著变化，但在第 7 天显著增强；条带Ⅳ和Ⅴ在 0～5 d 呈逐渐加强的趋势，但在第 7 天显著减弱。总体来看，牦牛平滑肌低盐溶性蛋白的变化也主要发生在第 7 天。牦牛平滑肌低盐溶性蛋白中条带Ⅳ、Ⅴ与其水溶性蛋白Ⅱ、Ⅲ、Ⅳ、Ⅴ、Ⅵ和Ⅶ条带的变化趋势基本一致。据李婷婷报道，低盐溶性蛋白质的主要成分也为肌浆蛋白，据此推测肌浆蛋白可能对牦牛平滑肌嫩度的形成有影响。

彩图扫码查看

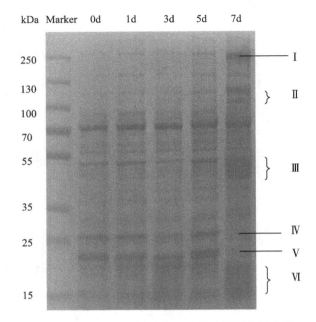

图 4-14　牦牛平滑肌冷藏期间低盐溶性蛋白的变化

　　冷藏期间牦牛平滑肌水溶性蛋白的变化如图 4-15 所示,可见牦牛平滑肌水溶性蛋白的分子量主要分布在 15～250 kDa。条带Ⅰ在冷藏的第 3 天变弱,第 5 天和第 7 天基本消失;条带Ⅱ、Ⅲ、Ⅳ、Ⅴ、Ⅵ和Ⅶ的变化均发生在冷藏的 0～5 d,主要呈增加的趋势,而在第 7 天减弱或消失。总体来看,牦牛平滑肌水溶性蛋白的变化趋势为在冷藏的 0～5 d 呈增加趋势,而在第 7 天减弱或消失。第 7 天是牦牛平滑肌水溶性蛋白变化的关键节点。

　　肌肉中的蛋白质主要是肌纤维蛋白和肌浆蛋白,按照溶解性来划分,水溶性蛋白和低盐溶性蛋白属于肌浆蛋白。试验结果表明冷藏期间牦牛平滑肌水溶性和低盐溶性蛋白的变化表现为不同分子量蛋白条带在 0～5 d 呈增加趋势,而在第 7 天减弱或消失。

　　水溶性和低盐溶性蛋白主要是肌浆蛋白,肌浆蛋白的主要组成是肌红蛋白和与糖酵解、三羧酸循环、脂肪酸 β-氧化、氧化磷酸化和电子传递等肌肉收缩相关的酶。结合肌浆蛋白中蛋白的组成及其作用和牦牛平滑肌水溶性和低盐溶性蛋白的变化规律,认为宰后牦牛平滑肌的无氧呼吸促进了糖酵解的发生,导致了肌肉内环境的变化,促进了内源酶的作用,可能诱导了脂肪酸氧化、蛋白氧化磷酸化等过程的发生。据报道,氧化磷酸化在肌肉嫩度的形成中具有重要的作用,而肌肉内源酶

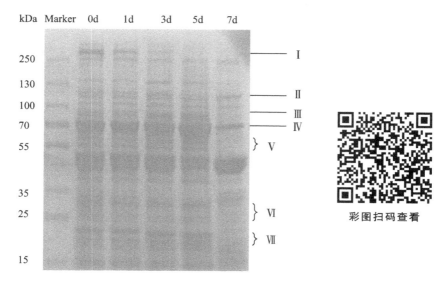

图 4-15　牦牛平滑肌冷藏期间水溶性蛋白的变化

主要在宰后的一段时间内发挥作用,之后又会被降解或抑制。综合来看,牦牛平滑肌中肌浆蛋白中的内源酶可能在牦牛平滑肌嫩度的形成中起着重要的作用。

四、平滑肌高盐溶性蛋白变化分析

冷藏期间牦牛平滑肌高盐溶性蛋白的变化如图 4-16 所示,牦牛平滑肌肌球蛋白重链和肌动蛋白变化不显著,而原肌球蛋白条带较弱,牦牛平滑肌高盐溶性蛋白的变化与其总蛋白的变化基本一致。条带Ⅰ在冷藏的 0～5 d 没有显著变化,在第7 天显著增强;条带Ⅱ与条带Ⅰ的变化相反,在冷藏的 0～5 d 较明显,而在第 7 天基本消失;条带Ⅲ、Ⅳ和Ⅴ均表现为在冷藏的 0～3 d 增强,而在 5～7 d 减弱;条带Ⅵ在冷藏的 0～7 d,基本呈逐渐增加的趋势。 总体来看,牦牛平滑肌高盐溶性蛋白的变化趋势为相对较大分子量蛋白条带减弱,而相对较小分子量蛋白条带增强,且高盐溶性蛋白的变化主要发生在冷藏的第 3 天和第 7 天。

高盐溶性蛋白主要是肌原纤维蛋白,肌原纤维蛋白主要包括肌球蛋白、肌动蛋白、原肌球蛋白、肌原蛋白和结构蛋白。冷藏期间牦牛平滑肌高盐溶性蛋白的变化趋势是相对较大分子量蛋白条带减弱,而相对较小分子量蛋白条带增强,表明牦牛平滑肌的肌原纤维蛋白在冷藏期间发生了显著的降解。肌球蛋白和肌动蛋白是肌原纤维的主要成分,也是肌肉中含量最多的两类蛋白质,肌球蛋白主要是由 2 条重链和 2 对轻链组成,重链的分子量约为 200 kDa,轻链分子量为 17～23 kDa。肌联

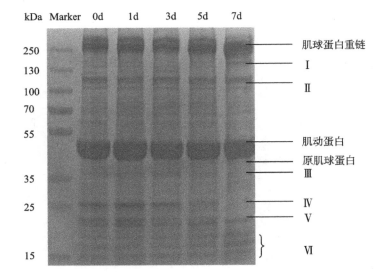

彩图扫码查看

图 4-16　牦牛平滑肌冷藏期间高盐溶性蛋白的变化

蛋白是肌肉中含量第 3 多的蛋白质,分子量约为 3000 kDa。伴肌动蛋白是一种作用于肌原纤维细丝的一种基质蛋白质,分子量约为 800 kDa。原肌球蛋白是由两个亚基组成的双螺旋纤维状蛋白,分子量约为 70 kDa。肌钙蛋白是由肌钙蛋白 C、肌钙蛋白 I 和肌钙蛋白 T 组成的球状蛋白,其中肌钙蛋白 C、肌钙蛋白 I 和肌钙蛋白 T 的分子量分别为 17～24 kDa、21～30 kDa 和 30～58 kDa。结合高盐溶性蛋白中包含的主要蛋白可以看出,原肌球蛋白、肌原蛋白、肌间线蛋白和肌连蛋白等结构蛋白的降解是影响其嫩度改善的主要因素。这与 Huang 等报道的肌肉中肌原纤维降解对其嫩度改善有显著影响是一致的。

五、小结

牦牛平滑肌总蛋白浓度随冷藏时间延长显著降低($P<0.05$),其降幅达 47.40%。而牦牛平滑肌水溶性、低盐溶性和高盐溶性蛋白浓度均随冷藏时间延长显著增加($P<0.05$),增幅分别为 182.55%、39.68% 和 21.93%。牦牛平滑肌中不同溶解性蛋白的分子量主要分布在 15～250 kDa,均发生了不同程度的变化。其中 MHC 和肌动蛋白变化不明显,原肌球蛋白发生了显著的降解;肌浆蛋白的主要变化为前期增加,后期减弱;肌原纤维蛋白的变化趋势是高分子量蛋白条带减弱,而低分子量蛋白条带增强。牦牛平滑肌的蛋白质变化主要集中在第 0 天、第 3 天和第 7 天;肌浆蛋白在第 3 天增强,第 7 天减弱或消失;肌原纤维蛋白中大分子

量蛋白条带在 0～7 d 持续减弱,小分子量蛋白条带在 0～7 d 逐渐增强。综合来看,冷藏期间牦牛平滑肌肌纤维的降解促进了其嫩度的改善。

第四节　平滑肌蛋白质组学研究

蛋白质组学是一种高通量分析技术,可以同时检测数百个蛋白质,提供更多有关肉品质的蛋白质组成和功能方面的信息,有利于从蛋白质代谢水平解释肉品品质形成的机制。目前,蛋白质组学已广泛应用于肌肉肉色、持水力和嫩度等品质的研究中。Yu 等通过 label-free 蛋白质组学研究了荷斯坦牛半腱肌宰后冷藏期间肌肉的褪色问题,共得到 118 个差异蛋白,这些蛋白主要涉及糖酵解、能量代谢、电子转移和抗氧化等代谢途径。左惠心通过蛋白质组学研究了高保水组和低保水组的蛋白质差异,共检测出 55 种差异蛋白,分别是代谢酶、结构蛋白、应激蛋白和转运蛋白。郎玉苗指出影响牛肉背最长肌和腰大肌嫩度的差异蛋白有 113 个,主要涉及氧化磷酸化、细胞骨架和蛋白水解等代谢途径。然而,对平滑肌而言,冷藏期间哪些蛋白质发生了变化,涉及的代谢途径是哪些等问题,尚未见报道。为此,本试验用 label-free 蛋白质组学技术研究了牦牛平滑肌冷藏期间第 0 天、第 3 天和第 7 天的蛋白质组学变化,旨在为平滑肌嫩度的形成机制提供理论依据和数据支撑。

采用 label-free 方法分析牦牛平滑肌冷藏期间的差异蛋白,并进行 GO 分析、KEGG 通路分析,明确差异蛋白涉及的代谢通路,并对差异蛋白中平滑肌结构蛋白进行统计分析,从蛋白质变化的角度探究平滑肌嫩度的变化。

一、差异蛋白鉴定结果及统计分析

对牦牛平滑肌在冷藏的第 0 天、第 3 天、第 7 天用 label-free 蛋白质组学进行分析,LC-MS/MS 质谱鉴定结果如表 4-6 所示,共检出 10947 个肽段,1353 个蛋白。对这些蛋白按照定量比率＞1.5 或＜0.667(P＜0.05)的原则筛选,共得到 212 个差异蛋白。

表 4-6　牦牛平滑肌 LC-MS/MS 质谱鉴定结果

项目	数量
蛋白质	1353
肽段	10974

对牦牛平滑肌 212 个差异蛋白统计分析如图 4-17 所示。由图 4-17(A)可知:

牦牛平滑肌在冷藏的第 3 天与第 0 天相比，共有 109 个差异蛋白，其中 46 个蛋白上调，63 个蛋白下调；第 7 天与第 0 天相比，共有 83 个差异蛋白，其中 26 个蛋白上调，57 个蛋白下调；第 7 天与第 3 天相比，共有 109 个差异蛋白，其中 54 个蛋白上调，55 个蛋白下调。图 4-17(B)显示，在 3 组差异蛋白的分析中共同表达的差异蛋白有 4 个。

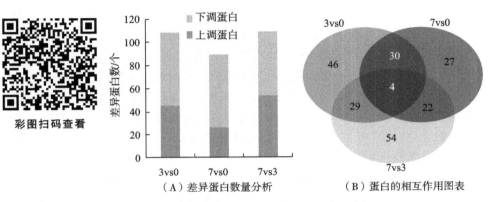

图 4-17　牦牛平滑肌冷藏期间差异蛋白统计分析

二、主成分分析

对牦牛平滑肌冷藏期间鉴定到的 212 个差异蛋白进行主成分分析，结果如图 4-18 所示，第一主成分 PC_1 方差贡献率为 49%，第二主成分 PC_2 的方差贡献率为 30.7%，PC_1 和 PC_2 的贡献率达到了 79.07%，能够反映差异蛋白变化的大部分信息，为此提取 2 个主成分。第一主成分 PC_1 把第 3 天和第 7 天的牦牛平滑肌差异蛋白区分开；第二主成分 PC_2 把第 0 天和第 3 天、第 7 天的牦牛平滑肌差异蛋白区分开。表明牦牛平滑肌在冷藏的第 0 天、第 3 天和第 7 天发生了显著变化。

三、聚类分析

用层次聚类法分析牦牛平滑肌冷藏期间差异蛋白的丰度变化，如图 4-19 所示。图中每个颜色对应的是牦牛平滑肌蛋白质的丰度值，在冷藏的第 0 天、第 3 天、第 7 天分别呈现出不同的颜色，表明牦牛平滑肌同一蛋白的丰度不同，每个样品组的 3 个生物学重复呈现相似的颜色，表明牦牛平滑肌在同一冷藏期的数据基本一致。层次聚类分析表明冷藏期间牦牛平滑肌差异蛋白存在显著差异。

当聚类距离较小时，3 个生物学重复的样本首先被聚为一类。随聚类距离的增加，第 3 天和第 7 天的样本被聚合到一个集群中，并可与第 0 天的样本区分开；

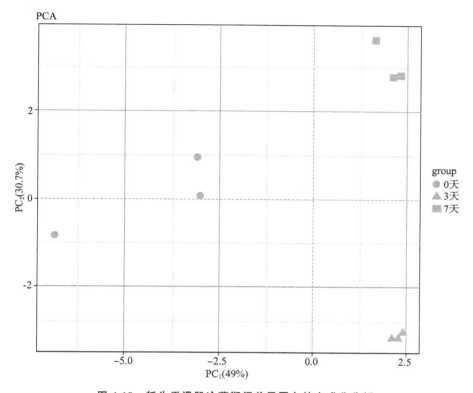

图 4-18　牦牛平滑肌冷藏期间差异蛋白的主成分分析

当聚类距离继续增加时,3 个样本被聚集到一类。当聚类距离较小时,3 个生物学重复被聚到一类,这是因为 3 个生物学重复是一个样品,其相似程度更大。当聚类距离增加时,第 3 天和第 7 天的样本被聚到一类,说明冷藏后的牦牛平滑肌与冷藏前相比发生了显著变化。当聚类距离进一步增加时,第 0 天、第 3 天、第 7 天的 3个样本被聚到一类,这是因为这 3 个样本都是牦牛平滑肌,是同一种物质。总体来看,牦牛平滑肌差异蛋白的聚类分析和主成分分析结果一致,表明牦牛平滑肌在冷藏的第 0 天、第 3 天和第 7 天发生了显著变化。

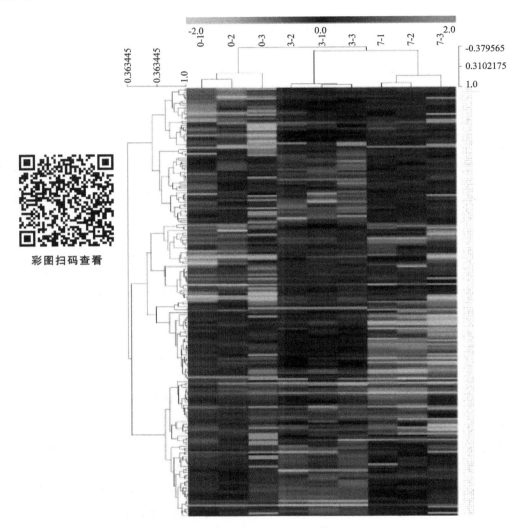

彩图扫码查看

图 4-19　牦牛平滑肌冷藏期间差异蛋白丰度变化的层次聚类分析

四、差异蛋白的统计分析

　　牦牛平滑肌差异蛋白中肌纤维蛋白和胶原蛋白的数量统计分析见图 4-20，牦牛平滑肌冷藏期间 212 个差异蛋白中有 75 个肌动蛋白、16 个肌球蛋白、3 个原肌球蛋白、1 个肌联蛋白、0 个肌钙蛋白和 8 个胶原蛋白。牦牛平滑肌的肌动蛋白、肌球蛋白、原肌球蛋白、肌联蛋白是肌纤维的主要蛋白,这些差异蛋白的数量变化表明牦牛平滑肌肌纤维在冷藏期间发生了显著的变化,与 Huang 等报道的肌纤维降解是肌肉嫩度形成的主要原因一致。牦牛平滑肌差异蛋白中有 8 个胶原蛋白发生了显著的变化,表明肌肉结缔组织对牦牛平滑肌嫩度的形成也有显著的影响。此外,肌钙蛋白、肌联蛋白和肌间线蛋白在牦牛平滑肌差异蛋白中没有检出,这与 Takahashi 等报道的平滑肌中不含有肌钙蛋白一致。

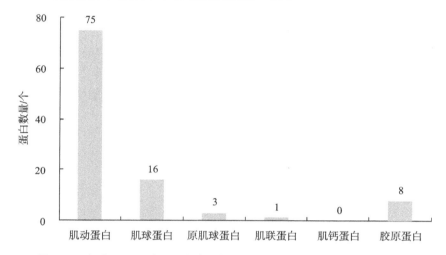

图 4-20　牦牛平滑肌差异蛋白中肌纤维蛋白和胶原蛋白的数量统计分析

对牦牛平滑肌在冷藏的第 0 天、第 3 天、第 7 天用 label-free 蛋白组学进行分析,共鉴定到 212 个差异蛋白,主成分和聚类分析都表明牦牛平滑肌冷藏期间的蛋白发生了显著的变化。统计分析共发现牦牛平滑肌差异蛋白中有肌动蛋白 75 个、肌球蛋白 16 个、原肌球蛋白 3 个、肌联蛋白 1 个、胶原蛋白 8 个和肌钙蛋白 0 个。肌动蛋白、肌球蛋白、原肌球蛋白、肌联蛋白是肌纤维的主要蛋白,这些差异蛋白的数量变化表明牦牛平滑肌肌纤维在冷藏期间发生了显著的变化,表明平滑肌肌纤维蛋白影响其嫩度的形成,这与大多数文献报道的骨骼肌嫩度的形成中肌纤维蛋白发生显著变化一致。同时,Huang 等报道肌纤维的降解是肌肉嫩度改善的主要原因验证了本试验结果。牦牛平滑肌冷藏期间的胶原蛋白也发生了显著的变化,表明冷藏期间牦牛平滑肌的结缔组织发生了弱化,而结缔组织弱化是肌肉嫩度形成的主要原因,表明平滑肌肌内结缔组织对牦牛平滑肌嫩度的形成有显著的影响,此结果验证了基础硬度是肌肉嫩度形成的主要因素之一。此外,肌钙蛋白、肌联蛋白和肌间线蛋白在牦牛平滑肌差异蛋白中没有检出,这与 Takahashi 等报道的平滑肌中不含有肌钙蛋白一致。这些结果表明,牦牛平滑肌中肌纤维蛋白和胶原蛋白是影响牦牛平滑肌嫩度品质的主要蛋白。

五、平滑肌差异蛋白的生物信息学分析

生物信息学分析就是通过分析差异蛋白的分子功能、所在的细胞位置及参与的生物过程阐明蛋白在动物肌体代谢过程中的作用,从分子的水平说明动物肌肉品质的形成机理。

彩图扫码查看

1. 差异蛋白的 GO 注释

牦牛平滑肌差异蛋白的 GO 富集分析表明,涉及分子功能、所处细胞组分、生物过程分别有 37 类、45 类、36 类。其中牦牛平滑肌差异蛋白 GO 注释分子功能、所处细胞组分、生物过程的前 10 类如图 4-21 所示。

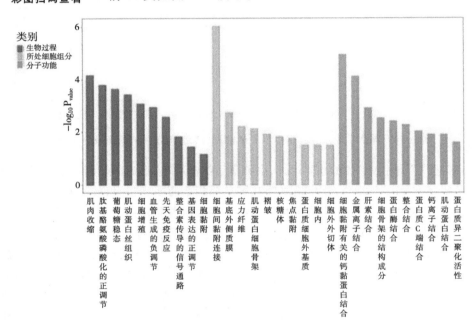

图 4-21　牦牛平滑肌差异蛋白的 GO 注释(前 10)

牦牛平滑肌差异蛋白参与的生物学过程主要是肌肉收缩(GO:0006936),肽基酪氨酸磷酸化的正调节(GO:0050731),肌动蛋白丝组织(GO:0007015),细胞黏附(GO:0007155);牦牛平滑肌差异蛋白细胞组分主要富集在细胞间黏附连接(GO:

0005913），基底外侧质膜（GO：0016323），应力纤维（GO：0001725），肌动蛋白细胞骨架（GO：0015629），黏着斑（GO：0005925），蛋白质细胞外基质（GO：0005578）；牦牛平滑肌差异蛋白的分子功能主要是与细胞黏附有关的钙黏蛋白结合（GO：0098641），金属离子结合（GO：0046872），细胞骨架的结构成分（GO：0005200），蛋白酶结合（GO：0002020），钙离子结合（GO：0005509），肌动蛋白结合（GO：0003779），蛋白质异二聚化活性（GO：0046982）。

冷藏期间牦牛平滑肌差异蛋白的 GO 分析表明，差异蛋白参与的主要生物学过程是肌肉收缩，肽基酪氨酸磷酸化的正调节，肌动蛋白丝组织和细胞黏附。周光宏报道肌肉的嫩度与肌肉的收缩状态和组织结构相关，表明肌肉收缩与肌动蛋白丝组织是直接与肌肉的嫩度相关的生物过程；Chen 等报道宰后肌纤维蛋白的磷酸化水平与肌肉嫩度呈显著正相关，与肽基酪氨酸磷酸化的正调节一致，表明冷藏期间牦牛平滑肌的差异蛋白涉及到的生物学过程影响牦牛平滑肌嫩度的形成。

牦牛平滑肌差异蛋白所处的细胞位置主要是细胞间黏附连接，基底外侧质膜，应力纤维，肌动蛋白细胞骨架、黏着斑和蛋白质细胞外基质。肌动蛋白细胞骨架是肌肉的主要结构蛋白，已被证实与肌肉的嫩度显著相关。细胞间的黏附连接和基地外侧质膜都涉及到肌肉的结缔组织，Cross 等报道肌肉的结缔组织弱化有利于肌肉嫩度的改善；表明冷藏期间牦牛平滑肌的差异蛋白所处的细胞位置蛋白是影响平滑肌嫩度形成的主要蛋白。

牦牛平滑肌的差异蛋白的主要分子功能是钙黏蛋白结合，金属离子结合，细胞骨架的结构成分，蛋白酶结合钙离子结合、肌动蛋白结合和蛋白质异二聚化活性。细胞骨架的结构成分是影响肌肉嫩度改善的结构蛋白已被证实。同时，相关研究报道表明，肌肉结构蛋白的降解与肌肉嫩度形成密切相关，而肌肉结构蛋白的降解是在内源酶的作用下进行的，同时需要钙离子等金属离子的催化，结果表明牦牛平滑肌差异蛋白中金属离子结合和蛋白酶结合蛋白等是影响平滑肌嫩度形成的蛋白。

2. 差异蛋白的 KEGG 通路分析

牦牛平滑肌差异蛋白的 KEGG 通路富集分析结果表明，牦牛平滑肌冷藏期间的 212 个差异蛋白共涉及 108 条信号通路。其中涉及牦牛平滑肌差异蛋白较多的前 20 个通路如图 4-22 所示。包括肌动蛋白细胞骨架调节（04810），黏着斑（04510），血管平滑肌收缩（04270），心肌收缩（04260），坏死（04217），糖酵解（00010）。这些生物过程通过影响牦牛平滑肌结构蛋白和内源酶的变化，影响平滑肌嫩度改善。牦牛平滑肌冷藏期间差异蛋白的 KEGG 通路富集分析表明，这些差异蛋白所涉及到信号通路主要包括肌动蛋白细胞骨架调节，黏着斑，血管平滑肌收缩，心肌收缩，坏死，糖酵解。王琳琳报道牦牛宰后糖酵解引发了肌肉的 pH 下降、

彩图扫码查看

内源酶激活、诱导细胞凋亡等一系列的生理生化反应，进而促进了肌肉嫩度的形成。Cao 等指出宰后肌肉内环境的变化诱发了细胞凋亡，细胞凋亡酶参与了肌肉肌原纤维蛋白的降解，从而改善肌肉嫩度。

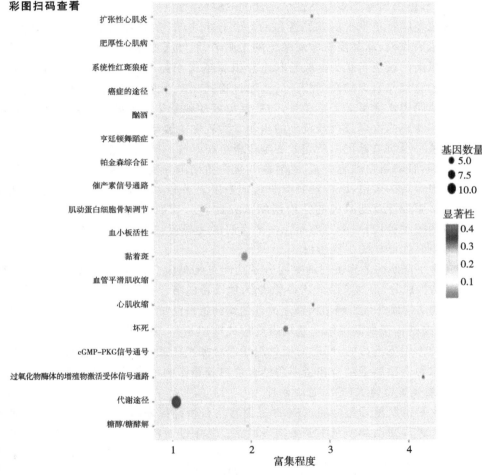

图 4-22　牦牛平滑肌差异蛋白的 KEGG 通路分析（前 20）

六、小结

Label-free 蛋白质组学共鉴定出牦牛平滑肌冷藏期间的差异蛋白 212 个。主成分和聚类分析均表明,这些差异蛋白有显著差异。牦牛平滑肌冷藏期间的 212 个差异蛋白中有 75 个肌动蛋白、16 个肌球蛋白、3 个原肌球蛋白、1 个肌联蛋白、8 个胶原蛋白,表明平滑肌肌纤维降解和结缔组织弱化是平滑肌嫩度形成的原因。牦牛平滑肌冷藏期间差异蛋白的生物信息学分析表明,差异蛋白涉及的代谢通路主要是肌肉收缩、细胞骨架调节、凋亡、黏着斑和糖酵解,这些代谢途径都影响肌肉嫩度的形成。

第五节　基于蛋白质组学的平滑肌嫩度形成机制研究

　　蛋白质组学已被用于肉品色泽、持水力和嫩度等品质形成的研究。Yu 等用蛋白质组学技术研究了牛肉的色泽形成机理,表明涉及糖酵解(ENO2、ENO3、PGM1)、能量代谢(ATP5F1)、电子转移(NDUFA6、NDUFC2)和抗氧化(GPx-1)的蛋白可能与牛肉色泽形成有潜在的关系。Zuo 等研究表明 HSP27、MLC 和 TIM 与牦牛肉的持水力密切相关。蛋白质组学也被用来研究骨骼肌嫩度的形成,指出结构蛋白、抗氧化蛋白、溶酶体蛋白和热休克蛋白与骨骼肌嫩度的形成密切相关。然而,对平滑肌而言,平滑肌嫩度的形成机制如何,主要影响蛋白有哪些,影响平滑肌嫩度形成的机制是否与骨骼肌一致等问题,尚未见报道。为此,本节通过相关性分析建立牦牛平滑肌嫩度与其冷藏期间差异蛋白的联系,明确与平滑肌嫩度相关的关键蛋白,并通过生物信息学分析明确参与平滑肌嫩度形成的代谢途径,旨在为牦牛平滑肌嫩度的形成提供理论依据。

一、剪切力值与差异蛋白丰度的相关性分析

　　牦牛平滑肌剪切力值与差异蛋白丰度的相关性分析如表 4-7 所示,牦牛平滑肌差异蛋白中与其剪切力值极显著相关的有 28 个关键蛋白,根据其功能分为代谢酶类、肌肉结构蛋白、金属离子结合蛋白和其他蛋白 4 类。各类蛋白的数量见图 4-23,其中代谢酶类 4 个蛋白,肌肉结构蛋白 13 个,金属离子结合蛋白 5 个和其他蛋白 6 个。肌肉结构蛋白占所有关键蛋白的 46.43%,这与 Lonergan 等报道的肌肉结构蛋白是影响肌肉嫩度改善的主要蛋白一致。代谢酶类和金属离子结合蛋白占所有关键蛋白的 32.14%,代谢酶类是直接参与肌肉蛋白降解的蛋白,金属离子结合蛋白通过调控离子浓度的变化可激活或抑制代谢酶的活性,进而影响肌肉嫩度形成。

表 4-7　牦牛平滑肌剪切力值和 pH 与差异蛋白丰度的相关性分析

蛋白编号	蛋白名称及缩写	相关系数	
		pH	剪切力
代谢酶类(4)			
Q9XSX1	钙蛋白酶抑制蛋白(N/A)	—	0.940 **
Q05927	5″-核苷酸酶(NT5E)	—	0.870 **
P02722	ADP/ATP 转位酶 1(SLC25A4)	—	−0.981 **
Q28824	肌球蛋白轻链激酶,平滑肌(MYLK)	—	0.834 **
肌肉结构蛋白(13)			
F1MYC9	非红细胞血影蛋白 β 链(SPTBN1)	—	0.856 **
A4IFK4	突触足蛋白 2(SYNPO2)	—	0.835 **
F1MLW0	大鼠钙调结合蛋白(CALD1)	—	0.863 **
A4IFK3	人平滑肌蛋白 1(LMOD1)	—	0.961 **
Q5KR47	原肌球蛋白 α-3 链(TPM3)	—	−0.833 **
Q27957	促微管蛋白聚合蛋白(TPPP)	—	0.842 **
E1BIS6	联丝蛋白(SYNM)	—	0.957 **
Q08DQ6	斑联蛋白/关节蛋白(ZYX)	0.819 **	0.844 **
P46193	膜联蛋白 A1(ANXA1)	—	0.924 **
G3MY19	PDZ 和 LIM 域 5(PDLIM5)	0.832 **	0.925 **
A6H7E3	PDZ 和 LIM 域 1(PDLIM1)	—	0.834 **
F1MCK2	AHNAK 核蛋白(AHNAK)	—	0.922 **
P48616	波形蛋白(VIM)	—	0.893 **
金属离子结合蛋白(5)			
Q2KIS7	四联蛋白(CLEC3B)	—	0.827 **
Q3T0K1	钙腔蛋白(CALU)	—	0.847 **
Q3SWW8	血小板反应蛋白-4(THBS4)	—	0.928 **
Q5EA62	细胞外基质蛋白(FBLN5)	—	0.851 **
Q3MI02	泛醇细胞色素 C 还原酶核心蛋白(UQCRC1)	—	−0.848 **
其他蛋白(6)			
F1MMS9	整合素 α-3 抗体(ITGA3)	—	−0.932 **

续表 4-7

蛋白编号	蛋白名称及缩写	相关系数	
		pH	剪切力
G8JL00	组蛋白 H2A 抗体(LOC104975684)	—	−0.911**
Q5E9F8	组蛋白 H3.3 抗体(H3F3A)	—	−0.868**
Q7SIH1	α-2 巨球蛋白(A2M)	—	0.848**
P80177	巨噬细胞移动抑制因子(MIF)	—	−0.905**
Q09139	脑型脂肪酸结合蛋白(FABP7)	—	0.821**

注："—"代表相关性未达到极显著，** 在 0.01 水平上显著相关 $P<0.01$。

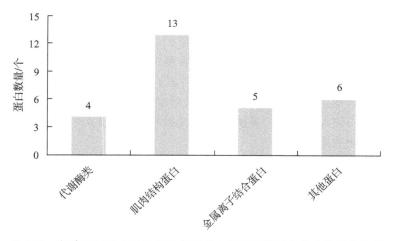

图 4-23　牦牛平滑肌差异蛋白中与剪切力值极显著相关的各类蛋白数量

二、平滑肌差异蛋白与嫩度的关联分析

(一)代谢酶相关蛋白

根据蛋白质的功能信息，编号为 Q9XSX1、Q05927、P02722、Q28824 的 4 种蛋白属于代谢酶相关蛋白。

1. 钙蛋白酶系对牦牛平滑肌嫩度的影响

钙蛋白酶抑制蛋白(Q9XSX1)是一种具有多种抑制功能的内源性抑制剂，属于钙蛋白酶系。钙蛋白酶抑制蛋白由 1 条多肽链组成，具有 5 个结构域。钙蛋白酶抑制蛋白可抑制钙蛋白酶的自溶，影响钙蛋白酶对肌肉肌间线蛋白、连接蛋白、肌钙蛋白-T 的降解,进而影响肌肉嫩度。在肉品冷藏期间,钙蛋白酶抑制蛋白可降解和失活,且其降解率与肌肉蛋白水解率和肉品嫩度的改善相关。试验中,钙蛋白酶抑制蛋白与剪切力值呈极显著正相关($P<0.01$),相关系数为 0.940。在选取的第 0 天、第 3 天、第 7 天钙蛋白酶抑制蛋白均被富集,表明牦牛平滑肌中钙蛋白酶的活性均被钙蛋白酶抑制蛋白所抑制。此外,Chang 等报道钙蛋白酶在平滑肌中对肌纤维蛋白的降解作用有限。表明钙蛋白酶系在平滑肌嫩度形成中作用有限。

肌肉嫩度的形成受肌肉肌纤维降解的影响,参与肌纤维降解的主要酶类有钙蛋白酶、组织蛋白酶、细胞凋亡酶和溶酶体酶。本试验结果表明钙蛋白酶抑制蛋白与牦牛平滑肌嫩度呈显著相关。钙蛋白酶抑制蛋白是一种具有多种抑制功能的内源性抑制剂,属于钙蛋白酶系。钙蛋白酶抑制蛋白由 1 条多肽链组成,具有 5 个结构域。钙蛋白酶抑制蛋白可抑制钙蛋白酶的自溶,影响钙蛋白酶对肌肉肌间线蛋白、连接蛋白、肌钙蛋白-T 的降解,进而影响肌肉的嫩度。在冷藏期间,钙蛋白酶抑制蛋白可降解和失活,且其降解率与肌肉蛋白水解率和肉品嫩度的改善相关。在牛肉(骨骼肌)嫩度形成的研究中,钙蛋白酶被认为对其嫩度的形成有显著的影响。在平滑肌冷藏期间钙蛋白酶抑制蛋白均被富集,表明在平滑肌嫩度的形成中钙蛋白酶的作用有限。

2. 蛋白磷酸化对牦牛平滑肌嫩度的影响

结合蛋白质的功能信息,5′核苷酸酶(Q05927)、ADP/ATP 转位酶 1(P02722)和平滑肌肌球蛋白轻链激酶(Q28824)3 种蛋白是与磷酸化途径相关的蛋白。

5′核苷酸酶可水解胞外核苷酸产生磷酸,磷酸的大量积累会促进肌肉的磷酸化,据报道肌肉磷酸化与其嫩度形成显著相关;结合 5′核苷酸酶与平滑肌剪切力值呈极显著正相关(相关系数为 0.870,$P<0.01$),5′核苷酸酶的表达量第 7 天和第 3 天分别与第 0 天相比降低了 0.4743 和 0.6071,表明 5′核苷酸酶可能在平滑肌嫩度形成初期起作用。

ADP/ATP 转位酶 1 参与线粒体内 ADP/ATP 转运,并能催化线粒体内膜的 ADP 转换为 ATP,ADP 转化为 ATP 会消耗磷酸,加之 ADP/ATP 转位酶 1 与平滑肌剪切力值呈显著负相关(相关系数为 -0.981,$P<0.01$),表明 ADP/ATP 转位酶 1 可能在平滑肌嫩度形成后期起作用。

平滑肌肌球蛋白轻链激酶通过肌球蛋白轻链的磷酸化参与平滑肌收缩,而蛋白磷酸化已被证明与肌肉嫩度呈显著相关,且平滑肌肌球蛋白轻链激酶与剪切力呈极显著正相关(相关系数为 0.834,$P<0.01$)。

综合来看,5′核苷酸酶、ADP/ATP 转位酶 1 和平滑肌肌球蛋白轻链激酶都涉及到蛋白磷酸化途径,Chen 等报道蛋白磷酸化对肌肉的嫩度的形成有显著的影响。表明平滑肌蛋白的磷酸化与其嫩度形成密切相关。

当前,研究表明蛋白磷酸化对肌肉嫩度有显著影响。试验中发现 5′核苷酸酶、ADP/ATP 转位酶 1 和平滑肌肌球蛋白轻链激酶的代谢和生理功能都涉及到磷酸化。5′核苷酸酶可水解胞外核苷酸产生磷酸,磷酸的积累会促进肌肉蛋白的磷酸化。ADP/ATP 转位酶 1 参与线粒体内 ADP/ATP 转运,并能催化线粒体内膜的 ADP 转换为 ATP,ADP 转化为 ATP 会消耗大量的磷酸,降低蛋白的磷酸化水平。平滑肌肌球蛋白轻链激酶,通过肌球蛋白轻链的磷酸化参与平滑肌收缩。表明平滑肌蛋白磷酸化对其嫩度形成有影响。Chen 等报道羊肉(骨骼肌)肌纤维的磷酸化可提高肌肉的嫩度。表明平滑肌嫩度的形成与骨骼肌类似,都与肌肉蛋白的磷酸化水平有关。

(二)肌肉结构蛋白对牦牛平滑肌嫩度的影响

根据蛋白的功能描述,F1MYC9、A4IFK4、F1MLW0、A4IFK3、Q27957、E1BIS6、Q08DQ6、P46193、F1MCK2、P48616 这 10 种蛋白属于肌肉骨架结构蛋白,其与平滑肌嫩度的相关系数分别为 0.856、0.835、0.863、0.961、0.922、0.842、0.957、0.844、0.924 和 0.893。这些蛋白与平滑肌嫩度均呈极显著正相关,表明这些蛋白在冷藏期间发生了显著的降解。PDZ、LIM domin5(G3MY19)和 PDZ、LIM domin1(A6H7E3)属于肌动蛋白骨架蛋白,其与平滑肌剪切力值的相关系数分别为 0.925 和 0.834,表明这两种蛋白在冷藏期间也发生了显著的降解。α3-原肌球蛋白链(Q5KR47),是原肌球蛋白的一条链,其与平滑肌剪切力值呈极显著负相关($r=-0.833,P<0.01$),表明原肌球蛋白在冷藏期间也发生了显著的降解。总体来看,平滑肌肌肉结构蛋白在冷藏期间发生了显著的降解,这与 Lana 等报道的在肌肉嫩度的形成中肌肉肌动蛋白、肌球蛋白、原肌球蛋白和肌联蛋白等结构蛋白发生显著的降解一致。

肌肉嫩度的改变归根到底是肌肉组织结构发生了变化。Lana 等报道肌动蛋白、肌球蛋白、原肌球蛋白、肌钙蛋白等是肌肉的主要结构蛋白,也是影响肌肉嫩度的主要蛋白。肉品科学家进一步指出肌肉中肌纤维结构蛋白的降解是肉品嫩度改善的主要原因。本试验结果显示有 13 种肌肉结构蛋白在冷藏期间发生降解,且与其嫩度呈极显著相关。这与 Lonergan 等报道的牛肉(骨骼肌)结构蛋白的降解与其嫩度显著相关一致。表明平滑肌嫩度的形成与骨骼肌类似,都与肌肉结构蛋白的降解有关。

(三)金属离子结合蛋白对牦牛平滑肌嫩度的影响

从蛋白质的功能来看,Q2KIS7、Q3T0K1、Q3SWW8、Q5EA62 和 Q3MI02 这 5 种蛋白属于金属离子结合蛋白。Q3MI02 蛋白与平滑肌嫩度呈极显著负相关 $r=-0.848$。Q2KIS7、Q3T0K1、Q3SWW8 和 Q5EA62 这 4 种蛋白均与平滑肌嫩度呈极显著正相关,相关系数分别为 0.827、0.847、0.928 和 0.815,这 4 种蛋白均可结合钙离子,钙离子可参与到肌肉收缩和钙蛋白酶的激活等代谢途径,进而影响肌肉嫩度。结果表明,金属离子结合蛋白通过催化或抑制肌肉内源酶的活性而影响牦牛平滑肌嫩度形成。

肌肉结构蛋白在钙蛋白酶、组织蛋白酶、细胞凋亡酶等内源酶作用下降解是肉品嫩度形成的主要原因,而细胞凋亡酶等内源酶需要在相应的金属离子催化下激活,才能发挥作用。Chang 等报道钙激活酶需要在钙离子的作用下激活,进而降解伴肌动蛋白、伴肌球蛋白等肌原纤维蛋白。本试验中,Q2KIS7、Q3T0K1、Q3SWW8、Q5EA62 和 Q3MI02 这 5 种蛋白属于金属离子结合蛋白,且与平滑肌嫩度呈极显著负相关,且随冷藏时间延长金属离子结合蛋白对平滑肌嫩度的影响减弱,表明金属离子对内源酶的激活发生在宰后的早期。这与 Cao 等报道的细胞凋亡酶、钙蛋白酶对肌纤维的降解发生在宰后早期一致。

(四)其他相关蛋白对牦牛平滑肌嫩度的影响

近年来的研究表明,细胞凋亡途径显著影响肌肉嫩度的改善。Boatright 等指出细胞凋亡酶系主要通过细胞死亡途经、内在途经和内质网介导途径 3 种方式诱导细胞凋亡,参与细胞嫩化过程。也有报道指出,细胞凋亡酶可降解钙蛋白酶抑制蛋白,使其失活,进而促进钙蛋白酶发挥作用影响肌肉嫩度的形成。本试验中发现 F1MMS9、G8JL00 和 Q5E9F8 与平滑肌嫩度呈极显著相关,其中 F1MMS9 参与整合素介导的信号通路,G8JL00 具有 DNA 结合和蛋白质异二聚活性的分子功能,Q5E9F8 在转录调控、DNA 修复、DNA 复制和染色体稳定性方面起着核心作用。这 3 种蛋白参与细胞信号传导和核糖体的变化,表明肌肉细胞发生了凋亡,而细胞凋亡对骨骼肌嫩度的形成有显著影响。表明平滑肌嫩度的形成与骨骼肌类似,都受细胞凋亡途径的影响。

肌肉嫩度的形成是一个复杂的生理过程,虽然大多数肉品科学家认为内源酶对肌肉肌纤维的降解是肌肉嫩度形成的主要原因,然而并不能完全解释肌肉嫩度的形成。本试验中,除了代谢酶类、肌肉结构蛋白和金属离子结合蛋白外,还有 Q7SIH1、P80177 和 Q09139 等 3 种蛋白与其嫩度呈极显著相关。其中,Q7SIH1

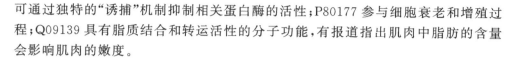

可通过独特的"诱捕"机制抑制相关蛋白酶的活性；P80177 参与细胞衰老和增殖过程；Q09139 具有脂质结合和转运活性的分子功能，有报道指出肌肉中脂肪的含量会影响肌肉的嫩度。

三、关键蛋白的生物信息学分析

（一）GO 分析

应用 Gene ontology(GO)分析对与牦牛平滑肌嫩度极显著相关的 28 个关键蛋白进行生物信息学分析，以期了解牦牛平滑肌关键差异蛋白的性质和功能。图 4-24 和表 4-8 提供了牦牛平滑肌与其嫩度极显著相关的 28 个关键差异蛋白的 GO 分析结果。

在生物过程组，与牦牛平滑肌嫩度极相关的关键蛋白被分成 22 类，分别是透镜纤维细胞发育(GO:0070307)涉及 1 个蛋白，肌原纤维组装(GO:0030239)涉及 1 个蛋白，肌动蛋白尖端组装(GO:0051694)涉及 1 个蛋白，肌肉收缩(GO:0006936)涉及 3 个蛋白，酪氨酸磷酸化的正向调控(GO:0050731)涉及 2 个蛋白，蛋白激酶 A 的正向调控(GO:0010739)涉及 1 个蛋白，糖皮质激素对细胞的刺激(GO:0071385)涉及 1 个蛋白，骨矿化(GO:0030282)涉及 1 个蛋白，B 细胞增殖的正向调控(GO:0030890)涉及 1 个蛋白，肌动蛋白纤维组装(GO:0007015)涉及 3 个蛋白，细胞增殖(GO:0008283)涉及 2 个蛋白，血管生成的负向调节(GO:0016525)涉及 1 个蛋白，免疫反应(GO:0045087)涉及 2 个蛋白，适应性免疫反应(GO:0002250)涉及 1 个蛋白，染色质静默(GO:0006342)涉及 1 个蛋白，蛋白质定位对质膜的正向调控(GO:1903078)涉及 2 个蛋白，蛋白质低聚反应(GO:0051259)涉及 1 个蛋白，炎症反应(GO:0006954)涉及 2 个蛋白，基因表达的负调控(GO:0010629)涉及 1 个蛋白，整合素介导的信号通路(GO:0007229)涉及 2 个蛋白，细胞基质黏附(GO:0007160)涉及 1 个蛋白，子宫胚胎发育(GO:0001701)涉及 1 个蛋白。涉及 3 个蛋白的有肌肉收缩和肌动蛋白组装 2 个生物过程，涉及 2 个蛋白的有酪氨酸磷酸化的正向调控、细胞增殖、免疫反应、蛋白质定位对质膜的正向调控、炎症反应、整合素介导的信号通路 6 个生物过程，有 14 个生物过程涉及 1 个蛋白。

在蛋白分子功能组，与牦牛平滑肌嫩度极相关的关键蛋白被分成 19 类，分别是钙黏蛋白参与的细胞黏附(GO:0098641)涉及 2 个蛋白，金属离子结合(GO:0046872)涉及 7 个蛋白，细丝蛋白绑定(GO:0031005)涉及 1 个蛋白，原肌球蛋白绑定(GO:0005523)涉及 1 个蛋白，细胞因子活性(GO:0005125)涉及 1 个蛋白，肝

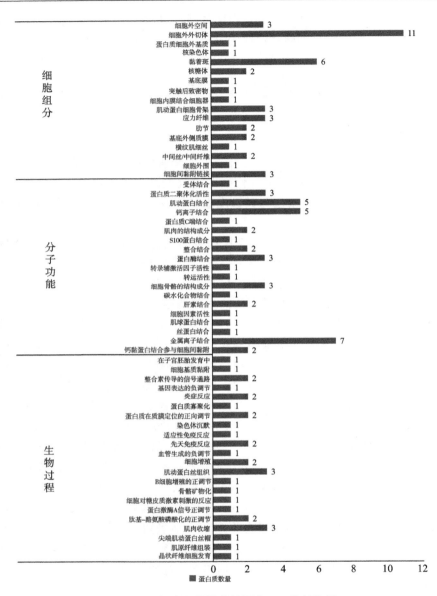

图 4-24　牦牛平滑肌关键蛋白 GO 分析结果

素结合(GO:0008201)涉及 2 个蛋白,碳水化合物结合(GO:0030246)涉及 1 个蛋白,细胞骨架蛋白组成(GO:0005200)涉及 3 个蛋白,运输活性(GO:0005215)涉及 1 个蛋白,辅酶激活活性(GO:0003713)涉及 1 个蛋白,蛋白酶绑定(GO:0002020)

涉及 3 个蛋白,整合素结合(GO:0005178)涉及 2 个蛋白,S100 蛋白结合(GO:0044548)涉及 1 个蛋白,肌肉结构组成(GO:0008307)涉及 2 个蛋白,糖基蛋白绑定(GO:0008022)涉及 1 个蛋白,钙离子结合(GO:0005509)涉及 5 个蛋白,肌动蛋白结合(GO:0003779)涉及 5 个蛋白,蛋白质异源二聚体结合活性(GO:0046982)涉及 3 个蛋白,受体结合(GO:0046982)涉及 1 个蛋白。涉及 7 个蛋白的是金属离子结合,涉及 5 个蛋白的是钙离子结合和肌动蛋白结合,涉及 3 个蛋白的是细胞骨架蛋白组成、蛋白酶绑定和蛋白质异源二聚体结合活性,涉及 2 个蛋白的是钙黏蛋白参与的细胞黏附、肝素结合、整合素结合和肌肉结构组成,有 9 个蛋白分子功能涉及 1 个蛋白。在所处的细胞组分组,与牦牛平滑肌嫩度极相关的关键蛋白被分成 17 类,分别是细胞间的黏着连接(GO:0005913)涉及 3 个蛋白,细胞外围(GO:0071944)涉及 1 个蛋白,中间丝(GO:0005882)涉及 2 个蛋白,横纹肌细丝(GO:0005865)涉及 1 个蛋白,管状等离子体膜(GO:0016323)涉及 2 个蛋白,肋节(GO:0043034)涉及 2 个蛋白,应力纤维(GO:0001725)涉及 3 个蛋白,肌动蛋白细胞骨架(GO:0015629)涉及 3 个蛋白,细胞内膜上的细胞器(GO:0043231)涉及 1 个蛋白,突触(GO:0014069)涉及 1 个蛋白,基底膜(GO:0005604)涉及 1 个蛋白,核小体(GO:0000786)涉及 2 个蛋白,黏着斑(GO:0005925)涉及 6 个蛋白,核染色质(GO:0000790)涉及 1 个蛋白,细胞外基质蛋白(GO:0005578)涉及 1 个蛋白,细胞外泌体(GO:0070062)涉及 11 个蛋白,细胞外空间(GO:0005615)涉及 3 个蛋白。涉及 11 个蛋白的有细胞外泌体,涉及 6 个蛋白的是黏着斑,涉及 3 个蛋白的有细胞间的黏着连接、应力纤维、肌动蛋白细胞骨架和细胞外空间,涉及 2 个蛋白的有中间丝、管状等离子体膜、肋节核小体,有 7 个所处的细胞组分涉及 1 个蛋白。

综合以上分析,与牦牛平滑肌嫩度极相关的蛋白,从生物过程的角度来看主要涉及肌肉收缩和肌动蛋白组装;从蛋白分子功能的角度来看主要涉及金属离子结合、钙离子结合和肌动蛋白结合;从所处的细胞组分来看主要涉及细胞外泌体和黏着斑的蛋白。

(二)KEGG 通路分析

为阐明与牦牛平滑肌嫩度极相关的关键蛋白所参与的代谢途径,对其进行 KEGG 通路分析,结果如图 4-25 和表 4-8 所示。这些蛋白主要涉及 15 种代谢途径,其中烟酸和烟酰胺代谢(00760)涉及 1 个蛋白,疟疾(05144)涉及 1 个蛋白,嘧啶代谢(00240)涉及 1 个蛋白,PPAR 信号通路(03320)涉及 1 个蛋白,系统性红斑狼疮(05322)涉及 2 个蛋白,癌症中的转录失调(05202)涉及 1 个蛋白,肥厚性心肌病(05410)涉及 2 个蛋白,扩张性心肌病(05414)涉及 2 个蛋白,心肌收缩(04260)

涉及 2 个蛋白,坏死性凋亡(04217)涉及 2 个蛋白,黏着斑(04510)涉及 4 个蛋白,甲状腺癌(05216)涉及 1 个蛋白,致心律失常性右心室病(05412)涉及 1 个蛋白,血管平滑肌收缩(04270)涉及 2 个蛋白,苯丙氨酸代谢(00360)涉及 1 个蛋白。其中涉及 4 个蛋白的代谢途径是黏着斑,涉及 2 个蛋白的代谢途径是系统性红斑狼疮、肥厚性心肌病、扩张性心肌病、心肌收缩、坏死性凋亡和血管平滑肌收缩,有 8 个代谢途径涉及 1 个蛋白。

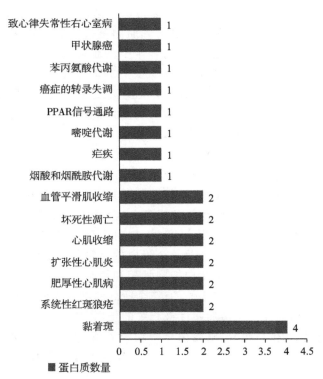

图 4-25　牦牛平滑肌关键蛋白 KEGG 分析结果

表 4-8　牦牛平滑肌关键蛋白的 GO 和 KEGG 分析

途径 ID	途径描述	基因数	P 值	关键蛋白
生物过程				
GO:0070307	晶状纤维细胞发育	1	0.00E+00	P48616
GO:0030239	肌原纤维组装	1	0.00E+00	A4IFK3
GO:0051694	尖端肌动蛋白丝帽	1	0.00E+00	A4IFK3

续表 4-8

途径 ID	途径描述	基因数	P 值	关键蛋白
GO:0006936	肌肉收缩	3	6.69E-05	F1MLW0；A4IFK3；Q5KR47
GO:0050731	肽基-酪氨酸磷酸化的正调节	2	1.56E-04	Q3SWW8；P80177
GO:0010739	蛋白激酶 A 信号正调节	1	2.00E-04	P80177
GO:0071385	细胞对糖皮质激素刺激的反应	1	2.00E-04	P46193
GO:0030282	骨骼矿物化	1	2.00E-04	Q2KIS7
GO:0030890	B 细胞增殖的正调节	1	2.00E-04	P80177
GO:0007015	肌动蛋白丝组织	3	3.65E-04	A4IFK3；Q5KR47
GO:0008283	细胞增殖	2	8.40E-04	P80177；Q5E9F8
GO:0016525	血管生成的负调节	1	1.14E-03	Q3SWW8
GO:0045087	先天免疫反应	2	2.73E-03	P46193；P80177
GO:0002250	适应性免疫反应	1	3.51E-03	P46193
GO:0006342	染色体沉默	1	3.51E-03	G8JL00
GO:1903078	蛋白质在质膜定位的正向调节	2	9.00E-03	F1MYC9；F1MMS9
GO:0051259	蛋白质寡糖化	1	9.00E-03	F1MCK2
GO:0006954	炎症反应	2	1.29E-02	P46193；P80177
GO:0010629	基因表达的负调节	1	1.29E-02	P80177
GO:0007229	整合素传导的信号通路	2	1.50E-02	Q08DQ6；F1MMS9
GO:0007160	细胞基质黏附	1	1.77E-02	Q08DQ6
GO:0001701	在子宫胚胎发育中	1	2.33E-02	P48616
分子功能				
GO:0098641	钙黏蛋白结合参与细胞间黏附	2	1.14E-05	G3MY19；A6H7E3
GO:0046872	金属离子结合	7	7.41E-05	Q05927；Q28824；G3MY19；A6H7E3；Q08DQ6；F1MMS9；Q3MI02
GO:0031005	丝蛋白结合	1	2.00E-04	A4IFK4
GO:0005523	肌球蛋白结合	1	2.00E-04	A4IFK3
GO:0005125	细胞因素活性	1	2.00E-04	P80177

续表 4-8

途径 ID	途径描述	基因数	P 值	关键蛋白
GO:0008201	肝素结合	2	1.20E-03	Q3SWW8；Q2KIS7
GO:0030246	碳水化合物结合	1	1.83E-03	Q2KIS7
GO:0005200	细胞骨骼的结构成分	3	2.98E-03	F1MYC9；P48616；E1BIS6
GO:0005215	转运活性	1	3.51E-03	Q09139
GO:0003713	转录辅激活因子活性	1	3.51E-03	A6H7E3
GO:0002020	蛋白酶结合	3	3.91E-03	Q7SIH1；P80177；F1MMS9
GO:0005178	整合结合	2	5.39E-03	Q5EA62；Q3SWW8
GO:0044548	S100 蛋白结合	1	9.00E-03	F1MCK2
GO:0008307	肌肉的结构成分	2	9.00E-03	E1BIS6；Q5KR47
GO:0008022	蛋白质 C 端结合	1	9.40E-03	P48616
GO:0005509	钙离子结合	5	1.25E-02	Q5EA62；Q3T0K1；Q3SWW8；P46193；Q2KIS7
GO:0003779	肌动蛋白结合	5	1.26E-02	F1MLW0；F1MYC9；A4IFK4；Q28824；A4IFK3
GO:0046982	蛋白质二聚体化活性	3	2.47E-02	Q5E9F8；G8JL00；F1MMS9
GO:0005102	受体结合	1	2.66E-02	Q7SIH1
细胞组分				
GO:0005913	细胞间黏附连接	3	9.07E-07	G3MY19；A6H7E3；Q08DQ6；
GO:0071944	细胞外围	1	7.65E-04	Q09139
GO:0005882	中间丝/中间纤维	2	7.65E-04	P48616；E1BIS6
GO:0005865	横纹肌细丝	1	7.65E-04	A4IFK3
GO:0016323	基底外侧质膜	2	1.82E-03	P46193；F1MMS9
GO:0043034	肋节	2	1.83E-03	F1MCK2；E1BIS6
GO:0001725	应力纤维	3	6.14E-03	A4IFK4；Q08DQ6；Q5KR47

续表 4-8

途径 ID	途径描述	基因数	P 值	关键蛋白
GO:0015629	肌动蛋白细胞骨架蛋白	3	7.59E-03	A4IFK4；F1MCK2；G3MY19
GO:0043231	细胞内膜结合细胞器	1	9.00E-03	F1MLW0
GO:0014069	突触后致密物	1	1.29E-02	F1MYC9
GO:0005604	基底膜	1	1.29E-02	Q3SWW8
GO:0000786	核糖体	2	1.50E-02	Q5E9F8；G8JL00
GO:0005925	焦点黏附	6	1.75E-02	A4IFK4；P48616；F1MCK2；A6H7E3；Q08DQ6；F1MMS9
GO:0000790	核染色体	1	1.77E-02	G8JL00
GO:0005578	蛋白质细胞外基质	1	3.14E-02	Q5EA62
GO:0070062	细胞外外切体	11	3.19E-02	F1MYC9；P48616；F1MCK2；Q3SWW8；P46193；Q7SIH1；Q2KIS7；P80177；Q5E9F8；F1MMS9；Q5KR47
GO:0005615	细胞外空间	3	3.59E-02	Q3SWW8；P46193；Q2KIS7
KEGG 通路				
00760	烟酸和烟酰胺代谢	1	4.84E-04	Q05927
05144	疟疾	1	2.25E-03	Q3SWW8
00240	嘧啶代谢	1	3.79E-03	Q05927
03320	PPAR 信号通路	1	4.10E-03	Q09139
05322	系统性红斑狼疮	2	6.92E-03	Q5E9F8；G8JL00
05202	癌症的转录失调	1	7.44E-03	Q5E9F8
05410	肥厚性心肌病	2	1.32E-02	F1MMS9；Q5KR47
05414	扩张性心肌炎	2	1.89E-02	F1MMS9；Q5KR47

续表 4-8

途径 ID	途径描述	基因数	P 值	关键蛋白
04260	心肌收缩	2	1.89E-02	Q3MIO2；Q5KR47
04217	坏死性凋亡	2	1.99E-02	P02722；G8JL00
04510	黏着斑	4	3.01E-02	Q28824；Q3SWW8；Q08DQ6；F1MMS9
05216	甲状腺癌	1	3.37E-02	Q5KR47
05412	致心律失常性右心室病	1	4.39E-02	F1MMS9
04270	血管平滑肌收缩	2	4.42E-02	F1MLW0；Q28824
00360	苯丙氨酸代谢	1	4.57E-02	P80177

（三）蛋白网络互作分析

蛋白质在机体内代谢和生理功能发挥中起着重要的作用,蛋白质生理功能的发挥是通过与其他相关蛋白互相协同而发挥的。牦牛平滑肌差异蛋白互作网络图,如图 4-26 所示,牦牛平滑肌蛋白网络互作图的 P 值为 6.06E-11,聚类平均系数为 0.5。代谢酶(MYLK)与肌肉结构蛋白(CALD1 和 LMOD1)有强烈的相互作用,金属离子结合蛋白(THBS4 和 ITGA3)的相互作用也比较显著。MYLK、ZYX、THBS4 和 ITGA3 4 个蛋白都涉及黏着斑通路,MYLK 和 LMOD1 涉及血管平滑肌收缩,TPM3 和 UQCRC1 涉及心机收缩,SLC25A4 和 LOC104975684 涉及坏死性凋亡途径。黏着斑、血管平滑肌收缩和心肌收缩都涉及肌肉结构变化,而肌肉结构蛋白变化被认为与肌肉嫩度形成有直接关系。坏死性凋亡涉及细胞凋亡,研究表明细胞凋亡也是影响肌肉嫩度形成的重要原因,尤其是细胞凋亡酶 3 在肌肉蛋白质水解和嫩度形成中有重要作用。综上分析,平滑肌代谢酶类、肌肉结构蛋白和金属离子结合蛋白都直接或间接地影响平滑肌嫩度的形成。此外,其他蛋白如(CALU、CAST、TPPP 等)可能通过其他途径影响平滑肌嫩度形成。

四、小结

相关性分析筛选出了与牦牛平滑肌嫩度极显著相关的 28 个关键蛋白,这些蛋白是代谢酶、肌肉结构蛋白、金属离子结合蛋白和其他蛋白。生物信息学分析表明细胞凋亡和肌肉蛋白磷酸化途径可能是影响牦牛平滑肌的嫩度形成的主要代谢途径,钙蛋白酶系可能在平滑肌嫩度的形成中作用有限。差异蛋白的生物信息学和

图 4-26 牦牛平滑肌差异蛋白互作网络图

蛋白互作分析表明 Calpastatin、SLC25A4、ZYX、LMOD1、TPM3、THBS4 和 UQCRC1 等 7 种蛋白可能是牦牛平滑肌冷藏期间的嫩度指示蛋白。

第五章　含平滑肌内脏的储藏特性

含平滑肌的胃肠是重要的副产物资源,针对胃肠储藏的研究主要是冷藏和冻藏。储藏期间含平滑肌的胃肠的食用品质会随着储藏时间的延长而发生变化,为此,结合相关的研究成果,对含平滑肌的胃肠储藏期间的品质变化进行阐述,以期为含平滑肌胃肠的储藏提供理论依据和技术支持。

第一节　储藏对含平滑肌内脏蛋白质和脂肪氧化的影响

冷藏和冷冻是含平滑肌胃肠的主要储藏方式。为明确在冷藏和冻藏情况下对牦牛瘤胃平滑肌脂肪和蛋白质氧化及其加工特性的影响,以 PE 薄膜和 PE 真空包装的牦牛瘤胃为研究对象,测定了其在储藏期间的脂肪氧化、蛋白质氧化和加工品质的变化。旨在为含平滑肌胃肠的储藏提供理论依据。

一、储藏对含平滑肌瘤胃脂肪氧化规律的影响

MDA 含量可以反映脂肪氧化程度。冷(冻)藏期间牦牛瘤胃脂肪氧化的变化见图 5-1。图 5-1 表明,随着储藏时间的延长,除冷藏真空包装外,冷藏薄膜包装组、冻藏薄膜包装组和真空包装组 MDA 含量均在储藏末期呈显著增加趋势($P <$ 0.05)。冷藏条件下薄膜包装组牦牛瘤胃 MDA 含量分别在储藏 1 d 和 9～13 d 时显著增加($P < 0.05$),储藏 13 d 时牦牛瘤胃 MDA 含量较 0 d 时增加了 55.93%,而真空包装组牦牛瘤胃 MDA 含量仅在储藏 1 d 时显著增加($P < 0.05$),继续延长储藏时间,MDA 含量变化不显著,储藏 13 d 时,其 MDA 含量较 0 d 时仅增加了 13.04%,明显低于薄膜包装组。冻藏条件下薄膜包装组和真空包装组牦牛瘤胃 MDA 含量分别于储藏 56 d 和 168 d 时开始显著增加($P < 0.05$),储藏终点(364 d)时分别达到 0.51 mg/kg 和 0.49 mg/kg,较 0 d 时分别增加了 83.94% 和 75.31%。结果表明,随着储藏时间的延长和与氧气的接触,牦牛瘤胃脂肪氧化程度增加。

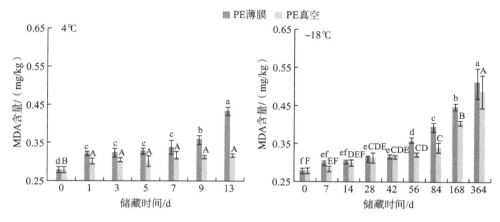

图 5-1　冷（冻）藏期间牦牛瘤胃脂肪氧化的变化

二、储藏对含平滑肌瘤胃平滑肌蛋白质氧化规律的影响

1. 牦牛瘤胃羰基含量变化

冷（冻）藏期间牦牛瘤胃平滑肌蛋白质羰基含量变化可以从图 5-2 中看出，随着储藏时间的延长，冷（冻）藏条件下牦牛瘤胃平滑肌蛋白质羰基值逐渐增加。冷藏条件下薄膜包装组和真空包装组分别在储藏 7 d 和 3 d 时蛋白质羰基值呈显著增加趋势（$P<0.05$），分别较 0 d 增加了 206.75% 和 135.92%，继续延长储藏时间，蛋白质羰基值变化不显著，长时间冷藏真空包装可以有效抑制瘤胃平滑肌蛋白质的氧化。冻藏条件下，薄膜包装组和真空包装组牛瘤胃的蛋白质羰基值则均在第

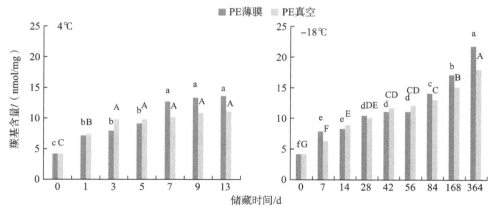

图 5-2　冷（冻）藏期间牦牛瘤胃平滑肌蛋白质羰基含量变化

7 天时显著增加($P<0.05$),分别增加了 88.95％和 51.82％,并随着储藏时间延长持续增加,这可能是由于较低温度延缓了蛋白质氧化反应的发生,且冻藏至 168 d 时蛋白质羰基值持续显著($P<0.05$)增加。冻藏组牛瘤胃在储藏 56～84 d 时,其羰基值才达到冷藏组储藏 13 d 时的氧化水平,且冻藏 364 d 时牛瘤胃蛋白质羰基值仅为 18.04～21.77 nmol/mg,表明冻藏条件能延缓瘤胃蛋白质氧化反应的进程。结合冷(冻)藏组发现,储藏后期薄膜包装组蛋白质羰基值明显高于真空包装组,而储藏前期 2 种包装方式的瘤胃蛋白质羰基值相差不明显,说明短时间储藏真空包装不能有效地阻止蛋白质氧化反应的发生。

2. 牦牛瘤胃总巯基含量变化

冷(冻)藏期间牦牛瘤胃平滑肌蛋白质总巯基含量变化可以从图 5-3 中看出,储藏期间,冷(冻)藏条件下薄膜包装组和真空包装组牦牛瘤胃的平滑肌蛋白质总巯基含量均明显降低。同一储藏温度下真空包装组牛瘤胃的总巯基含量高于薄膜包装组,说明低氧环境可以抑制蛋白质氧化反应的发生。此外,冻藏至 364 d 时牦牛瘤胃总巯基含量在 62.29～70.01 nmol/mg,较 0 d 时显著降低($P<0.05$),说明冻藏延缓了蛋白质氧化反应的发生,但随着储藏时间延长,平滑肌蛋白质仍发生了氧化反应。说明低温、低氧环境可降低牦牛瘤胃平滑肌蛋白质总巯基对氧化基团的作用。

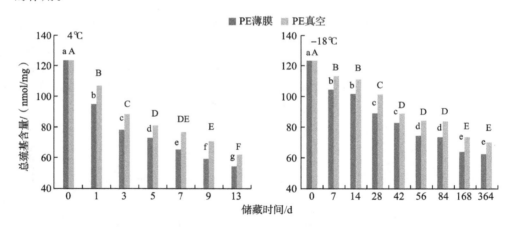

图 5-3 冷(冻)藏期间牦牛瘤胃平滑肌蛋白质总巯基含量变化

3. 牦牛瘤胃蛋白表面疏水性的变化

冷(冻)藏期间牦牛瘤胃平滑肌蛋白质表面疏水性的变化可以从图 5-4 看出,随着储藏时间的延长,冷(冻)藏条件下薄膜包装组和真空包装组牦牛瘤胃平滑肌蛋白质的溴酚蓝结合量整体呈增加的趋势。冷藏条件下薄膜包装组牛瘤胃的溴酚蓝结合量在储藏 9 d 后略有下降,但差异不显著($P<0.05$),而真空包装组储藏至 9 d 后仍呈增加趋势,且在 13 d 时呈显著增加趋势($P<0.05$)。冻藏条件下薄膜包装组牛瘤胃溴酚蓝结合量在储藏 84 d 时出现了最大值,随后显著下降($P<0.05$),而真空包装组牛瘤胃溴酚蓝结合量呈持续增加趋势,这可能是由于低氧环境可有效抑制溴酚蓝与非水溶性蛋白质的特异性结合,延缓溴酚蓝结合量的生成。平滑肌蛋白质被氧化导致蛋白质折叠,表面疏水性增加,随着储藏时间的延长,蛋白质再折叠程度大于其聚集解折叠程度,导致溴酚蓝结合量下降。

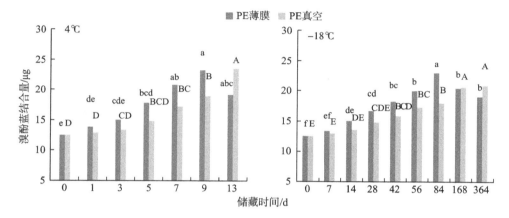

图 5-4　冷(冻)藏期间牦牛瘤胃平滑肌蛋白质表面疏水性的变化

三、储藏对含平滑肌瘤胃加工特性变化规律的影响

1. 牦牛瘤胃加压失水率的变化

冷(冻)藏期间牦牛瘤胃加压失水率变化可以从图 5-5 中看出,随储藏时间的延长,冷(冻)藏组牦牛瘤胃的加压失水率均明显增大,但在冷藏 1～5 d 时和冻藏 0～7 d 时真空包装组瘤胃加压失水率高于薄膜包装组,同时在冷藏 1 d 时薄膜包装组牛瘤胃的加压失水率出现了下降现象,这可能与瘤胃平滑肌内环境发生变化、离子强度增大、蛋白亲水基团暴露有关,同时真空包装有加压的作用,导致加压失水率增大;在冷(冻)藏后期,薄膜包装组牦牛瘤胃的加压失水率高于真空包装组,且与 0 d 相比,储藏终点冷(冻)藏条件下 2 种方式包装的瘤胃均发生了较为严重的失水,这可能是在储藏过程中蛋白酶的作用导致肌肉内部稳态被打破,蛋白质发生降解,肌纤维结构松散,原本储存在肌肉内部的水向外部转移,导致加压失水率升高,同时在冻藏过程中形成大量的冰晶,这些冰晶膨胀导致细胞破裂,瘤胃保水性下降,失水率增加。上述结果表明,短时间冷(冻)藏薄膜包装的瘤胃保水性更

好,但延长储藏时间薄膜包装组瘤胃保水性较真空包装组差。

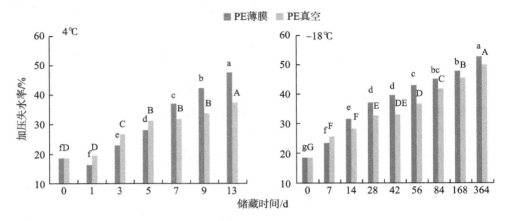

图 5-5　冷(冻)藏期间牦牛瘤胃加压失水率变化

2. 牦牛瘤胃蒸煮损失率的变化

冷(冻)藏期间牦牛瘤胃蒸煮损失率变化可以从图 5-6 中看出,随着储藏时间的延长,冷(冻)藏条件下薄膜包装组和真空包装组牦牛瘤胃的蒸煮损失率整体均呈明显增大趋势。冷藏条件下薄膜包装组和真空包装组牦牛瘤胃的蒸煮损失率在储藏13 d 时较 0 d 分别增加了 77.50% 和 50.20%,说明真空包装有效降低了瘤胃的蒸煮损失。储藏后期冷藏组薄膜包装组牦牛瘤胃蒸煮损失率显著增大($P<0.05$),主要是由于随着储藏时间延长蛋白质氧化加剧,肌纤维收缩,肌肉内部水分开始向外扩

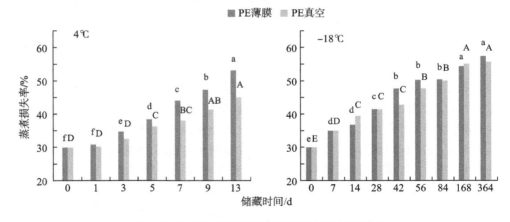

图 5-6　冷(冻)藏期间牦牛瘤胃蒸煮损失率变化

散,失水率增加,导致蒸煮损失增大。冻藏条件下瘤胃的蒸煮损失率在储藏168 d后差异不显著($P>0.05$),且在冻藏364 d时薄膜包装组和真空包装组分别达到了57.47%和55.75%。说明随着储藏时间延长,瘤胃已经失去了绝大部分的水分和可溶性物质,蒸煮损失率不再显著增加。表明短时间冷藏真空包装瘤胃的蒸煮损失率最小。

3. 牦牛瘤胃剪切力值的变化

冷(冻)藏期间牦牛瘤胃剪切力值的变化可以从图 5-7 中看出,随着储藏时间的延长,冷(冻)藏条件下薄膜包装组和真空包装组牦牛瘤胃剪切力值整体呈显著降低趋势($P<0.05$)。冷藏 1～7 d 时,真空包装组瘤胃的剪切力值高于薄膜包装组,冷藏 9～13 d 时,真空包装组瘤胃的剪切力值低于薄膜包装组,但冷藏 13 d 时2 种包装组瘤胃剪切力值均下降约 37.00%,说明冷藏过程中 2 种包装瘤胃的嫩度均可得到改善。而在冻藏条件下,除 7 d 和 42 d 外,其余储藏期间真空包装组牦牛瘤胃的剪切力值均高于薄膜包装组,储藏至 364 d 时,薄膜包装组和真空包装组瘤胃剪切力值分别下降了 51.14%和 44.23%,这可能是因为在冻藏过程中肌肉内形成冰晶造成肌纤维分离,导致剪切力降低。

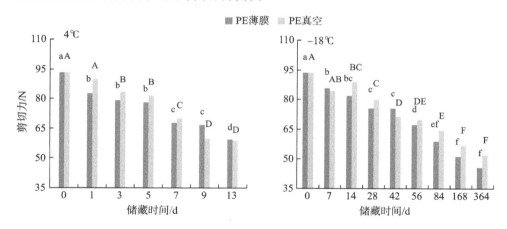

图 5-7　冷(冻)藏期间牦牛瘤胃剪切力值的变化

4. 质构剖面分析

质构剖面分析是通过模拟牙齿的咀嚼行为在二次压缩过程中时间和力的变化规律,对食物的硬度、咀嚼性等指标给以量化的评价方法。

冷藏(4℃)过程中牦牛瘤胃质构指标的变化见表 5-1,冻藏(-18℃)过程中牦牛瘤胃质构指标的变化见表 5-2。由表 5-1 可知,随着储藏时间的延长,冷藏条件下瘤胃硬度在储藏 1 d 时出现增大,随后薄膜包装组呈先减小后增大的趋势,真空包装组先减小后略增大并趋于稳定。薄膜包装组和真空包装组瘤胃硬度分别在储藏 5 d 和 3 d 时达到最小值,分别为 28.40 N/cm² 和 28.85 N/cm²;瘤胃弹性整体呈先减小后增大趋势;咀嚼性、内聚性分别在储藏 3 d 和 1 d 时降至最小值,随后薄膜包装组的咀嚼性显著增大($P > 0.05$),而真空包装组变化不显著($P > 0.05$),内聚性变化不大。由表 5-2 可知,冻藏条件下牦牛瘤胃硬度变化趋势与冷藏时的变化规律相似,薄膜包装组和真空包装组的瘤胃硬度分别在储藏 42 d 和 28 d 时降至最小值,分别为 26.24 N/cm²、30.54 N/cm²;弹性、咀嚼性整体呈现下降趋势;内聚性显著降低($P < 0.05$)。

表 5-1　冷藏过程中牦牛瘤胃质构指标的变化

储藏时间/d	薄膜包装				真空包装			
	硬度/(N/cm²)	弹性/mm	咀嚼性/mJ	内聚性	硬度/(N/cm²)	弹性/mm	咀嚼性/mJ	内聚性
0	35.18±1.92^c	1.041±0.073^a	3075.13±170.69^b	0.751±0.009^ab	35.18±1.92^c	1.041±0.073^b	3075.13±170.69^a	0.751±0.009^ab
1	36.39±2.80^c	0.933±0.073^cd	41.26±2.92^bc	0.684±0.020^d	41.26±2.92^a	0.855±0.042^d	2638.70±97.49^bc	0.696±0.015^d
3	31.47±3.07^d	0.844±0.076^e	2212.85±243.57^d	0.717±0.020^c	28.85±1.15^d	0.953±0.033^c	2248.06±243.37^d	0.758±0.012^a
5	28.40±3.03^d	0.965±0.048b^c	2354.59±230.01^d	0.710±0.011^cd	36.67±1.57^bc	1.022±0.047^bc	2941.94±280.10^a	0.747±0.005^b
7	31.38±3.27^d	0.880±0.058^d	2676.60±284.41^c	0.733±0.027^bc	39.23±2.81^ab	1.178±0.087^a	2826.23±292.71^ab	0.722±0.008^c
9	39.84±3.38^b	1.011±0.054^ab	3490.09±289.50^a	0.761±0.028^a	35.42±2.20^c	1.085±0.066^b	2443.63±202.71^cd	0.744±0.004^b
13	50.00±2.53^a	0.876±0.057^d	3749.17±280.02^a	0.772±0.026^a	38.50±1.85^ab	1.062±0.070^b	2879.17±265.99^ab	0.740±0.005^b

表 5-2　冻藏过程中牦牛瘤胃质构指标的变化

储藏时间/d	薄膜包装				真空包装			
	硬度/(N/cm²)	弹性/mm	咀嚼性/mJ	内聚性	硬度/(N/cm²)	弹性/mm	咀嚼性/mJ	内聚性
0	35.18±1.92[b]	1.041±0.073[a]	3075.13±170.69[a]	0.751±0.009[a]	35.18±1.92[b]	1.041±0.073[b]	3075.13±170.69[a]	0.751±0.009[a]
7	35.48±2.00[b]	0.965±0.082[b]	2518.04±176.01[b]	0.726±0.012[b]	35.06±1.78[b]	0.921±0.029[de]	2539.48±191.81[c]	0.742±0.010[b]
14	33.48±2.11[bc]	0.889±0.072[bc]	2192.03±130.10[c]	0.720±0.011[b]	35.98±1.93[b]	0.953±0.014[cd]	2788.55±156.26[b]	0.709±0.007[d]
28	28.31±1.16[de]	0.910±0.058[bc]	2456.44±243.45[b]	0.704±0.012[c]	30.54±4.89[c]	1.004±0.055[bc]	2404.91±163.11[c]	0.721±0.005[c]
42	26.24±1.68[e]	0.864±0.032[cd]	34.35±0.64[b]	0.715±0.007[bc]	34.35±6.44[b]	0.942±0.019[d]	2520.66±195.01[c]	0.691±0.004[e]
56	28.95±0.95[d]	0.914±0.0631[bc]	1927.61±218.93[d]	0.678±0.013[d]	36.03±2.08[b]	0.869±0.023[e]	2368.54±178.87[c]	0.709±0.004[d]
84	31.74±1.63[c]	0.846±0.078[cd]	2190.61±169.30[c]	0.681±0.009[d]	39.01±1.85[a]	1.122±0.068[a]	2396.11±178.48[c]	0.686±0.004[e]
168	33.45±2.14[bc]	0.837±0.030[cd]	1836.35±64.92[d]	0.714±0.010[bc]	34.91±2.04[b]	0.936±0.050[d]	2165.81±144.40[d]	0.660±0.009[f]
364	40.54±2.15[a]	0.808±0.049[d]	1564.01±152.14[e]	0.647±0.004[e]	31.55±1.12[c]	0.970±0.044[cd]	2054.15±104.44[d]	0.690±0.009[e]

四、储藏对含平滑肌胃肠品质的影响分析

肉品在储藏过程中容易受到活性氧基团金属离子、氧化酶等的作用,进而发生脂肪和蛋白质氧化,脂肪氧化形成的产物还会促进蛋白质氧化反应的发生。本研究表明,冷(冻)藏条件下薄膜包装组和真空包装组牦牛瘤胃均发生了脂肪氧化和蛋白质氧化,但真空包装组较薄膜包装组的氧化程度更低,这是由于低氧环境可以抑制脂肪和蛋白质氧化反应的发生。MDA 含量可以反映脂肪氧化程度。随着储藏时间延长,冷(冻)藏组瘤胃脂肪氧化程度逐渐增大,但在储藏终点时与冻藏牦牛

肉脂肪氧化结果相比,氧化程度更低,这可能与瘤胃本身脂肪含量较低有关。有研究发现游离脂肪酸含量显著影响 MDA 含量的生成,其含量越低 MDA 生成越少,脂肪氧化程度越低。蛋白质羰基为蛋白质氧化的标志产物,随着储藏时间的延长,氨基酸侧链的氧化修饰作用增加,蛋白质中生成了更多的羰基化合物。与冻藏组相比,冷藏组在储藏至 13 d 时牦牛瘤胃的蛋白质氧化程度已达到冻藏 56～84 d 时的氧化水平,说明冻藏能明显延缓蛋白质氧化反应的发生。肌肉蛋白质分子中约含有 52 个巯基,通过测定总巯基含量可以评估蛋白质对氧化的敏感性。研究表明,随着储藏时间的延长,蛋白质结构展开,暴露的—SH 被氧化而转化成为二硫键,使氧化程度进一步加深。平滑肌蛋白质分子表面同时存在疏水和亲水基团,蛋白质氧化会导致其水合能力降低,通过测定其表面疏水性的变化,可以反映氧化引起的蛋白质的物理或化学损伤。本研究表明,牦牛瘤胃蛋白质表面疏水性呈先上升后下降的趋势,推测这主要是由于储藏初期瘤胃平滑肌蛋白质分子开始伸展,原先位于蛋白质多肽链内部的疏水性基团外露,而随着储藏时间的延长,外露的疏水性基团持续增加,疏水作用增强,引发部分蛋白质聚集,产生了"疏水塌陷"作用,这与闫利国等的研究一致。同时,在同一包装方式下,−18℃冻藏组瘤胃脂肪和蛋白质氧化程度较 4℃冷藏组更低,而在同一储藏温度下,真空包装组瘤胃脂肪和蛋白质氧化程度较薄膜包装组更低,这主要是低温低氧环境降低了自由基的生成,抑制了蛋白质对氧化反应的敏感性,阻止了水溶性蛋白质与溴酚蓝的特异性结合,从而延缓了氧化反应的发生,说明低温低氧环境均可延缓牦牛瘤胃平滑肌的脂肪和蛋白质氧化。随着储藏时间延长,冷(冻)藏条件下牦牛瘤胃加压失水率和蒸煮损失率均明显增大,剪切力值下降。冷藏组牦牛瘤胃硬度、弹性和咀嚼性整体先减小后增大;冻藏组硬度变化趋势与冷藏组一致,但冻藏组弹性、咀嚼性降低。引起这种变化的主要原因是瘤胃冻藏过程中肌肉内部形成冰晶体,随着储藏时间延长冰晶体形态发生变化,引起肌细胞分离,肌纤维结构松散,汁液严重流失,导致加压失水率、蒸煮损失率升高,剪切力值下降,同时蛋白质氧化加剧,硬度增大,弹性咀嚼性下降,瘤胃加工特性下降。此外,在冷藏 1～5 d 和冻藏 0～28 d 时,真空包装组牦牛瘤胃剪切力值和硬度均高于薄膜包装组,这可能是因为有氧环境促进了蛋白质的降解,同时在酶的作用下导致肌纤维分离,嫩度增大,剪切力值下降。而储藏后期薄膜包装组瘤胃的蛋白质氧化加剧交联,同时失水较多,在蒸煮过程中肌纤维严重收缩,使得薄膜包装组牦牛瘤胃硬度反而大于真空包装组。

五、小结

不同包装方式和储藏温度下的瘤胃平滑肌都发生了脂肪和蛋白质氧化,但在整个储藏过程中蛋白质氧化程度较大,而脂肪氧化程度较小。与4℃冷藏组相比,−18℃冻藏条件下瘤胃的 TBARS 和羰基含量增加程度更低,冻藏延缓了瘤胃平滑肌脂肪和蛋白质氧化反应的发生。在同一储藏温度下,与薄膜包装组相比,真空包装组可以有效地抑制平滑肌脂肪和蛋白质氧化反应的发生。此外,在整个冷(冻)藏过程中,牦牛瘤胃的加压失水率、蒸煮损失率均显著增大($P<0.05$),剪切力值显著下降($P<0.05$),且在冷藏 1~5 d 和冻藏 0~28 d 时瘤胃的硬度显著下降($P<0.05$),此时瘤胃具有更好的嫩度,脂肪和蛋白质氧化程度较小。综上所述,冻藏更有利于牦牛瘤胃的储藏,且在短时间储藏过程中薄膜包装更有利于改善瘤胃的加工特性,但长时间储藏会导致肉品加工特性下降,而真空包装则更适用于瘤胃的长期储藏,可以保持肉品的加工特性。

第二节　冷藏对含平滑肌内脏食用品质的影响

冷藏是畜产品的主要储藏方式。在冷藏条件下含平滑肌的牛瘤胃、皱胃和大肠的 pH、色泽、剪切力、失水率、蒸煮损失、挥发性化合物等食用品质变化规律如何,是否发生了显著的变化,尚不清楚。为此,研究了冷藏对含平滑肌胃肠的食用品质的影响,旨在为含平滑肌胃肠的储藏提供理论依据。

一、冷藏对含平滑肌胃肠 pH 的影响

1. 宰后牛瘤胃冷藏过程中 pH 的变化

宰后牛瘤胃冷藏过程中 pH 的变化可以从图 5-8 中看出,宰后冷藏过程中肉牛和牦牛瘤胃的 pH 均呈现先下降后上升的趋势。肉牛瘤胃的 pH 在冷藏 5 d 时达到最低值 6.38,而牦牛瘤胃则在冷藏 1 d 时达到最低值 6.57,二者相差 0.19,这说明牦牛瘤胃的糖酵解速率较慢。牛瘤胃在冷藏过程中 pH 降低可能是由宰后肌肉发生无氧酵解,生成的乳酸积累导致,而冷藏后期 pH 升高则是由蛋白质的酶解作用或者微生物的次级代谢产物积累而生成碱性物质所致。

2. 宰后牛皱胃冷藏过程中 pH 的变化

宰后牛皱胃冷藏过程中 pH 的变化可以从图 5-9 中看出,宰后冷藏过程中肉牛和牦牛皱胃的 pH 均呈现先下降后上升的趋势。肉牛和牦牛皱胃的 pH 在宰后冷藏 5 d 和 3 d 时分别达到了最低值 6.22 和 6.46。整个冷藏过程中,肉牛和牦牛

皱胃的 pH 分别在 6.22～6.91、6.46～6.90 区间内,属于正常 pH 范围。

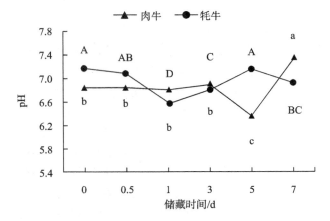

图 5-8　宰后牛瘤胃冷藏过程中 **pH** 的变化

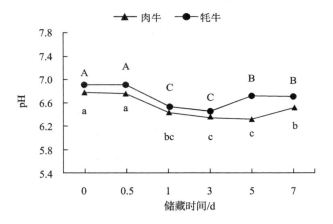

图 5-9　宰后牛皱胃冷藏过程中 **pH** 的变化

3. 宰后牛大肠冷藏过程中 pH 的变化

宰后牛大肠冷藏过程中 pH 的变化可以从图 5-10 中看出,宰后牛大肠冷藏过程中 pH 整体上呈先下降后上升的趋势。肉牛大肠冷藏 5 d 时达到最低值 6.17,与冷藏 0 d 相比,下降了 7.8%。而牦牛大肠冷藏 1 d 时达到最低值 6.44,与冷藏 0 d 相比,仅下降了 4.0%,说明宰后肉牛大肠冷藏期间糖酵解程度较牦牛大肠高,乳酸积累更多,相比于肉牛大肠,牦牛大肠糖酵解速率更快。

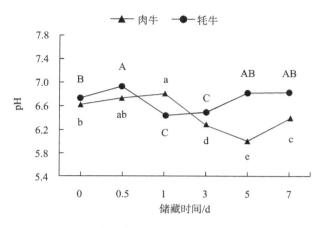

图 5-10　宰后牛大肠冷藏过程中 pH 的变化

二、冷藏对含平滑肌胃肠肉色的影响

1. 宰后牛瘤胃冷藏过程中肉色的变化

肉色是重要的感官品质之一。宰后牛瘤胃冷藏过程中肉色的变化可以从图 5-11 中看出，两种牛瘤胃的 L^* 值和 b^* 值在冷藏 0～7 d 过程中均呈平稳趋势，而 a^* 值均呈下降趋势，说明牛瘤胃在冷藏状态下，表面亮度和黄度较稳定。同时，肉牛瘤胃的 L^* 值高于牦牛瘤胃的 L^* 值，说明肉牛瘤胃系水力较差。

2. 宰后牛皱胃冷藏过程中肉色的变化

宰后牛皱胃冷藏过程中肉色的变化可以从图 5-12 中看出，牦牛皱胃的 a^* 值和 b^* 值在整个冷藏过程中均高于肉牛，两种牛皱胃的 L^* 值在冷藏 0～7 d 过程中均呈平稳趋势，而 a^* 值和 b^* 值整体上均呈下降趋势。其中，牦牛皱胃的 a^* 值在冷藏 1～3 d 时下降速率最快，冷藏 5 d 时达到最低值，而肉牛皱胃的 a^* 值在冷藏 0～0.5 d 下降速率最快，冷藏 7d 时达到最低值。牦牛的 a^* 值的最小值比肉牛高出 5.13%。牦牛皱胃的 b^* 值在冷藏 0.5～1 d 和 5～7 d 稍有上升，而冷藏 1～5 d 时呈急速下降趋势。b^* 值的变化可能是因为在宰后冷藏过程中，氧气进入肌肉内部氧化脂肪，促进了 b^* 值的变化。

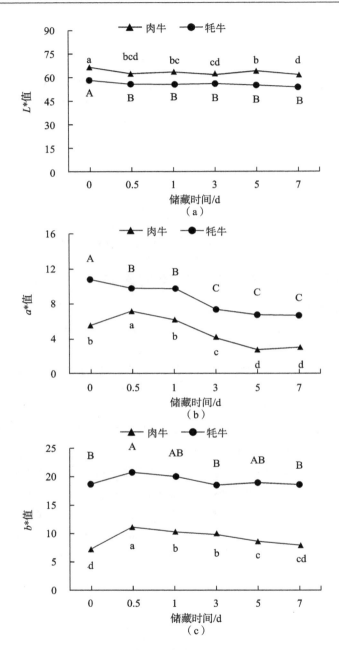

图 5-11 宰后牛瘤胃冷藏过程中肉色的变化

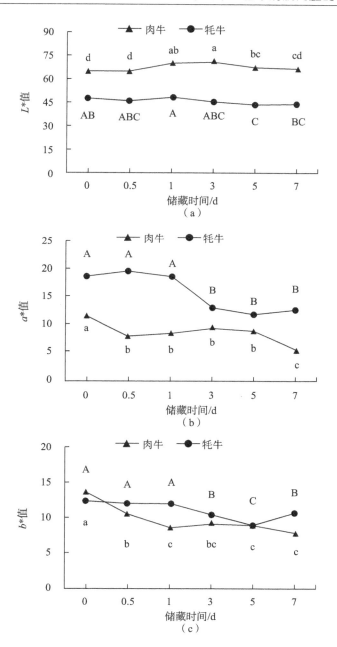

图 5-12　宰后牛皱胃冷藏过程中肉色的变化

3. 宰后牛大肠冷藏过程中肉色的变化

宰后牛大肠冷藏过程中肉色的变化可以从图 5-13 中看出,肉牛大肠和牦牛大

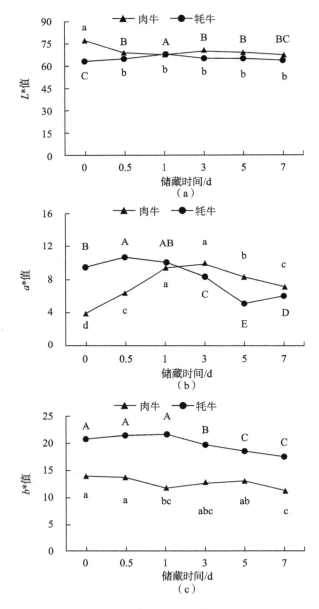

图 5-13　宰后牛大肠冷藏过程中肉色的变化

肠的 L^* 值在冷藏 0~7 d 过程中均无明显变化,而 a^* 值在整个冷藏期间均呈先上升后下降的趋势。其中,冷藏 0 d 时牦牛 a^* 值较肉牛 a^* 值高出 56.61%,冷藏 0.5 d 时牦牛 a^* 值达到最大值,而冷藏 1 d 时肉牛 a^* 值达到最大值。冷藏 0~7 d 过程中,牦牛大肠的 b^* 值呈先上升后下降的趋势,而肉牛大肠的 b^* 值呈先下降后上升的趋势。肉牛大肠的 b^* 值在冷藏 1 d 时达到最小值,牦牛大肠的 b^* 值在冷藏 7 d 时达到最小值。

三、冷藏对含平滑肌胃肠失水率的影响

1. 宰后牛瘤胃冷藏过程中失水率的变化

失水率能够反映肉品的保水性,宰后肉牛和牦牛瘤胃冷藏过程中失水率的变化可以从图 5-14 中看出,两种瘤胃的失水率整体上呈上升趋势,说明随着冷藏时间的延长,瘤胃的保水性逐步下降。但在冷藏 1 d 时两种瘤胃的失水率均出现下降现象,保水性上升,这可能与瘤胃平滑肌内环境发生变化、离子强度增大、蛋白亲水基团暴露有关。

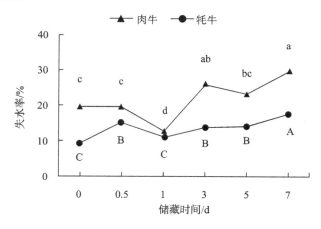

图 5-14 宰后牛瘤胃冷藏过程中失水率的变化

2. 宰后牛皱胃冷藏过程中失水率的变化

宰后牛皱胃冷藏过程中失水率的变化可以从图 5-15 中看出,宰后肉牛和牦牛皱胃冷藏过程中失水率呈稳定上升趋势。说明皱胃的保水性逐步下降。肉牛皱胃的失水率在冷藏 7 d 上升至 56.05%,与冷藏 0 d 相比,上升幅度为 174.6%,高于牦牛皱胃上升幅度(161.1%),说明肉牛皱胃较牦牛皱胃保水性差。

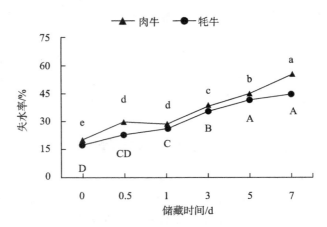

图 5-15　宰后牛皱胃冷藏过程中失水率的变化

3. 宰后牛大肠冷藏过程中失水率的变化

宰后牛大肠冷藏过程中失水率的变化可以从图 5-16 中看出,宰后肉牛和牦牛大肠冷藏过程中失水率整体呈上升趋势,但牦牛大肠在冷藏 7 d 时失水率出现下降趋势,保水性提高,可能与肌肉结构及肌内水分分布有关。肉牛大肠在冷藏 0 d 时失水率为 18.16%,而牦牛大肠在冷藏 0 d 时失水率为 27.89%,远高于肉牛大肠失水率,说明肉牛大肠较牦牛大肠保水性好。

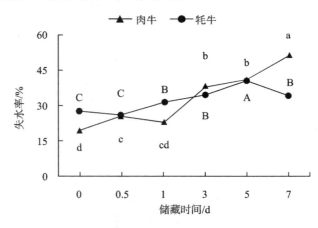

图 5-16　宰后牛大肠冷藏过程中失水率的变化

四、冷藏对含平滑肌胃肠蒸煮损失的影响

1. 宰后牛瘤胃冷藏过程中蒸煮损失的变化

蒸煮损失是衡量肌肉在加热过程中蛋白质变性凝固所失去水分重量的重要指标。宰后牛瘤胃冷藏过程中蒸煮损失的变化可以从图 5-17 中看出,肉牛瘤胃冷藏过程中蒸煮损失呈先上升后下降趋势,在冷藏 0.5 d 时达到最小值 20.66%,在冷藏 5 d 时达到最大值 42.45%,且在冷藏 7 d 时出现下降现象,可能与肌肉内部生化反应有关。而牦牛瘤胃的蒸煮损失在整个冷藏过程中呈上升趋势,特别是在冷藏 1～5 d 过程中,变化速率较大,达到 68.18%,说明肌肉蛋白变性严重,保水性急剧下降。

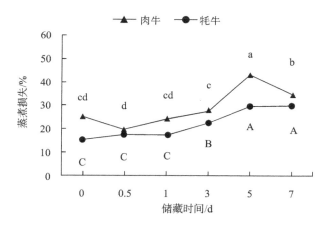

图 5-17　宰后牛瘤胃冷藏过程中蒸煮损失的变化

2. 宰后牛皱胃冷藏过程中蒸煮损失的变化

宰后牛皱胃冷藏过程中蒸煮损失的变化可以从图 5-18 中看出,二者的蒸煮损失整体呈上升趋势。在冷藏 0 d 时,肉牛皱胃的蒸煮损失为 39.20%,牦牛为 30.61%;肉牛和牦牛皱胃的蒸煮损失分别在冷藏 7 d 和 5 d 时达到最大值 56.52% 和 58.69%,与冷藏 0 d 时相比,上升幅度分别为 44.18%、91.73%,说明随着冷藏时间延长,牦牛皱胃较肉牛皱胃加工损失更严重。

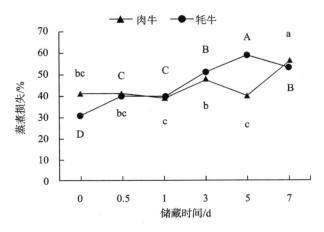

图 5-18　宰后牛皱胃冷藏过程中蒸煮损失的变化

3. 宰后牛大肠冷藏过程中蒸煮损失的变化

宰后牛大肠冷藏过程中蒸煮损失的变化可以从图 5-19 中看出,冷藏前期,肉牛大肠的蒸煮损失稍有下降,冷藏 1 d 后,急剧上升,冷藏 5 d 时又有下降。牦牛大肠在冷藏 0~7 d 过程中,蒸煮损失总体呈上升趋势,冷藏 5 d 时达到最大值 62.73%,而肉牛大肠在冷藏 5 d 时蒸煮损失为 46.24%,远小于牦牛大肠,而冷藏 7 d 时达到最大值 62.90%,与牦牛大肠冷藏 5 d 时差异较小。

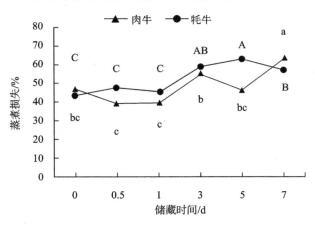

图 5-19　宰后牛大肠冷藏过程中蒸煮损失的变化

五、冷藏对含平滑肌胃肠剪切力的影响

1. 宰后牛瘤胃冷藏过程中剪切力的变化

宰后牛瘤胃冷藏过程中剪切力的变化可以从图 5-20 中看出,宰后牛瘤胃冷藏过程中剪切力值整体呈下降趋势,冷藏 5 d 时有所上升。其中,冷藏 0 d 时肉牛、牦牛瘤胃的剪切力值分别为 13.58 N、12.68 N,冷藏 7 d 时达到最小值,分别为 11.37 N、9.14 N。剪切力值的大小与水分含量、肌纤维直径、成熟程度等密切相关,剪切力值愈高说明肉质愈老,愈低则肉质愈嫩。牦牛瘤胃宰后 3 d 剪切力值相对 0 d 减小幅度 26.1%,说明冷藏 3 d 牦牛瘤胃肌纤维大面积受损,结缔组织交联度减小,肉质变嫩,口感更佳。

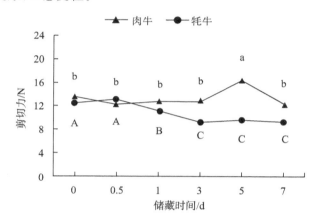

图 5-20　宰后牛瘤胃冷藏过程中剪切力的变化

2. 宰后牛皱胃冷藏过程中剪切力的变化

宰后牛皱胃冷藏过程中剪切力的变化可以从图 5-21 中看出,宰后肉牛和牦牛皱胃在冷藏 0～7 d 过程中各时间点剪切力值均无明显差异,分别为 8.71～9.91 N、7.75～9.39 N,肉牛皱胃冷藏 1 d 时稍有上升,而牦牛皱胃冷藏 0.5 d 时稍有上升。

3. 宰后牛大肠冷藏过程中剪切力的变化

宰后牛大肠冷藏过程中剪切力的变化可以从图 5-22 中看出,宰后肉牛和牦牛大肠在冷藏 0～7 d 过程中剪切力值呈先下降后上升再下降的趋势,肉牛大肠分别在冷藏 3 d、7 d 时剪切力值达到 3.55 N、3.52 N,冷藏 5 d 时达到 4.21 N,而牦牛大肠分别在冷藏 1 d、5 d 时达到 3.16 N、3.24 N,分别在冷藏 3 d、7 d 时达到 4.00 N、4.17 N,说明宰后牦牛大肠较肉牛大肠提前1～2 d 肌肉纤维受损。

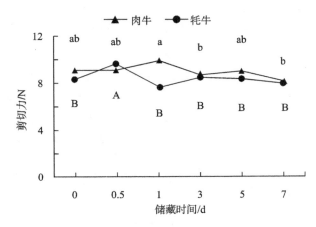

图 5-21 宰后牛皱胃冷藏过程中剪切力的变化

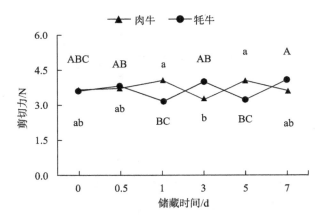

图 5-22 宰后牛大肠冷藏过程中剪切力的变化

六、冷藏对含平滑肌胃肠质构特性的影响

1. 宰后牛瘤胃冷藏过程中质构特性的变化

宰后牛瘤胃冷藏过程中质构特性的变化可以从表 5-3 和图 5-23 中看出,肉牛和牦牛瘤胃在冷藏 0.5 d、3 d、5 d 时,二者的弹性、内聚性均差异不显著,冷藏 1 d 时,其硬度差异不显著($P>0.05$),而其他冷藏时间点,各质构指标均差异显著($P<0.05$),说明肉牛和牦牛瘤胃肉质特性存在差异。此外,随冷藏时间延长,肉牛瘤胃硬度、咀嚼性整体呈下降趋势,但在冷藏 3 d 时硬度、咀嚼性大幅度升高且二者分别高于未冷藏样品 45.76%、36.07%。可能是因为冷藏 3 d 时,伴随肌肉内

生化反应的进行,肌凝蛋白凝固,硬度增大,继而导致咀嚼性显著升高($P<0.05$)。而牦牛瘤胃的硬度、咀嚼性呈先下降后上升趋势,且在冷藏 3 d 时分别达到较高水平 44.21 N/cm²、2859.43 mJ,冷藏 5 d 时差异不显著($P<0.01$),弹性呈先上升后下降、冷藏 1 d 达到最小值 0.74 后再次上升的趋势。两种牛瘤胃的内聚性差异不大,且随冷藏时间延长,肉牛瘤胃内聚性变化不显著($P<0.05$),而牦牛瘤胃内聚性呈缓慢上升趋势。

表 5-3　宰后牛瘤胃冷藏过程中质构特性测定结果

指标	冷藏时间/d	肉牛瘤胃	牦牛瘤胃	方差分析	
				P 值	显著性
硬度/(N/cm²)	0	64.63±15.12b	38.35±6.92b	<0.01	**
	0.5	57.69±13.90b	31.61±7.30c	<0.01	**
	1	31.54±8.52b	32.17±8.29b	0.843	ns
	3	94.21±16.37a	44.21±8.48b	<0.01	**
	5	30.22±12.91c	46.57±4.70a	<0.01	**
	7	24.26±7.65c	42.66±5.17ab	<0.01	**
弹性/mm	0	0.91±0.05a	0.75±0.08c	<0.01	**
	0.5	0.82±0.06c	0.81±0.11b	0.886	ns
	1	0.89±0.02ab	0.74±0.09c	<0.01	**
	3	0.84±0.08bc	0.85±0.07ab	0.803	ns
	5	0.86±0.06abc	0.89±0.04a	0.146	ns
	7	0.91±0.05a	0.85±0.08ab	0.044	*
内聚性	0	0.75±0.03a	0.66±0.1b	0.010	**
	0.5	0.74±0.03a	0.72±0.06a	0.353	ns
	1	0.76±0.01a	0.72±0.03a	<0.01	**
	3	0.76±0.06a	0.75±0.05a	0.639	ns
	5	0.74±0.04a	0.75±0.02a	0.443	ns
	7	0.78±0.06a	0.74±0.04a	0.044	*

续表 5-3

指标	冷藏时间/d	肉牛瘤胃	牦牛瘤胃	方差分析	
				P 值	显著性
咀嚼性 /mJ	0	4507.58±1132.69[b]	1942.43±472.1[c]	<0.01	**
	0.5	3612.86±1096.63[c]	1888.01±531.81[c]	<0.01	**
	1	2179.98±638.03[d]	1739.82±479.34[c]	0.044	*
	3	6133.29±1353.53[d]	2859.43±579.88[ab]	<0.01	**
	5	1949.44±862.15[d]	3168.24±316.8[a]	<0.01	**
	7	1762.6±576.81[d]	2716.66±521.52[b]	0.001	**

注:同列同类指标测定值不同肩标字母表示差异显著($P<0.05$);同行内,"**"表示肉牛与牦牛脏器质构指标差异极显著($P<0.01$),"*"表示差异显著($P<0.05$),"ns"表示差异不显著($P>0.05$)。

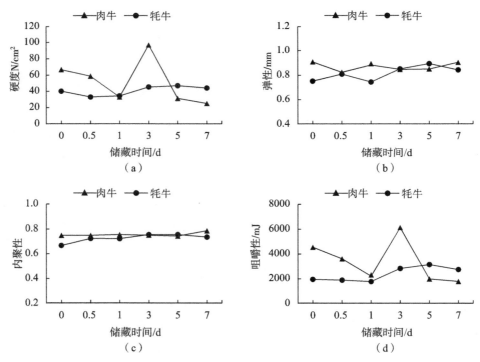

图 5-23 宰后牛瘤胃冷藏过程中质构特性的变化

2. 宰后牛皱胃冷藏过程中质构特性的变化

宰后牛皱胃冷藏过程中质构特性的变化可以从表 5-4 和图 5-24 中看出,相同冷藏时间点,肉牛和牦牛皱胃的弹性、内聚性均差异不显著($P>0.05$),而除硬度在冷藏 0.5 d、3 d、7 d 和咀嚼性在冷藏 0.5 d、7 d 时差异不显著($P>0.05$)外,其他时间点均差异显著($P<0.05$)。肉牛和牦牛皱胃在冷藏 0~7 d 过程中,硬度和咀嚼性均呈先下降后上升趋势,且在冷藏 1 d 时二者均达到最小值。冷藏 3 d 时肉牛和牦牛皱胃的硬度和咀嚼性均在较高水平,硬度分别为 2209.77 N/cm²、2576.56 N/cm²,分别高于冷藏 1 d 样品 194.2%、78.80%,咀嚼性分别为 1329.78 mJ、1661.7 mJ,均显著大于 1 d 样品($P<0.05$)。

表 5-4　宰后牛皱胃冷藏过程中质构特性测定结果

指标	冷藏时间/d	肉牛瘤胃	牦牛瘤胃	方差分析	
				P 值	显著性
硬度 /(N/cm²)	0	49.99±12.72ᵃ	24.37±6.96ᵇ	<0.01	**
	0.5	16.10±2.55ᵇ	17.35±4.50ᶜ	0.655	ns
	1	7.36±0.97ᶜ	14.12±2.32ᶜ	<0.01	**
	3	19.88±3.96ᵇ	25.24±6.41ᵇ	0.059	ns
	5	17.94±3.79ᵇ	29.85±6.34ᵃ	<0.01	**
	7	23.18±7.01ᵇ	27.69±4.31ᵃᵇ	0.088	ns
弹性/mm	0	0.8±0.08ᵃ	0.82±0.08ᵃᵇᶜ	0.577	ns
	0.5	0.87±14ᵃ	0.8±0.13ᵇᶜ	0.419	ns
	1	0.83±0.1ᵃ	0.76±0.1ᶜ	0.111	ns
	3	0.84±0.08ᵃ	0.88±0.07ᵃ	0.129	ns
	5	0.83±0.09ᵃ	0.82±0.07ᵃᵇᶜ	0.819	ns
	7	0.85±0.05ᵃ	0.85±0.07ᵃᵇ	0.777	ns
内聚性	0	0.68±0.05ᵃ	0.67±0.12ᵇ	0.691	ns
	0.5	0.7±0.01ᵃ	0.71±0.06ᵃᵇ	0.673	ns
	1	0.66±0.06ᵃ	0.68±0.05ᵃᵇ	0373	ns
	3	0.72±0.09ᵃ	0.73±0.05ᵃ	0.841	ns
	5	0.68±0.05ᵃ	0.71±0.04ᵃᵇ	0.074	ns
	7	0.72±0.05ᵃ	0.71±0.03ᵃᵇ	0.575	ns

续表 5-4

指标	冷藏时间/d	肉牛瘤胃	牦牛瘤胃	方差分析	
				P 值	显著性
咀嚼性 /mJ	0	2762.86±751.38[a]	1389.58±543.17[b]	<0.01	**
	0.5	974.81±81.14[b]	996.02±317.64[c]	0.912	ns
	1	419.16±120.16[c]	755.41±215.55[c]	<0.01	**
	3	1329.78±302.36[b]	1661.7±523.16[ab]	0.03	*
	5	1027.6±253.3[b]	1789.26±445.85[a]	<0.01	**
	7	1467.44±590.12[b]	1706.65±327.35[ab]	0.259	ns

注:同列同类指标测定值不同肩标字母表示差异显著($P<0.05$);同行内,"**"表示肉牛与牦牛瘤胃质构指标差异极显著($P<0.01$),"*"表示差异显著($P<0.05$),"ns"表示差异不显著($P>0.05$)。

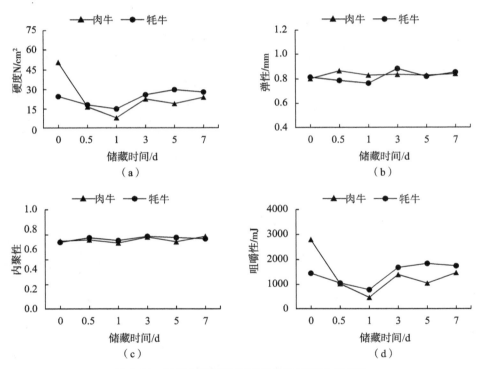

图 5-24 宰后牛皱胃冷藏过程中质构特性的变化

3. 宰后牛大肠冷藏过程中质构特性的变化

宰后牛大肠冷藏过程中质构特性的变化可以从表 5-5 和图 5-25 中看出,肉牛和牦牛大肠的硬度和咀嚼性在冷藏 0.5 d 时差异不显著（$P>0.05$），弹性在冷藏 3 d 时差异显著（$P<0.05$），内聚性在冷藏 0～7 d 时差异均不显著（$P>0.05$），其他冷藏时间点硬度、弹性和咀嚼性均差异显著（$P<0.05$）。肉牛大肠在冷藏 0～1 d 过程中硬度和咀嚼性呈下降趋势，冷藏 3 d 时显著上升（$P<0.05$），且与冷藏 0 d 时差异不显著（$P>0.05$），随后趋于稳定状态，变化不显著（$P>0.05$）。而牦牛大肠在冷藏 0～7 d 过程中，硬度、弹性和咀嚼性整体上均呈上升趋势，但在冷藏前期（0～1 d），呈下降趋势，且在冷藏 1 d 时三者均达到最小值，硬度和咀嚼性与冷藏 0 d 样品相比，均差异显著（$P<0.05$）。

表 5-5　宰后牛大肠冷藏过程中质构特性测定结果

指标	冷藏时间/d	肉牛瘤胃	牦牛瘤胃	方差分析	
				P 值	显著性
硬度 /(N/cm²)	0	31.29±6.16[a]	20.78±5.37[c]	<0.01	**
	0.5	24.41±4.77[ab]	24.15±5.37[c]	0.930	ns
	1	8.67±5.69[c]	22.44±5.91[c]	0.006	**
	3	24.92±6.12[ab]	37.42±8.09[b]	<0.01	**
	5	20.00±3.71[b]	38.33±6.35[b]	<0.01	**
	7	22.25±3.12[b]	44.86±5.86[a]	<0.01	**
弹性/mm	0	0.85±0.08[a]	0.82±0.12[c]	0.525	ns
	0.5	0.86±0.03[a]	0.85±0.09[bc]	0.786	ns
	1	0.95±0.06[a]	0.82±0.15[c]	0.222	ns
	3	0.79±0.16[a]	0.88±0.06[abc]	0.026	*
	5	0.85±0.009[a]	0.9±0.09[ab]	0.207	ns
	7	0.86±0.12[a]	0.95±0.04[a]	0.067	ns
内聚性	0	0.74±0.06[a]	0.73±0.05[bc]	0.449	ns
	0.5	0.76±0.01[a]	0.74±0.03[bc]	0.191	ns
	1	0.67±0.01[b]	0.71±0.04[c]	0.119	ns
	3	0.77±0.03[a]	0.78±0.03[a]	0.332	ns
	5	0.77±0.03[a]	0.75±0.06[b]	0.387	ns
	7	0.78±0.03[a]	0.80±0.03[a]	0.3487	ns

续表 5-5

指标	冷藏时间/d	肉牛瘤胃	牦牛瘤胃	方差分析	
				P 值	显著性
咀嚼性/mJ	0	2007.37±480.46[a]	1291.16±447.02[c]	<0.01	**
	0.5	1615.44±261.01[ab]	1523.42±330.07[c]	0.609	ns
	1	554.92±346.53[c]	1349.64±493.36[c]	0.043	*
	3	1545.69±538.57[ab]	2628.97±702.42[b]	<0.01	**
	5	1332.03±291.35[b]	2631.82±465.31[b]	<0.01	**
	7	1531.32±318.61[ab]	3450.94±501.67[a]	<0.001	**

注：同列同类指标测定值不同肩标字母表示差异显著($P<0.05$)；同行内，"**"表示肉牛与牦牛脏器质构指标差异极显著($P<0.01$)，"*"表示差异显著($P<0.05$)，"ns"表示差异不显著($P>0.05$)。

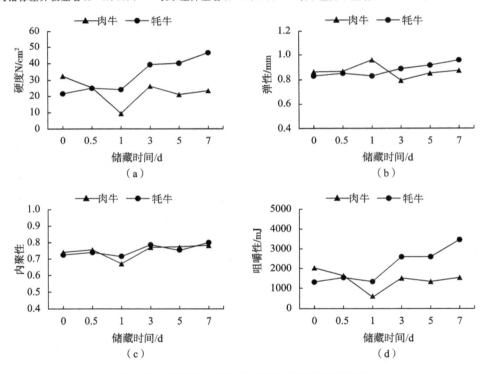

图 5-25 宰后牛大肠冷藏过程中质构特性的变化

七、小结

冷藏过程中,牛瘤胃、皱胃、大肠的 pH 均呈先下降后上升趋势,保水性逐步下降,其失水率和蒸煮损失整体上均呈上升趋势;瘤胃剪切力值整体呈下降趋势,其亮度和黄度较稳定,肉牛和牦牛皱胃的 L^* 值在冷藏 0～7 d 过程中均呈平稳趋势,a^* 值和 b^* 值整体上均呈下降趋势,且牦牛皱胃的 a^* 值和 b^* 值均高于肉牛,肉牛大肠和牦牛大肠的 a^* 值在整个冷藏期间均呈先上升后下降的趋势,b^* 值整体呈下降趋势;肉牛瘤胃硬度、咀嚼性整体呈下降趋势,但在冷藏 3 d 时大幅度升高;在冷藏 0.5～5 d 时,肉牛大肠蒸煮损失低于牦牛大肠,说明肉牛大肠较牦牛大肠保水性好。

第三节　冷藏对含平滑肌内脏组织结构的影响

结构变化是影响畜产品品质变化的主要因素。为明确冷藏期间含平滑肌的牛瘤胃、皱胃和大肠的组织结构和超微结构的变化,通过 HE 染色和透射电镜研究了含平滑肌胃肠冷藏期间的结构变化,旨在为含平滑肌胃肠的储藏提供理论依据和技术支持。

一、冷藏对含平滑肌胃肠组织结构的影响

宰后肉牛胃肠冷藏前后组织结构的变化从图 5-26 可以看出,宰后冷藏 0 d 的瘤胃、皱胃和大肠的组织结构均较完整,且各层结构排列整齐。冷藏 3 d 后,由图 5-26B 可知,瘤胃黏膜下层纤维结构开始崩解,而肌织层中平滑肌束之间的间距变小,冷藏 7 d 后,可看到黏膜下层大面积崩解,宏观上表现为瘤胃内表面黏膜层的脱落。由图 5-26E 和图 5-26F 可知,皱胃冷藏至 7 d 过程中除黏膜层、黏膜肌层结构变化较大外,其他结构较稳定,冷藏 7 d 时肌织层中平滑肌束轮廓仍清晰可见,而黏膜层基本消失,这可能是黏膜层凹槽结构中腺体较发达,蛋白代谢相关酶活性较强所致。由图 5-26G、5-26H、5-26I 可知,同皱胃组织结构变化相类似,大肠冷藏 7 d 过程中黏膜层结构变化最大,冷藏 3 d 时肌织层中平滑肌束间隙显著变小,而冷藏 7 d 时黏膜层基本消失,浆膜层大面积崩解和断裂。

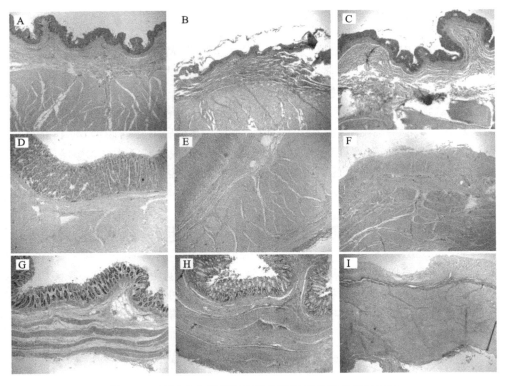

图 5-26　宰后肉牛胃肠冷藏前后组织结构的变化（×40）

注：图 A、B、C 分别表示瘤胃冷藏 0 d、3 d、7 d 的组织学结构；图 D、E、F 分别表示皱胃冷藏 0 d、3 d、7 d 的组织学结构；图 G、H、I 分别表示大肠冷藏 0 d、3 d、7 d 的组织学结构。

二、冷藏对含平滑肌胃肠超微结构的影响

宰后肉牛胃肠冷藏前后平滑肌超微结构的变化如图 5-27 所示，由图 5-27A 可知，宰后初期，冷藏 0 d 瘤胃平滑肌肌纤维结构排列正常，横切平滑肌纤维呈大小不等的圆形或多边形，细胞核呈圆形，细胞轮廓清晰，细胞间隙较大，其内有组织液填充。由图5-27B 可知，冷藏 7 d 后的瘤胃样品中平滑肌结构破坏严重，肌纤维大面积断裂、溶解，部分梭形小体（密体）所在位置由胞质内转移至细胞外，而细胞核未见明显变化。由图 5-27C 可知，宰后初期，冷藏 0 d 皱胃平滑肌肌纤维结构排列正常。由图 5-27D 可知，冷藏 7 d 后的皱胃样品中平滑肌轮廓变得模糊不清，可能是肌膜内电子高密度区域（密斑）在一定区域内发生溶解、扩散导致。此外，肌纤维间隙基本消失，在间隙处或细胞内均出现了许多透明空泡状结构。由图 5-27E 可

知,宰后初期,冷藏 0 d 大肠平滑肌肌纤维结构排列正常。由图 5-27F 可知,冷藏 7 d 后的大肠样品中平滑肌轮廓变得模糊不清,细胞间隙明显变小,细胞内也出现了透明空泡状结构,细胞器发生溶解,细胞电子密度降低,电镜照片深色区域减少。

此外,综合考察可知,冷藏 7 d 平滑肌肌纤维结构已基本崩解,且对牛胃肠肌纤维的破坏程度依次为瘤胃＞皱胃＞大肠。

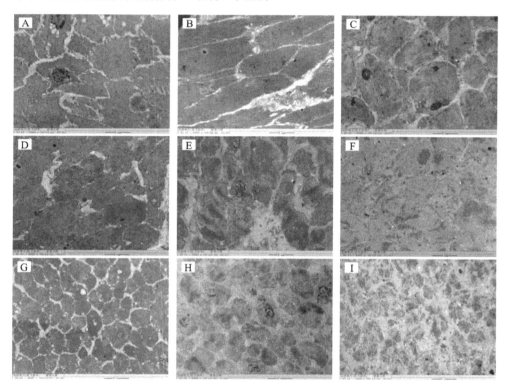

图 5-27　宰后肉牛胃肠冷藏前后平滑肌超微结构的变化(×4000)

注:图 A、B、C 分别表示瘤胃平滑肌冷藏 0 d、3 d、7 d 的横切面结构;图 D、E、F 分别表示皱胃平滑肌冷藏 0 d、3 d、7 d 的横切面结构;图 G、H、I 分别表示大肠平滑肌冷藏 0 d、3 d、7 d 的横切面结构。

三、小结

随冷藏时间的延长,牛瘤胃、皱胃、大肠的组织结构中黏膜层逐渐崩解,瘤胃和大肠肌织层中平滑肌束之间的间距变小,与冷藏 0 d 样品相比,冷藏处理严重破坏了瘤胃、皱胃、大肠平滑肌肌纤维结构,加速了肌纤维的溶解速度,冷藏 7 d 样品的平滑肌肌纤维结构已基本崩解,且对牛胃肠肌纤维的破坏程度依次为瘤胃＞皱胃＞大肠。

第四节　冷藏对含平滑肌内脏
挥发性物质的影响

挥发性物质是影响产品风味的主要因素。为明确冷藏期间含平滑肌胃肠风味物质的变化规律,研究了牛瘤胃、皱胃和大肠在4℃时冷藏0 d、3 d、7 d的挥发性物质变化,旨在为含平滑肌胃肠的储藏提供技术支持。

一、冷藏对含平滑肌瘤胃挥发性物质的影响

宰后牛瘤胃不同冷藏时间点各类挥发性化合物相对含量可以从表5-6、图5-28中看出,冷藏0 d的瘤胃样品中共检测出43种挥发性化合物,冷藏3 d与冷藏7 d的瘤胃样品中均检出了45种挥发性化合物,但它们在种类和相对含量上有差异。烃类物质中,冷藏0 d的样品相对含量最高,冷藏7 d的样品相对含量最低。相对含量差异最大的物质为十四烷。同时对于冷藏3 d和冷藏7 d的2组样品中还检测到了三氯甲烷、正十五烷与茴香烯。醛类一般由脂肪的降解而产生,冷藏3 d样品的醛类物质含量最高,相对含量超过7%,正辛醛、苯甲醛含量明显高于其他2组样品。酮类物质是牛肉中另外一种重要的羰基化合物,冷藏0 d的样品中酮类物质含量最高,说明脂肪氧化较为严重。醇类物质中,冷藏0 d的样品明显高于其他2组样品,1-辛烯-3-醇具有蘑菇味,它们的阈值都较低,可能对风味产生较大影响。就芳香类物质而言,虽然冷藏7 d的样品中的芳香族化合物含量是冷藏0 d样品的3倍左右,但冷藏3 d的样品中含有丁香酚,丁香酚有强烈的丁香香气和温和的辛香香气,在冷藏0 d和冷藏7 d的样品中并未检测到。

由图5-28可知,不同冷藏时间瘤胃样品中挥发性化合物种类与含量差异明显,主要含有的化合物种类有烃类、醇类、酸类、芳香族、醛类、酮类、酯类、杂环类和含硫醚类化合物。冷藏3 d和冷藏7 d样品中芳香类物质含量最高,高达45.38%,分别高出冷藏0 d样品18.41%和32.85%,且冷藏3 d的样品中杂环类和含硫醚类化合物也显著高于冷藏0 d样品,比冷藏0 d样品分别高出了8.37%、13.22%;冷藏0 d样品的烃类、醇类、酸类化合物含量均高于冷藏3 d和冷藏7 d的样品。经过对比发现,随着冷藏时间延长,瘤胃样品的烃类、醇类、酸类、酮类、酯类化合物明显减少,芳香类和含硫醚类等其他化合物含量有所增加,芳香类化合物在冷藏3 d样品中含量最高。

表 5-6　宰后肉牛瘤胃不同冷藏时间点挥发性化合物相对含量比较　　　　%

序号	化合物	冷藏时间/d		
		0	3	7
	烃类	11.12	3.04	0.09
1	2,6,10-三甲基十二烷	0.28	—	—
2	4-甲基十三烷	0.31	—	—
3	2,3,5,8-四甲基癸烷	0.48	—	—
4	1-甲基丁基环氧乙烷	0.52	—	—
5	2,6,10-三甲基十二烷	1.19	—	—
6	庚基环己烷	0.33	—	—
7	十四烷	5.41	—	—
8	5-丙基癸烷	0.36	—	—
9	壬基环己烷	0.46	—	—
10	正十七烷	1.56	—	—
11	环十二烷	0.24	—	—
12	三氯甲烷	—	1.50	0.25
13	正十五烷	—	0.44	
14	正十七烷	—	—	0.19
15	茴香烯	—	0.28	0.24
16	双戊烯	—	—	0.07
17	右旋萜二烯	—	0.81	—
	醇类	34.30	17.71	16.59
18	仲丁醇	0.10		
19	桉叶油醇	0.08	—	—
20	正戊醇	0.21	0.29	—
21	1-辛烯-3-醇	1.40	1.72	0.29
22	2-乙基己醇	6.26	—	0.38
23	1-壬醇	0.93	0.39	0.41
24	苯甲醇	0.88	0.28	3.21
25	苯乙醇	0.25	0.79	—
26	十二醇	24.19	1.09	6.44
27	异戊醇	—	9.20	4.20
28	正己醇	—	1.47	0.36

续表 5-6

序号	化合物	冷藏时间/d		
		0	3	7
29	2-丙基-1-戊醇	—	0.54	—
30	正辛醇	—	1.60	0.54
31	3-甲硫基丙醇	—	0.35	0.58
32	二异丁基甲醇	—	—	0.13
33	1-十四醇	—	—	0.08
34	十六烷醇	—	—	0.07
	酸类	27.73	17.61	10.12
35	乙酸	4.18	4.91	0.64
36	丁酸	4.11	3.56	0.14
37	己酸	1.48	0.26	0.03
38	异辛酸	0.19	—	0.39
39	S-甲基-N,N-乙基二硫代氨基甲酸	16.18	0.56	—
40	辛酸	1.13	—	—
41	壬酸	0.46	0.09	0.04
42	丙酸	—	2.02	—
43	异丁酸	—	0.50	0.50
44	异戊酸	—	5.72	3.07
45	新癸酸	—	—	2.17
46	4-甲基苯酚	—	—	3.07
47	2,3-二甲基-2-(1-甲基乙基)丁酸	—	—	0.06
48	乙基苯	0.06	—	—
49	领甲氧基苯酚	0.75	0.21	0.11
50	苯酚	1.50	23.93	45.02
51	4-甲基苯酚	9.65	6.34	—
52	4-乙基苯酚	0.58	0.27	0.21
53	2,6-二叔丁基对甲酚	—	0.08	—
54	丁香酚	—	0.04	—
55	2-乙基苯酚	—	0.06	—

续表 5-6

序号	化合物	冷藏时间/d		
		0	3	7
56	乙基苯酚	—	—	0.05
	醛类	6.43	7.23	2.47
57	正己醛	1.11	—	—
58	正辛醛	0.78	1.47	—
59	壬醛	3.21	3.07	1.18
60	癸醛	1.33	—	—
61	苯甲醛	—	2.45	1.21
62	5-甲基-2 噻吩甲醛	—	0.23	—
63	反式-2-壬醛	—	—	0.08
	酮类	2.28	0.59	1.02
64	3-羟基-2-丁酮	0.40	—	0.08
65	甲基庚烯酮	1.44	0.10	0.22
66	香叶基丙酮	0.45	0.08	—
67	二氢-5-戊烯基-2(3H)-呋喃酮	—	0.40	
68	甲基辛基甲酮	—	—	0.49
69	橙化基丙酮	—	—	0.49
70	十五烷酮	—	—	0.11
	酯类	4.36	0.05	0.42
71	2-乙基己酸乙酯	0.55	—	—
72	戊酸乙酯	3.81	—	—
73	3A,4,5,6,7,7A-六氢化-4,7-亚甲基-1H-茚酚乙酸酯	—	0.05	
74	甲酸庚酯	—	—	0.42
	杂环类	0.67	9.04	0.09
75	2-乙酰基噻唑	0.67	—	—
76	3,4-二氢-2-甲基-吡喃	—	1.08	—
77	2-正-己基呋喃	—	—	0.09
78	吲哚	—	7.58	—
79	苯并噻唑	—	0.08	—
80	2-正戊基呋喃	—	—	0.09

续表 5-6

序号	化合物	冷藏时间/d		
		0	3	7
	其他类	0.57	13.79	22.83
81	二甲基二硫	—	4.40	6.03
82	二甲基三硫	—	9.14	15.30
83	癸醚	0.57	—	—
84	二甲基四硫醚	—	0.26	1.49

注："—"表示未检测到，下同。

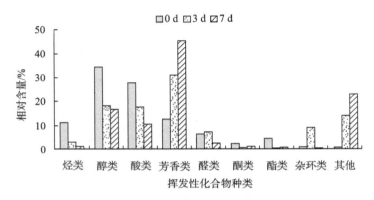

图 5-28　宰后牛瘤胃不同冷藏时间点各类挥发性化合物相对含量比较

二、冷藏对含平滑肌皱胃挥发性物质的影响

宰后牛皱胃不同冷藏时间点各类挥发性化合物相对含量可以从表 5-7 及图 5-29 看出，不同冷藏时间皱胃样品中挥发性化合物种类与含量差异明显，冷藏 3 d 和冷藏 7 d 样品中酸类、芳香类物质含量最高，其中，酸类物质分别高出冷藏 0 d 样品 18.84% 和 16.63%，芳香类物质分别低于冷藏 0 d 样品 3.99% 和 11.35%。

经过对比发现，随着冷藏时间延长，皱胃样品的烃类、醇类、酸类、芳香类、醛类、酮类、酯类及其他类化合物在冷藏 3 d 时明显减少，与冷藏 0 d 样品相比，烃类、酸类、酯类和其他化合物在皱胃样品冷藏 7 d 时含量有所增加。

表 5-7　宰后肉牛皱胃不同冷藏时间点挥发性化合物相对含量比较　　　　%

序号	化合物	冷藏时间/d		
		0	3	7
	烃类	1.45	0.46	4.08
1	2,6,10-三甲基十二烷	0.59	—	—
2	十四烷	0.68	—	—
3	正十五烷	0.10	—	—
4	正二十烷	0.07	—	—
5	二甲硫基甲烷	—	0.10	0.33
6	正辛烷	—	—	4.41
7	正十六烷	—	—	0.06
8	苯乙烯	—	—	—
	醇类	12.45	4.71	7.33
9	异戊醇	3.15	0.15	1.25
10	正戊醇	0.50	—	—
11	环十二烷	0.46	0.36	0.24
12	1-辛烯-3-醇	3.95	0.42	0.57
13	2,3-丁二醇	0.35	—	0.07
14	1-壬醇	0.33	—	0.73
15	十一醇	0.29	—	—
16	反式-2-辛烯-1-醇	0.95	0.03	0.06
17	3-甲硫基丙醇	0.17	0.05	0.18
18	苯甲醇	1.20	0.38	0.39
19	苯乙醇	1.10	0.71	2.16
20	乙醇	—	1.21	0.54
21	1-戊醇	—	0.07	—
22	正庚醇	—	0.08	0.58
23	6-甲基庚醇	—	0.01	—
24	十二醇	—	1.24	—
25	2-乙基己醇	—	—	0.14
26	正辛醇	—	—	0.41
	酸类	44.37	63.11	61.00
27	乙酸	17.96	26.02	2.35

续表 5-7

序号	化合物	冷藏时间/d		
		0	3	7
28	丙酸	8.04	11.75	5.98
29	异丁酸	2.90	2.82	2.46
30	丁酸	9.91	18.08	28.93
31	正戊酸	2.16	0.80	1.04
32	己酸	2.66	0.87	1.15
33	异辛酸	0.14	—	0.04
34	辛酸	0.47	—	0.83
35	壬酸	0.13	—	0.26
36	异戊酸	—	2.77	—
37	4-甲基戊酸	—	—	17.70
38	异庚酸	—	—	0.08
39	庚酸	—	—	0.18
	芳香类	27.07	23.08	15.72
40	苯酚	25.81	20.65	13.68
41	3-甲酚	1.26	—	—
42	4-甲基苯酚	—	2.43	2.03
43	3-乙基苯酚	—	—	0.01
44	异戊醛	2.81	—	—
45	正己醛	2.65	0.30	—
46	庚醛	0.30	—	—
47	壬醛	1.29	0.17	1.39
48	反-2-辛烯醛	0.27	0.04	—
49	(E)-2-庚烯醛	—	0.03	—
50	反式-2-壬醛	—	0.07	—
51	椰子醛	—	0.09	—
	酮类	1.42	0.08	0.10
52	3-羟基-2-丁酮	0.62	—	0.10
53	羟基丙酮	0.80	—	—
54	3-辛酮	—	0.04	—
55	甲基庚烯酮	—	0.04	—

续表5-7

序号	化合物	冷藏时间/d		
		0	3	7
	酯类	1.80	0.72	3.62
56	乙酸异丙烯酯	1.80	—	—
57	丁酸乙酯	—	0.16	0.98
58	异己酸乙酯	—	0.18	1.76
59	正己酸乙酯	—	0.27	—
60	己酸丙酯	—	0.01	—
61	辛酸乙酯	—	0.04	0.03
62	3-苯丙酸乙酯	—	0.05	—
63	异戊酸乙酯	—	—	0.29
64	丁酸异戊酯	—	—	0.34
65	4-甲基戊酸戊酯	—	—	0.18
66	2-甲基丁酸-3-甲基丁酯	—	—	0.06
	杂环类	0.00	4.03	0.04
67	吲哚	—	4.03	—
68	2-乙酰基-2-噻唑啉	—	—0.04	
	其他类	4.13	3.09	6.00
69	二甲基二硫	1.74	1.45	2.34
70	二甲基三硫	2.40	1.39	1.13
71	二甲醚	—	0.25	2.54

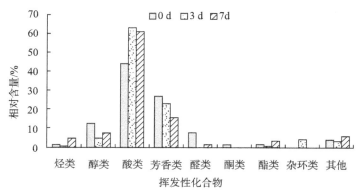

图5-29　宰后牛皱胃不同冷藏时间点各类挥发性化合物相对含量比较

三、冷藏对含平滑肌大肠挥发性物质的影响

宰后牛大肠不同冷藏时间点各类挥发性化合物相对含量比较可以从表 5-8、图 5-30 中看出,不同冷藏时间大肠样品中挥发性化合物种类与含量差异明显,冷藏 0 d 样品中烃类物质含量最高,冷藏 3 d 样品中醇类物质含量最高,冷藏 7 d 样品中酸类物质含量最高。经过对比发现,随着冷藏时间延长,大肠样品的烃类和酮类化合物明显减少,酸类、芳香类和含硫醚类其他化合物含量有所增加,而醛类化合物总量在冷藏 3 d 和 7 d 样品中差异较小。

表 5-8　宰后肉牛大肠不同冷藏时间点挥发性化合物相对含量比较　　　　%

序号	化合物	冷藏时间/d		
		0	3	7
烃类		62.72	27.47	0.82
1	癸烷	2.94	0.77	—
2	3-甲基十一烷	0.19	0.20	—
3	十二烷	17.30	9.60	—
4	1-己基-3-甲基-环十二烷	1.89	—	—
5	十三烷	0.14	—	—
6	2,6,10-三甲基十二烷	0.19	—	—
7	3-甲基十三烷	0.35	—	—
8	十四烷	14.28	10.18	—
9	正十五烷	0.14	0.12	0.17
10	2-溴十四烷	0.12	—	—
11	正十六烷	4.14	3.53	—
12	正十八烷	0.42	0.50	—
13	三氯甲烷	—	—	0.43
14	3,5-二甲基-1,2,4-三硫环戊烷	—	0.31	0.22
15	5-甲基-十三烷	—	0.55	—
16	2,6,10-三甲基十二烷	0.19	0.10	—
17	5-甲基十五烷	—	0.23	—
18	3-甲基十五烷	—	0.12	—
19	右旋萜二烯	0.64	—	—
20	双戊醇	19.47	0.36	—

续表 5-8

序号	化合物	冷藏时间/d		
		0	3	7
21	2,4-二甲基苯乙烯	0.33	0.25	—
22	枞油烯	—	0.05	—
23	苯乙烯	—	0.59	—
醇类		14.42	29.35	14.05
24	乙醇	—	1.12	
25	1-十六烷醇	0.20	0.71	—
26	1-十四醇	1.29	—	—
27	1-辛烯-3-醇	6.38	10.01	3.63
28	芳樟醇	0.61	—	—
29	反式-2-辛烯-1-醇	1.66	2.53	0.64
30	1-十六烷醇	0.32	0.27	—
31	苯甲醇	0.34	0.48	0.18
32	苯乙醇	0.09	1.02	1.93
33	2-乙基-1-十二醇	0.04	—	—
34	十二醇	3.49	2.84	—
35	正己醇	—	4.06	0.73
36	正庚醇	—	1.01	1.16
37	环庚醇	—	0.06	—
38	正辛醇	—	1.00	0.72
39	1-壬醇	—	0.21	—
40	异戊醇	—	4.03	4.79
41	1-甲硫基丙醇	—	—	0.26
酸类		3.08	6.04	41.75
42	乙酸	1.69	1.92	10.34
43	丁酸	0.75	0.89	8.14
44	异戊酸	0.50	1.60	—
45	己酸	0.03	0.71	0.29
46	S-甲基-N,N-二乙基甲硫代氨基甲酸	0.11	—	—
47	异丁酸	—	0.17	2.36

续表 5-8

序号	化合物	冷藏时间/d		
		0	3	7
48	正戊酸	—	0.35	—
49	庚酸	—	0.07	—
50	辛酸	—	0.20	0.28
51	壬酸	—	0.13	0.24
52	丙酸	—	—	7.16
53	异戊烷	—	—	10.20
54	4-甲基戊酸	—	—	2.74
芳香类		9.57	18.33	20.09
55	间二甲苯	0.33	—	—
56	2,6-二叔丁基对甲苯	0.17	0.10	0.63
57	苯酚	0.48	7.98	13.89
58	4-甲基苯酚	8.59	10.13	5.48
59	领甲氧基苯酚	—	0.06	—
60	4-乙基苯酚	—	0.06	0.08
61	3-乙基苯酚	—	—	0.01
醛类		0.80	2.66	2.62
62	正己醛	0.08	0.15	—
63	癸醛	0.48	0.52	—
64	铃兰醛	0.24	0.22	—
65	壬醛	—	1.08	1.79
66	反-2 辛烯醛	—	0.63	—
67	反式-2-癸烯醛	—	0.07	—
68	正辛醛	—	—	0.83
酮类		1.52	1.52	1.02
69	仲辛酮	1.39	—	—
70	6,10-二甲基-5,9-十一双烯-2-2 酮	0.12	—	—
71	橙花基丙酮	—	0.15	—
72	3-辛酮	—	1.38	0.88
73	2-甲基-3-辛酮	—	—	0.14

续表 5-8

序号	化合物	冷藏时间/d		
		0	3	7
酯类		1.22	2.24	0.09
74	4-叔丁基环己基乙酸酯	1.03	0.84	—
75	3A,4,5,6,7,7A-六氢化-4,7-亚甲基-1H-茚酚乙酸酯	0.20	0.19	—
76	γ-己内酯	—	0.19	—
77	丙位庚内酯	—	0.05	—
78	丙位辛内酯	—	0.17	—
79	正己酸乙烯酯	—	0.26	—
80	α-庚基-γ-丁内酯	—	0.20	—
81	正己酸乙酯	—	0.33	0.04
82	3-苯丙酸乙酯	—	—	0.05
杂环类		6.75	6.91	0.00
83	吲哚	6.75	6.91	—
其他类		0.00	4.88	13.31
84	二甲基二硫	—	0.23	6.26
85	二甲基三硫	—	4.49	12.49
86	二甲基四硫醚	—	0.39	0.67
87	N-庚基甲基硫醚	—	—	0.16

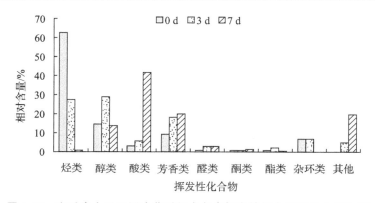

图 5-30 宰后牛大肠不同冷藏时间点各类挥发性化合物相对含量比较

四、小结

随着冷藏时间的延长,牛胃肠样品的挥发性化合物在种类和相对含量上有所变化。瘤胃样品中的烃类、醇类、酸类、酮类、酯类化合物明显减少,芳香类和含硫醚类等其他化合物含量有所增加;皱胃样品中的烃类、醇类、酸类、芳香类、醛类、酮类、酯类及其他类化合物在冷藏 3 d 时明显减少;大肠样品中的烃类和酮类化合物明显减少,酸类、芳香类和含硫醚类等其他化合物含量有所增加,而醛类化合物总量在冷藏 3 d 和 7 d 样品中差异较小。

第六章　平滑肌的加工性能

加工性能是畜产品的重要评价指标。畜禽的年龄、蛋白质功能特性、起泡性、乳化性等均会影响畜产品的加工性能；畜产品的加工性能在加工过程中还会受到盐、酸、碱等物质的影响。本章重点阐述了平滑肌的加工性能，旨在为平滑肌的精深加工提供理论依据和数据支持。

第一节　牦牛年龄对平滑肌加工性能的影响

为明确年龄对平滑肌加工性能的影响，分析了不同年龄牦牛平滑肌中胶原蛋白的含量、溶解性和交联度以及剪切力、硬度、内聚性、弹性、胶着性和咀嚼性等肉品质构指标的变化，并进行了相关性分析。旨在为不同年龄牦牛平滑肌的加工提供理论依据。

一、平滑肌中胶原蛋白含量变化分析

不同年龄牦牛平滑肌中总胶原蛋白、可溶性胶原蛋白和不可溶性胶原蛋白含量的变化可从图 6-1 看出，总胶原蛋白的含量随着年龄的增加而增加，从 1 岁的 (65.16 ± 2.06)mg/g 增加到 6 岁的 (70.12 ± 0.56)mg/g，增加了 7.61％，3 岁以后总胶原蛋白含量的变化不显著（$P>0.05$）；可溶性胶原蛋白的含量随年龄的增加呈减少的趋势，从 1 岁到 6 岁减少了 30.80％，且可溶性胶原蛋白的含量显著减少发生在 3 岁之后（$P<0.05$）；不可溶性胶原蛋白的含量随年龄的增加呈显著增加的趋势（$P<0.05$），6 岁与 1 岁相比增加了 33.86％。从数据上看，可溶性胶原蛋白减少的百分数与不可溶性胶原蛋白增加的百分数基本相当，说明随着年龄的增加，平滑肌中可溶性胶原蛋白转化成了不可溶性胶原蛋白。

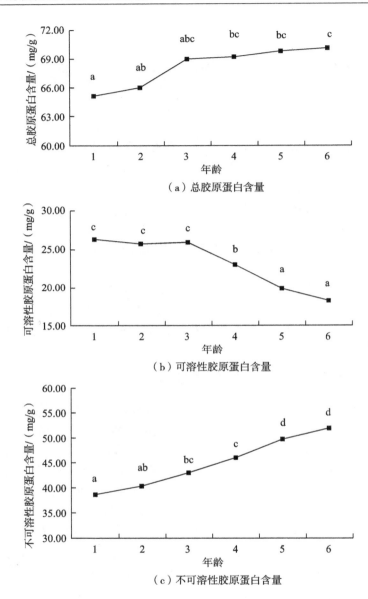

（a）总胶原蛋白含量

（b）可溶性胶原蛋白含量

（c）不可溶性胶原蛋白含量

图 6-1　不同年龄牦牛平滑肌中总胶原蛋白、可溶性胶原蛋白和不可溶性胶原蛋白含量的变化

二、平滑肌中胶原蛋白溶解性和交联度变化分析

溶解性和交联度是胶原蛋白的主要性质，胶原蛋白在体内合成后会随着年龄

的增加而发生显著的交联,交联增加会降低胶原蛋白溶解性。相关研究指出胶原蛋白的溶解性和交联度与肉品品质显著相关。不同年龄牦牛平滑肌中胶原蛋白溶解性和交联度变化分析见图 6-2,可见胶原蛋白的溶解性随年龄的增加呈显著减少的趋势($P<0.05$),从 1 岁时的(40.56 ± 0.96)％降低到 6 岁时的(26.07 ± 1.96)％,减少了 35.72％,3 岁以后的降低趋势较为明显。不同年龄牦牛平滑肌中总吡啶诺林的含量如图 6-2(b)所示,1~6 岁牦牛瘤胃平滑肌中总吡啶诺林的浓度基本呈"直线"趋势增加,增加了 196.46％。表明随年龄的增加肌肉中胶原蛋白的交联度增加、溶解性降低。

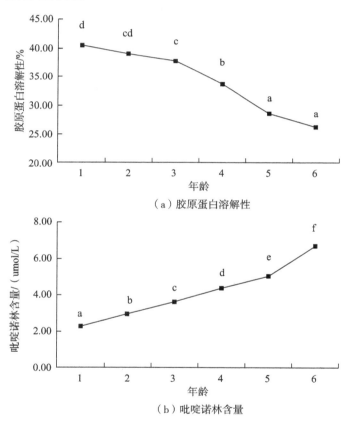

（a）胶原蛋白溶解性

（b）吡啶诺林含量

图 6-2 不同年龄牦牛平滑肌中溶解性和总吡啶诺林含量的变化

三、平滑肌剪切力值变化分析

剪切力值是肉品嫩度的直接反映,也是肉品质构的主要评价指标。不同年龄牦牛平滑肌剪切力值变化可以从图 6-3 中看出,牦牛平滑肌剪切力值随年龄的增加而显著增加($P<0.05$),其变化趋势类似"直线",剪切力值从 1 岁的(49.13 ± 1.84)N 增加到 6 岁的(96.53 ± 0.74)N,增加了 96.48%。

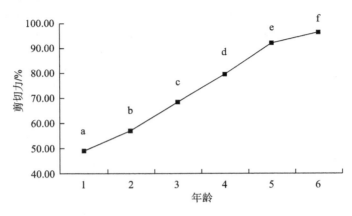

图 6-3　牦牛平滑肌剪切力值的变化

四、平滑肌质构变化分析

质构是肉品品质的直接反映,对肉品的加工和产品开发有重要的影响。不同年龄牦牛平滑肌的硬度、内聚性、弹性、胶着性和咀嚼性变化可以从表 6-1 中看出,随着年龄的增加,牦牛平滑肌的硬度和咀嚼性显著增加($P<0.05$),呈"直线"增加趋势,6 岁牦牛平滑肌的硬度和咀嚼性与 1 岁相比分别增加了 91% 和 102%,而内聚性、弹性和胶着性则随牦牛平滑肌年龄的增加而显著降低($P<0.05$),其降低幅度分别为 25%、32% 和 39%。说明随着年龄的增加,牦牛平滑肌的质构发生了显著变化,变化趋势表现为肉质食用品质下降。

表 6-1　不同年龄牦牛平滑肌质构的变化

年龄	硬度/(N/cm²)	内聚性	弹性/mm	胶着性	咀嚼性/mJ
1	0.31 ± 0.02^a	0.68 ± 0.03^c	5.53 ± 0.17^d	26.27 ± 1.27^d	71.56 ± 2.16^a
2	0.36 ± 0.01^b	0.62 ± 0.11^{bc}	5.38 ± 0.02^d	24.89 ± 1.32^d	88.99 ± 2.03^b
3	0.41 ± 0.03^c	0.61 ± 0.04^{bc}	4.91 ± 0.21^c	21.49 ± 1.93^c	107.63 ± 6.06^c
4	0.49 ± 0.03^d	0.59 ± 0.03^{abc}	4.25 ± 0.11^b	19.06 ± 1.52^{bc}	121.48 ± 8.62^d
5	0.55 ± 0.01^e	0.53 ± 0.02^{ab}	3.88 ± 0.12^a	17.49 ± 0.88^{ab}	134.77 ± 6.60^e
6	0.59 ± 0.01^f	0.51 ± 0.01^a	3.75 ± 0.11^a	16.07 ± 1.24^a	144.21 ± 8.49^e

五、相关性分析

1. 年龄与牦牛平滑肌胶原蛋白特性和质构的相关性分析

牦牛平滑肌年龄与其胶原蛋白特性的相关性可以从表 6-2 中看出,牦牛平滑肌的年龄与其总胶原蛋白含量、不可溶性胶原蛋白含量、总吡啶诺林含量呈极显著正相关($P<0.01$),相关系数分别为 0.699、0.953、0.973;与可溶性胶原蛋白含量、胶原蛋白溶解度呈极显著负相关($P<0.01$),相关系数分别为 -0.901、-0.953。说明随年龄的增加胶原蛋白的交联度增加,溶解性降低。

牦牛平滑肌年龄与其质构特性的相关性可以从表 6-3 中看出,牦牛平滑肌的年龄与其剪切力值、硬度和咀嚼性呈极显著正相关($P<0.01$),相关系数分别为 0.991、0.983、0.974;与内聚性、弹性和胶着性呈极显著负相关($P<0.01$),相关系数分别为 -0.795、-0.969、-0.946。说明牦牛平滑肌的质构品质随年龄增加而下降。

表 6-2　牦牛平滑肌年龄与其胶原蛋白特性的相关性分析

指标	总胶原蛋白	可溶性胶原蛋白	不可溶性胶原蛋白	胶原蛋白溶解度	总吡啶诺林
年龄	0.699**	-0.901**	0.953**	-0.953**	0.973**

注:** 表示相关性极显著 $P<0.01$,下同。

表 6-3　牦牛平滑肌年龄与其质构的相关性分析

指标	剪切力	硬度	内聚性	弹性	胶着性	咀嚼性
年龄	0.991**	0.983**	-0.795**	-0.969**	-0.946**	0.974**

2. 牦牛平滑肌胶原蛋白特性与质构的相关性分析

牦牛平滑肌胶原蛋白的溶解性和交联度与其质构的相关性分析如表 6-4 所示,其中蛋白交联度用吡啶诺林的含量表征。从表 6-4 可见牦牛平滑肌胶原蛋白溶解度与其内聚性、弹性和胶着性呈极显著正相关($P<0.01$),相关系数分别为 0.704、0.957、0.880;与其剪切力值、硬度和咀嚼性呈极显著负相关($P<0.01$),相关系数分别为 -0.947、-0.929、-0.929。牦牛平滑肌中吡啶诺林含量与其剪切力值、硬度和咀嚼性呈极显著正相关($P<0.01$),相关系数分别为 0.949、0.948、0.939;与其内聚性、弹性和胶着性呈极显著负相关($P<0.01$),相关系数分别为 -0.803、-0.924、-0.902,说明牦牛平滑肌胶原蛋白的特性显著影响其质构品质。

表 6-4　平滑肌胶原蛋白特性与其质构的相关性分析

指标	剪切力	硬度	内聚性	弹性	胶着性	咀嚼性
溶解度	−0.947**	−0.929**	0.704**	0.957**	0880**	−0.929**
交联度	0.949**	0.948**	−0.803**	−0.924**	−0.902**	0.939**

六、小结

随年龄的增加,牦牛平滑肌中总胶原蛋白、不可溶性胶原蛋白、吡啶诺林含量显著增加($P<0.05$),增幅分别为 7.61％、33.86％和 196.46％。可溶性胶原蛋白含量和溶解性显著下降($P<0.05$),降幅分别为 30.80％和 35.72％,表明随着年龄增加平滑肌中胶原蛋白的交联度增加、溶解性降低。牦牛平滑肌的剪切力值、硬度和咀嚼性随年龄增加而显著增加($P<0.05$),增幅分别为 96.48％、91％和 102％;内聚性、弹性和胶着性随年龄增加而显著降低($P<0.05$),降幅分别为 25％、32％和 39％,表明平滑肌的质构随年龄增加而呈现劣变趋势。相关性分析表明,年龄与牦牛平滑肌总胶原蛋白含量、不可溶性胶原蛋白含量、交联度、剪切力值、硬度和咀嚼性呈极显著正相关($P<0.01$);与可溶性胶原蛋白含量、胶原蛋白溶解性、内聚性、弹性和胶着性呈极显著负相关($P<0.01$);牦牛平滑肌胶原蛋白的溶解性和交联度均与剪切力值和质构指标呈极显著相关($P<0.01$)。综合来看,年龄对平滑肌的胶原蛋白含量、溶解性、交联度和质构有显著影响,年龄越大平滑肌胶原蛋白交联度越大、溶解性越小、质构品质越差,3 岁是牦牛平滑肌加工利用的适宜年龄。

第二节　牦牛年龄对平滑肌食用品质的影响

以 1～6 岁牦牛瘤胃平滑肌为试验原料,测定不同年龄下牦牛瘤胃平滑肌含水率、持水力、蒸煮损失、剪切力值和质构等指标的变化,并对年龄与各食用品质指标进行相关性分析。结果表明:随牦牛年龄的增加,其瘤胃平滑肌的含水率、持水力、内聚性、弹性和胶着性显著减小;蒸煮损失、剪切力值、硬度和咀嚼性显著增大。相关性分析表明年龄与瘤胃平滑肌各指标显著相关。综合来看,随牦牛年龄增加其瘤胃平滑肌的食用品质下降,选择适宜的屠宰年龄可使牦牛平滑肌具有较好的食用品质。

一、平滑肌含水率的变化

年龄对牦牛瘤胃平滑肌含水率的影响可以从图 6-4 看出,随着牦牛年龄的增加,瘤胃平滑肌的含水率显著降低($P<0.05$),含水率由 1 岁时的(74.34 ± 2.11)%降低到 6 岁时的(65.35 ± 1.87)%,含水率减少了 12.09%,说明年龄对平滑肌含水率有较大影响。随年龄增加,肌肉中的含水率降低,说明肌肉的持水能力随年龄的增加而减少,可能是随年龄增加肌肉中的系水物质减少的缘故。

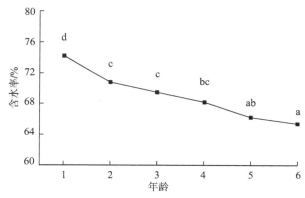

图 6-4　年龄对牦牛瘤胃平滑肌含水率的影响

二、平滑肌持水力的变化

年龄对牦牛瘤胃平滑肌持水力的影响可以从图 6-5 看出,随年龄增加牦牛瘤胃平滑肌的持水力显著降低($P<0.05$),从 1 岁到 6 岁,其持水力从(66.16 ± 1.17)%减少到(54.86 ± 0.92)%,减少了 17.08%,与年龄对牦牛瘤胃平滑肌含水率的影响规律一致。进一步说明随年龄的增加牦牛瘤胃平滑肌的持水能力显著降低。此结果与牛肉持水力随年龄的变化规律一致。

三、平滑肌蒸煮损失的变化

年龄对牦牛瘤胃平滑肌蒸煮损失的影响可以从图 6-6 看出,在所选取的年龄范围内,随着年龄的增加,牦牛瘤胃平滑肌蒸煮损失显著增加($P<0.05$),其蒸煮损失由(24.93 ± 0.63)%增加到(33.74 ± 1.45)%,增加了 35.34%。肌肉中的含水率、持水力和蒸煮损失都是反映肉品持水能力的指标,含水率越高、持水率越高、蒸煮损失越小,说明肌肉的持水能力越强,试验结果中蒸煮损失随年龄的增加而增加,与年龄对牦牛瘤胃平滑肌含水率和持水力影响的结果相反,进一步说明年龄越

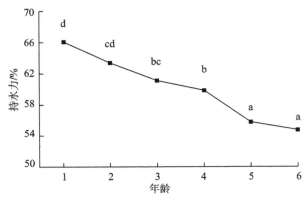

图 6-5 年龄对牦牛瘤胃平滑肌持水力的影响

大,牦牛瘤胃平滑肌的持水能力越差。可能是随年龄增加肌肉中的亲水物质减少,使得肌肉的持水能力降低。

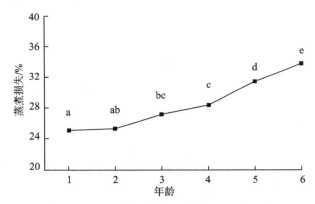

图 6-6 年龄对牦牛平滑肌蒸煮损失的影响

四、平滑肌剪切力值的变化

年龄对牦牛瘤胃平滑肌剪切力值的影响可以从图 6-7 中看出,牦牛瘤胃平滑肌剪切力值随年龄的增加而显著增加($P<0.05$),其变化趋势基本呈"直线",剪切力值从 1 岁的(49.13±1.84)N 增加到 6 岁的(96.53±0.74)N,增加了 96.48%。大量研究表明随着年龄的增加,肌肉中的胶原蛋白交联度增加和肌纤维直径增加造成了肌肉的剪切力值增加;平滑肌与骨骼肌具有类似的结构和组成,推测平滑肌的剪切力值随年龄的增加而增加也主要受肌纤维直径、密度增加和胶原蛋白交联的影响。

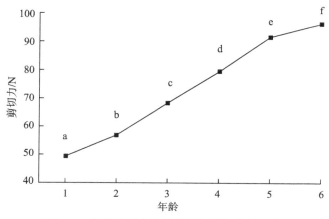

图 6-7　年龄对牦牛瘤胃平滑肌剪切力的影响

五、平滑肌质构的变化

不同年龄牦牛瘤胃平滑肌的硬度、内聚性、弹性、胶着性和咀嚼性变化可以从表 6-5 中看出,随着年龄的增加,牦牛瘤胃平滑肌的硬度和咀嚼性显著增加($P<0.05$),6 岁牦牛瘤胃平滑肌的硬度和咀嚼性与 1 岁相比分别增加了 91%、102%,而内聚性、弹性和胶着性则随牦牛瘤胃平滑肌年龄的增加而显著降低($P<0.05$),其降低幅度分别为 25%、32%、39%。说明随着年龄的增加,牦牛瘤胃平滑肌的质构发生了显著的变化,变化趋势表现为肉品的食用品质下降。分析认为肌肉中的主要组成为肌纤维和肌膜,大量研究表明肌纤维随年龄的变化直径和密度增加,而肌膜的主要组成是胶原蛋白,表现为交联度增加和溶解性降低。肌纤维和胶原蛋白随年龄变化的结果就是肌肉随年龄的增加而表现为硬度和咀嚼性增加,内聚性、弹性和胶着性降低。

表 6-5　年龄对牦牛瘤胃平滑肌质构的影响

年龄	硬度/(N/cm²)	内聚性	弹性/mm	胶着性	咀嚼性/mJ
1	31.67±2.07[a]	0.68±0.03[e]	5.53±0.17[d]	26.27±1.27[d]	71.56±2.16[a]
2	36.33±1.43[b]	0.62±0.11[bc]	5.38±0.02[d]	24.89±1.32[d]	88.99±2.03[b]
3	42.00±2.62[e]	0.61±0.04[bc]	4.91±0.21[c]	21.89±1.93[c]	107.63±6.06[e]
4	50.12±2.78[d]	0.59±0.03[abc]	4.25±0.11[b]	19.06±1.52[bc]	121.48±8.62[d]

续表 6-5

年龄	硬度/(N/cm²)	内聚性	弹性/mm	胶着性	咀嚼性/mJ
5	56.55±1.30ᵉ	0.53±0.02ᵃᵇ	3.88±0.12ᵃ	17.49±0.88ᵃᵇ	134.77±6.60ᵉ
6	60.39±1.58ᶠ	0.51±0.01ᵃ	3.75±0.11ᵃ	16.07±1.24ᵃ	144.21±8.49ᵉ

注：小写字母不同表示差异显著（$P<0.05$）。

六、相关性分析

将年龄与牦牛瘤胃平滑肌含水率、持水力、蒸煮损失、剪切力值和质构等指标进行相关性分析，结果如表 6-6 所示，牦牛年龄与瘤胃平滑肌蒸煮损失、剪切力、硬度和咀嚼性呈显著正相关（$P<0.01$），相关系数分别为 0.938、0.991、0.938、0.974；牦牛年龄与瘤胃平滑肌含水率、持水力、内聚性、弹性和胶着性呈显著负相关（$P<0.01$），相关系数分别为 -0.909、-0.936、-0.795、-0.969、-0.946。

由以上分析可知，牦牛年龄与瘤胃平滑肌含水率、持水力、蒸煮损失、剪切力、硬度、内聚性、弹性、胶着性和咀嚼性等食用指标显著相关（$P<0.01$）。牦牛瘤胃平滑肌蒸煮损失、剪切力、硬度和咀嚼性随年龄的增加呈劣变趋势，表现为数值增大，而含水率、持水力、内聚性、弹性和胶着性随年龄的增加也呈劣变趋势，表现为数值减小。总体来看牦牛瘤胃平滑肌的食用品质随年龄增加而呈现劣变，说明选择适宜的屠宰年龄是肉品食用品质得以保持的主要因素。

表 6-6 年龄与牦牛瘤胃平滑肌各品质指标的相关性分析

含水率	持水力	蒸煮损失	剪切力	硬度	内聚性	弹性	胶着性	咀嚼性
-0.909**	-0.936**	0.938**	0.991**	0.983**	-0.795**	-0.969**	0.946**	0.974**

注：** 表示在 0.01 水平上显著相关。

七、小结

本节研究了牦牛年龄对其瘤胃平滑肌含水率、持水力、蒸煮损失、剪切力值和质构的影响，并对年龄与牦牛平滑肌各食用品质指标进行了相关性分析。结果表明，随牦牛年龄的增加，其瘤胃平滑肌的含水率、持水力、内聚性、弹性和胶着性显著减小；蒸煮损失、剪切力值、硬度和咀嚼性显著增大。相关性分析表明年龄与瘤胃平滑肌各指标显著相关，牦牛年龄与瘤胃平滑肌蒸煮损失、剪切力值、硬度和咀嚼性呈显著正相关，与瘤胃平滑肌含水率、持水力、内聚性、弹性和胶着性呈显著负相关。综合分析可见，牦牛屠宰年龄越大，其食用品质越低，选择适宜的屠宰年龄可使牦牛平滑肌具有较好的食用品质。本试验研究了牦牛瘤胃平滑肌随年龄增加的变化规律,但对年龄增加是通过影响肌肉中哪些成分的变化而影响其食用品质的问题未进行深入探讨,后续将进行重点研究。

第三节 平滑肌蛋白质的功能特性研究

本节探讨了在不同加热温度和加热时间下,平滑肌的乳化特性、起泡特性、溶解度和浊度等功能特性的变化,旨在为平滑肌的精深加工提供技术依据。

一、乳化特性分析

乳化能力在一定程度上反映了肉体系中蛋白质固定脂肪的能力。乳化稳定性是指乳化剂使乳状液保持稳定,阻止或延缓相分离的能力。在不同加热条件下,牦牛瘤胃蛋白质的乳化活性和乳化稳定性的变化可以从图 6-8、图 6-9 中看出,牦牛瘤胃蛋白质乳化活性和乳化稳定性均呈现先上升后下降的趋势,其中牦牛瘤胃肚领原料肉的乳化活性为 0.18,乳化稳定性为 15.79,其非肚领乳化活性为 0.19,乳化稳定性为 13.26,经过加热处理后其乳化活性和乳化稳定性均呈现上升的趋势,在加热温度为 0～80℃ 及加热时间为 0～80 min 时达到最大,牦牛瘤胃肚领的乳化活性增加了 0.05,乳化稳定性增加了 2 左右,非肚领乳化活性增加了 0.07 左右,乳化稳定性增加了 2.5 左右,但在加热温度 80～92℃ 和加热时间 80～105 min 时,牦牛瘤胃肚领乳化活性降低了 0.02 左右,乳化稳定性降低了 3.2 左右,非肚领乳化活性降低了 0.09,乳化稳定性降低了 1.5 左右。且牦牛瘤胃肚领乳化活性显

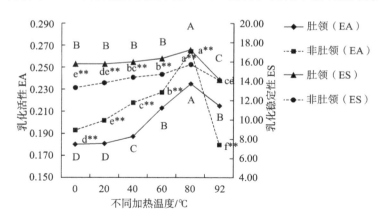

图 6-8 牦牛瘤胃不同加热温度下蛋白质乳化特性

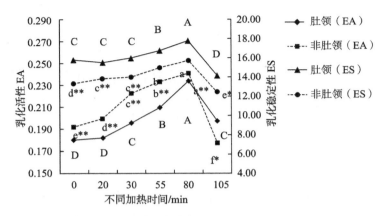

图 6-9　牦牛瘤胃不同加热时间下蛋白质乳化特性

著小于非肚领($P<0.05$),但其肚领乳化稳定性显著高于非肚领($P<0.05$)。并且均在加热温度为 80℃和加热时间为 80 min 时达到最大,显著高于其他加热温度和加热时间($P<0.05$)。因此,在加热温度 80℃和加热时间 80 min 时效果最佳。

二、起泡特性分析

在不同加热条件下,牦牛瘤胃蛋白质的起泡能力和起泡稳定性的变化可以从图 6-10、图 6-11 中看出,在不同加热温度和加热时间下,牦牛瘤胃肚领、非肚领起泡能力均呈现先上升后下降的趋势,但泡沫稳定性呈下降趋势。其中牦牛瘤胃肚领原料肉的起泡能力为 133%,泡沫稳定性为 47.82%,非肚领原料肉起泡能力为124%,泡沫稳定性为 59.14%,在加热温度为 0~60℃及加热时间为 0~55 min时,肚领起泡能力增加了 4%左右,非肚领起泡能力增加了 6%左右,在加热温度为60~80℃和加热时间为 55~105 min 时,肚领起泡能力降低了 30%左右,非肚领起泡能力降低了 7%左右,其中牦牛瘤胃在加热温度为 60℃和加热时间为 55 min时起泡能力达到最大,其中肚领和非肚领的起泡能力均在温度为 60~80℃时,差异不显著($P>0.05$),肚领与非肚领在 60℃与 80℃时的起泡能力显著高于其他温度时的起泡能力($P<0.05$)。非肚领起泡能力在 55~80 min 时,差异不显著($P>0.05$),肚领与非肚领在 55 min 和 80 min 时的起泡能力显著高于其他时间的起泡能力($P<0.05$),肚领起泡能力 55 min 时与30 min 时差异不显著($P>0.05$),但显著高于其他时间($P<0.05$)。而牦牛瘤胃肚领与非肚领的泡沫稳定性在 0℃及0 min 时达到最大,显著高于其他时间($P<0.05$),这可能是高温使得空气膨胀、薄膜的黏度降低,从而导致气泡破裂和泡沫解体,从而泡沫稳定性下降且牦牛瘤胃肚

领起泡能力显著大于非肚领($P<0.05$),但肚领的泡沫稳定性显著小于非肚领($P<0.05$)。因此,在加热温度为 80℃和加热时间为 80 min 时效果最佳。

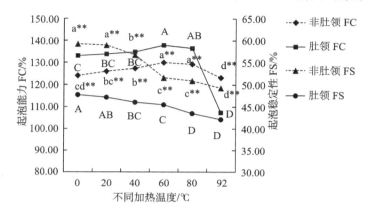

图 6-10　牦牛瘤胃不同加热温度下蛋白质起泡特性

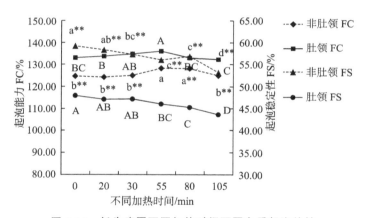

图 6-11　牦牛瘤胃不同加热时间下蛋白质起泡特性

三、浊度分析

在不同加热条件下,牦牛瘤胃蛋白质的浊度变化可以从图 6-12、图 6-13 中看出,随着加热温度的升高及加热时间的延长,蛋白质浊度均呈现上升的趋势。牦牛瘤胃肚领原料肉蛋白质浊度为 0.41,非肚领的蛋白质浊度为 0.23。在加热温度为 0~92℃和加热时间为 0~105 min 过程中,肚领蛋白质浊度增加了 0.14 左右,非肚领蛋白质浊度增加了 0.12 左右。在加热温度为 92℃和加热时间为 105 min 时浊度达到最大,显著高于其他温度和时间($P<0.05$)的浊度,超过加热温度 80℃和

加热时间 80 min 时,浊度的整体变化浮动较小,且牦牛瘤胃肚领的浊度显著高于非肚领的浊度($P<0.05$)。这可能是由于此时蛋白质发生变性、已基本完全变性、絮凝,细小的絮凝蛋白颗粒是造成浊度的主要原因。因此,在加热温度 80℃ 和加热时间 80 min 时效果最佳。

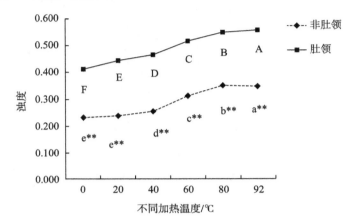

图 6-12　牦牛瘤胃不同加热温度下蛋白质的浊度变化

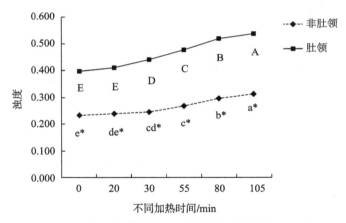

图 6-13　牦牛瘤胃不同加热时间下蛋白质的浊度变化

四、溶解度分析

在不同加热条件下,牦牛瘤胃蛋白质的溶解度变化可以从图 6-14、图 6-15 中看出,随着加热温度的升高和加热时间的延长,牦牛瘤胃蛋白质溶解度呈现先上升后下降的趋势,牦牛瘤胃肚领原料肉的溶解度为 3.39%,非肚领原料肉的溶解度为 3.30%。在加热温度为 0～80℃和加热时间为 0～80 min 过程中,肚领的溶解度增加了 0.8%左右,非肚领的溶解度增加了 0.45%左右。在加热温度 80℃和加热时间 80 min 时溶解度达到最大,在此之后溶解度下降,其肚领蛋白质溶解度下降了 0.1%左右,非肚领的蛋白质溶解度下降了 0.3%左右,且牦牛瘤胃肚领的溶解度显著大于非肚领的溶解度(P<0.05),这可能是由于蛋白质的分子构象轻微改变,分子的立体结构伸展,有利于蛋白质和水分子的相互作用,温度起到增溶作用。但当环境温度高于蛋白质的变性温度时,维持蛋白质空间构象的弱键断裂,原来在分子内部的一些非极性基团暴露到分子表面,因而蛋白质的溶解度降低。因此,在加热温度 80℃和加热时间 80 min 时效果最佳。

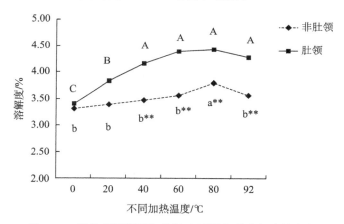

图 6-14　牦牛瘤胃不同加热温度下蛋白质溶解度的变化

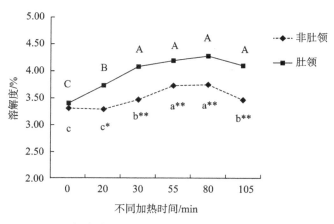

图 6-15　牦牛瘤胃不同加热时间下蛋白质溶解度的变化

五、小结

本节研究了平滑肌蛋白质的乳化特性、起泡特性、溶解度和浊度等功能特性的变化,结果表明在加热温度 80℃和加热时间 80 min 时平滑肌蛋白质的功能特性较好,可以为平滑肌烹饪工艺的研究提供理论参考。

第四节　平滑肌的加工特性研究

本节研究了 pH、温度、氯化钠浓度等因素对平滑肌蛋白提取率、乳化性、起泡性等功能特性的影响,旨在为平滑肌的精深加工提供理论依据和技术支持。

一、平滑肌蛋白的提取率

蛋白提取率是指经过处理后提取的上清液中平滑肌蛋白占牛胃总蛋白含量的比值。牛胃平滑肌在组成上与横纹肌相异,其中的蛋白需在一定的条件下得以提取,蛋白提取率的大小受 pH、盐浓度、温度等环境因素的影响。

1. pH 对蛋白提取率的影响

pH 对蛋白提取率的影响可以从图 6-16 中看出,瘤胃和网胃蛋白提取率的总体趋势基本一致,但前者略高于后者。这是由瘤胃和网胃组织中可溶性蛋白的初始含量决定的。越接近酸性或碱性 pH 处提取的蛋白越多,pH 在 5～6 时蛋白提取率较低,且 pH 为 5 时瘤胃和网胃提取的蛋白均达到最低,分别为 43％和 32％。其原因是当 pH 在等电点附近时,蛋白质分子与水分子之间的相互作用最小,蛋白质基本不带电荷,容易形成聚集体或沉淀。越偏离等电点时蛋白质所带正负电荷越多,增溶效果越明显。所以 pH＝3 时和 pH＝10 时提取的蛋白量均较多且接近,在 pH＝11 时蛋白提取率达到最高,瘤胃蛋白可以提取到 90％以上。

2. NaCl 浓度对蛋白提取率的影响

NaCl 浓度对蛋白提取率的影响可以从图 6-17 中看出,NaCl 浓度对蛋白提取率的影响呈现先上升后下降的趋势。当 NaCl 浓度小于 0.6 mol/L 时,随着 NaCl 浓度的增大,提取的蛋白量越来越多,此时表现出的是蛋白质的盐溶效应;在 0.6 mol/L 处瘤胃、网胃的蛋白提取率均达到最大,分别为 82％、74％左右,此时蛋白质与水的相互作用最显著;当 NaCl 浓度大于 0.6 mol/L 时,蛋白质间的相互作用大于蛋白质与水间的相互作用,溶解的蛋白质分子减少,发生聚集的蛋白质分子增多。主要表现为蛋白质的盐析作用,因而蛋白提取率随 NaCl 浓度的增大反而降低。所以,一般采用 0.6 mol/L NaCl 提取牛胃平滑肌中的盐溶蛋白。

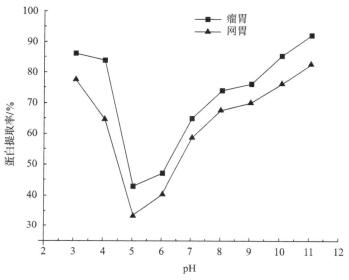

图 6-16　pH 对蛋白提取率的影响

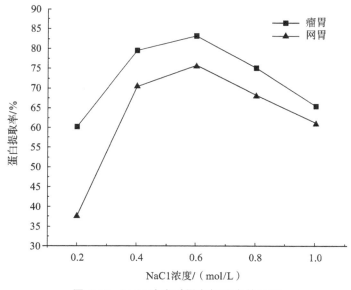

图 6-17　NaCl 浓度对蛋白提取率的影响

3. 温度对蛋白提取率的影响

温度对蛋白提取率的影响可以从图 6-18 看出,随着温度从 20℃升高到 60℃,

瘤胃、网胃蛋白提取率均迅速增大,这是因为蛋白分子受热后快速伸展,蛋白质水合作用增强,增溶作用显著;从 60℃ 开始蛋白提取率的增加幅度减小,至 80℃ 时略有上升,其原因是此时蛋白质的水化作用已达到平衡状态;随着温度继续升高到 100℃,二者的蛋白提取率开始下降,因为此时蛋白分子已发生变性,结构中的疏水基团暴露出来,溶解度降低。由于瘤胃和网胃组织中胶原蛋白的含量相对较多,此结果与胶原蛋白受温度的影响趋势相一致。

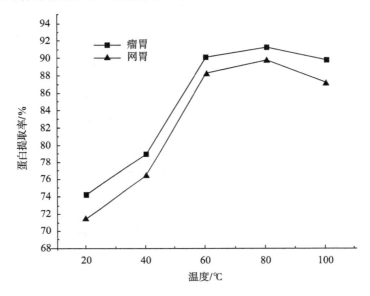

图 6-18　温度对蛋白提取率的影响

二、平滑肌蛋白的起泡特性

蛋白质具有良好的起泡特性,平滑肌蛋白也不例外。瘤胃和网胃中的可溶性蛋白含量,特别是小分子物质的溶解情况以及不溶性颗粒的分布,对蛋白质的起泡性和泡沫稳定性有重要作用。环境条件中 pH、NaCl 浓度和温度因素影响显著。

1. pH 对起泡特性的影响

pH 对起泡特性的影响可以从图 6-19 中看出,pH 对瘤胃和网胃蛋白起泡性的影响与对蛋白提取率的影响相似,即当 pH 在等电点附近时起泡性最低,且瘤胃大于网胃;越靠近酸性、碱性 pH,起泡性越好,在 pH＝11 时二者的起泡性能达到最高,瘤胃可达 140％ 以上。蛋白的起泡性与牛胃蛋白中的可溶成分密切相关,一般来说,可溶性蛋白浓度越高起泡性能越好,所以瘤胃和网胃的起泡性与其蛋白提取率的趋势基本一致。图中 pH 在碱性范围时蛋白质的起泡性逐渐增加,而泡沫稳定性却逐渐降低。这种现象在其他蛋白研究方面也有体现。

就泡沫稳定性而言,其变化趋势与起泡性不同。pH 在 5～6 时泡沫稳定性相对较高,这可能是由于等电点时分子间的静电吸引作用使得蛋白质膜厚度和硬度提高,从而表现出泡沫持续时间更久,更稳定。酸性和碱性 pH 环境下泡沫的稳定性又都有不同程度的下降,其中瘤胃的泡沫稳定性在 pH＝11 时下降至最低。从整体趋势来看,网胃蛋白的泡沫稳定性优于瘤胃蛋白的泡沫稳定性,这与网胃蛋白泡沫大小、不溶性颗粒、表面电荷等有关。

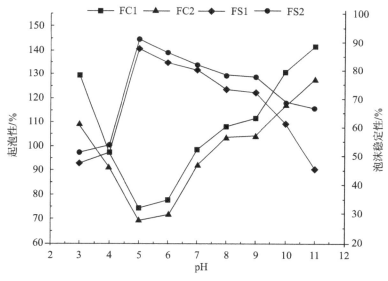

图 6-19　pH 对起泡性和泡沫稳定性的影响

注:FC 为起泡性　FS 为泡沫稳定性

2. NaCl 浓度对起泡特性的影响

NaCl 浓度对起泡特性的影响可以从图 6-20 中看出,在 0.6 mol/L NaCl 时瘤胃和网胃蛋白的起泡能力达到最大,且瘤胃显著高于网胃,但此时的泡沫稳定性却达到最低;当浓度低于 0.6 mol/L 时,随着 NaCl 浓度的增大,瘤胃和网胃蛋白的起泡性均逐渐增大、泡沫稳定性有所下降;当浓度高于 0.6 mol/L 时,起泡性能随 NaCl 浓度继续增大反而下降、泡沫稳定性却有小幅上升。从整体来看,瘤胃的起泡性比网胃好,但泡沫稳定性更低。上述现象说明,NaCl 能增大泡沫的膨胀度却降低了泡沫的稳定性,这可能是通过降低蛋白质溶液的浓度而实现的。

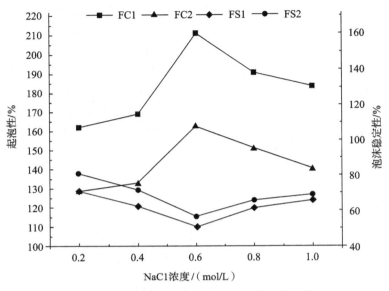

图 6-20 NaCL 浓度对起泡性和泡沫稳定性的影响

3. 温度对起泡特性的影响

温度对起泡特性的影响可以从图 6-21 中看出,随着温度的升高,蛋白起泡性呈

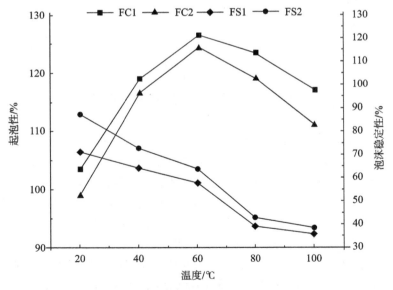

图 6-21 温度对起泡性和泡沫稳定性的影响

现先增大后减小的趋势。通常热处理能增加蛋白的膨胀度,在20~60℃区间,瘤胃和网胃蛋白的起泡性迅速增大;至60℃时二者的起泡能力均达到最大;对于牛胃平滑肌来说,当温度继续增加至80℃、100℃时则会降低起泡能力。然而对于泡沫稳定性,却呈现持续降低的趋势,这可能是高温使得空气膨胀、薄膜的厚度降低,导致气泡破裂和泡沫解体,从而引起泡沫稳定性下降,同上述pH和NaCl浓度的影响一致。从整体上看,瘤胃蛋白的起泡性优于网胃蛋白,泡沫稳定性却低于网胃蛋白。

三、平滑肌蛋白的乳化特性

蛋白质的乳化特性首先与蛋白质本身结构和性质有关,如可溶性蛋白亲水基团、疏水基团的分布,分子间氢键、静电作用和范德华力等作用力,另外还受到环境中各因素的影响。蛋白质的乳化性能与蛋白溶解性呈正相关。

1. pH对乳化特性的影响

pH对乳化特性的影响可以从图6-22中看出,pH在5~6等电点附近,瘤胃和网胃蛋白的乳化活性和乳化稳定性达到最低,这是由于此时的牛胃平滑肌蛋白所带净电荷为零,主要以两性离子状态存在,溶解度最小;随着逐渐靠近强酸和强碱

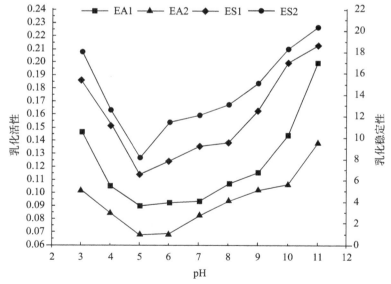

图6-22　pH对乳化活性和乳化稳定性的影响

注:"1"表示瘤胃;"2"表示网胃

EA为乳化活性　ES为乳化稳定性

pH环境,二者的乳化活性和乳化稳定性逐渐提高,特别是在pH=11时达到最大值;这是由于蛋白质在偏离等电点时溶解度增大,提取的可溶性蛋白增多,乳化性能提高。另外,从图6-22中还可以看出,瘤胃蛋白的乳化活性比网胃蛋白高,而乳化稳定性却低于网胃蛋白,这可能与二者的起始蛋白浓度和氨基酸残基的数量有关。

2. NaCl浓度对乳化特性的影响

NaCl浓度对乳化特性的影响可以从图6-23中看出,在NaCl浓度为0.6 mol/L时,瘤胃和网胃蛋白的起泡性能均达到最大值;当浓度低于0.6 mol/L时,乳化活性和乳化稳定性随NaCl浓度的增大而增加;当浓度高于0.6 mol/L时,乳化性能反而又下降。从整体上看,瘤胃蛋白的乳化活性高于网胃蛋白,但乳化稳定性低于网胃蛋白。以上现象说明,中等浓度氯化钠溶液能使牛胃平滑肌中肌纤维蛋白发生盐溶,提高了蛋白质的溶解度和伸展程度,使蛋白的乳化活性和乳化稳定性得以增加,而过高浓度的氯化钠溶液则会降低蛋白质的乳化性能。因此,在内脏平滑肌的研究中可采用0.6 mol/L NaCl浓度来提取盐溶性蛋白质,并且可在同等盐浓度条件下与骨骼肌混合共同提取目标蛋白。

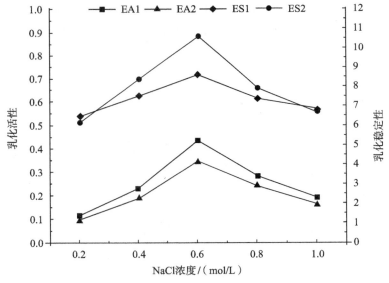

图6-23 NaCl浓度对乳化活性和乳化稳定性的影响

注:"1"表示瘤胃;"2"表示网胃

EA为乳化活性　ES为乳化稳定性

3. 温度对乳化特性的影响

温度对乳化特性的影响可以从图6-24中看出,在20～60℃的温度范围内,随着温度的升高,牛胃蛋白的乳化活性和乳化稳定性逐渐增加;60～80℃区间有小幅上升,至80℃时乳化活性和稳定性达到最大值;随着温度继续增加,到100℃时,乳化活性和乳化稳定性又显著降低。这可能是因为高温降低了吸附在界面上的蛋白质膜的浓度和硬度,从而降低乳状液的稳定性。另外,从图6-24中可以看出,瘤胃蛋白、网胃蛋白的变化趋势基本一致,但是瘤胃蛋白乳化活性更高,网胃蛋白的乳化稳定性更高。

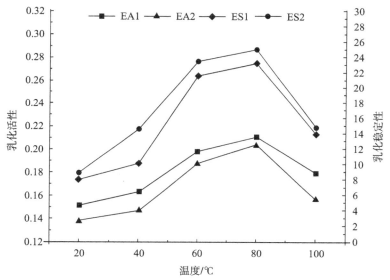

图6-24　温度对乳化活性和乳化稳定性的影响

注:"1"表示瘤胃;"2"表示网胃

EA 为乳化活性　　ES 为乳化稳定性

四、各因素对平滑肌蛋白加工特性的影响

各因素对牛胃平滑肌蛋白加工特性的影响可以从表6-7、表6-8、表6-9中看出。其中从表6-7可以看出,随着 pH 由酸性条件逐渐增加至碱性条件,牛胃平滑肌的蛋白提取率、起泡性和乳化活性都呈现先减小后增大的趋势,且瘤胃蛋白的相应值都高于网胃蛋白。pH 为3～4时,就蛋白提取率而言,瘤胃蛋白差异不显著($P>0.05$),网胃蛋白显著降低($P<0.05$),二者的起泡性和乳化活性都显著降低($P<0.05$),pH 为5～6时可见三个指标中除了网胃蛋白的提取率显著升高($P<0.05$)外,其他值差异均不显著($P>0.05$)。从 pH=7开始,蛋白提取率、起泡性和乳化活性三个指标值又显著增大($P<0.05$);pH 为8～9时各指标增幅较小,差

异均不显著（$P>0.05$）；pH 为 10～11 时各指标值都显著增加，pH＝11 时各处理组测定值达到最大。上述结果表明，等电点附近蛋白提取率最低，起泡性和乳化活性最差，而偏酸、偏碱环境更利于牛胃平滑肌蛋白溶解和功能性质的发挥。

表 6-7　pH 对牛胃平滑肌蛋白加工特性的影响

pH	蛋白提取率/％		起泡性/％		乳化活性	
	瘤胃	网胃	瘤胃	网胃	瘤胃	网胃
3	86.186± 2.539[b]	77.679± 2.530[b]	129± 1.414[b]	109± 1.414[c]	0.147± 0.006[a]	0.102± 0.006[be]
4	83.834± 1.303[b]	64.595± 1.795[de]	98±3.536[d]	92±2.121[e]	0.105± 0.004[b]	0.085± 0.005[cd]
5	43.131± 3.054[e]	33.319± 2.034[g]	74±1.414[e]	69±1.414[f]	0.089± 0.002[c]	0.068± 0.004[d]
6	47.152± 2.944[e]	40.324± 1.396[f]	78±3.536[e]	72±0.707[f]	0.092± 0.010[c]	0.068± 0.000[d]
7	65.038± 1.798[d]	58.709± 4.627[e]	98±2.121[d]	92±2.828[e]	0.094± 0.002[c]	0.083± 0.005[cd]
8	74.123± 3.291[c]	67.642± 2.329[cd]	108±2.828[c]	104±3.536[d]	0.107± 0.002[b]	0.094± 0.002[be]
9	76.190± 1.894[c]	70.133± 2.431[c]	112±0.707[b]	104±1.141[cd]	0.116± 0.003[b]	0.102± 0.010[bc]
10	85.389± 3.340[b]	76.378± 1.296[b]	131±0.707[b]	117±2.121[b]	0.144± 0.004[b]	0.106± 0.006[b]
11	92.198± 2.898[a]	82.755± 1.966[a]	142±4.950[a]	128±3.536[a]	0.199± 0.005[a]	0.138± 0.010[a]

注：同列小写字母不同者差异显著（$P<0.05$）。

从表 6-8 中可以看出，随着 NaCl 浓度的增大，牛胃平滑肌蛋白提取率、起泡性和乳化活性都呈现先增大后减小的趋势，且瘤胃蛋白的对应值都高于网胃。在 NaCl 浓度为 0.6 mol/L 时，三个指标均达到最大值。当 NaCl 浓度从 0.2 mol/L 增加至0.6 mol/L，除了网胃蛋白起泡性差异不明显（$P>0.05$）外，其他各指标结果显著增大（$P<0.05$）。当 NaCl 浓度继续增大至 1.0 mol/L 时，测定的结果持续显著降低（$P<0.05$）。以上结果表明，低、中等浓度的 NaCl 能促进牛胃平滑肌蛋白盐溶，其最适提取浓度为 0.6 mol/L，浓度过高则会抑制可溶性蛋白的提取，降低蛋白的起泡性和乳化活性。

表 6-8　NaCl 浓度对牛胃平滑肌蛋白加工特性的影响

NaCl/ (mol/L)	蛋白提取率/%		起泡性/%		乳化活性	
	瘤胃	网胃	瘤胃	网胃	瘤胃	网胃
0.2	60.258± 1.331^c	37.612± 3.434^d	162±2.828^e	129±1.414^d	0.113± 0.003^e	0.094± 0.015^c
0.4	79.507± 2.871^{ab}	70.481± 2.747^{ab}	169±1.414^d	133±3.536^d	0.228± 0.016^c	0.189± 0.025^b
0.6	83.468± 2.390^a	75.621± 4.561^a	211±1.414^a	163±1.414^a	0.438± 0.021^a	0.344± 0.039^a
0.8	75.134± 6.216^b	68.072± 2.699^b	191±3.536^b	151±1.414^b	0.283± 0.003^b	0.244± 0.008^b
1.0	65.348± 2.312^c	60.941± 1.065^c	184±2.121^c	140±2.828^c	0.191± 0.017^d	0.160± 0.035^{bc}

注：同列小写字母不同者差异显著（$P < 0.05$）。

表 6-9 所示为温度对牛胃平滑肌蛋白提取率、起泡性和乳化活性的影响结果。由表可知，温度从 20℃ 升高至 60℃，三个指标的测定结果显著增加（$P < 0.05$），60℃ 时，瘤胃、网胃蛋白的起泡性达到最大值，60～80℃ 蛋白起泡性小幅下降，蛋白提取率与乳化活性略有上升，但差异不显著（$P > 0.05$）。温度继续升高至 100℃，三个指标的测定值又显著下降（$P < 0.05$）。以上结果说明，加热可以促进牛胃平滑肌蛋白的溶解、伸展和膨胀，提高起泡性和乳化活性，但过高温度则会使蛋白提取率降低、起泡性和乳化活性下降。

表 6-9　温度对牛胃平滑肌蛋白加工特性的影响

温度 /℃	蛋白提取率/%		起泡性/%		乳化活性	
	瘤胃	网胃	瘤胃	网胃	瘤胃	网胃
20	74.216± 0.658^c	71.467± 1.561^d	104±2.121^c	99±1.414^d	0.152± 0.007^c	0.139± 0.011^c
40	78.905± 2.094^b	76.3534± 1.711^c	119±1.414^b	117±2.121^b	0.163± 0.002^{bc}	0.147± 0.009^{bc}
60	90.146± 1.043^a	88.204± 1.225^{ab}	127±2.121^a	125±0.707^a	0.199± 0.010^{ab}	0.188± 0.014^{ab}

续表 6-9

温度 /℃	蛋白提取率/%		起泡性/%		乳化活性	
	瘤胃	网胃	瘤胃	网胃	瘤胃	网胃
80	91.179± 1.408[a]	89.737± 0.781[a]	124±0.707[a]	119±1.414[b]	0.210± 0.006[a]	0.204± 0.014[a]
100	89.774± 0.371[a]	87.051± 1.428[b]	117±1.414[b]	111±1.141[c]	0.179± 0.005[b]	0.157± 0.001[bc]

注：同列小写字母不同者差异显著($P<0.05$)。

五、平滑肌蛋白的动态黏弹性

测定动态黏弹性是研究蛋白质凝胶动力学特性的一种方法。流变仪测定的能模量 G'、耗能模量 G'' 和相位角 δ 的变化趋势可以用来描述蛋白质的黏性、弹性的变化情况，可在不同温度和时间下对蛋白质凝胶的形成及变化进行连续跟踪。通过研究瘤胃和网胃蛋白的动态黏弹性，结合用其盐溶蛋白制备凝胶的实验现象，探讨瘤胃和网胃蛋白形成凝胶的能力及特性。

从图 6-25 中可以看出，瘤胃和网胃蛋白匀装液在逐渐升温的过程中动态黏弹性的变化。从图 6-25(a)中可以看出，随着线性升温，瘤胃蛋白的能模量 G' 在 24～44℃平缓增加，然后在 44～48℃有一个下降过程。58℃开始 G' 迅速增大，至 70℃ 达最大值 18 Pa 左右，然后迅速下降。G' 的下降表明凝胶劣化现象的产生。耗能模量 G'' 在 60℃时有小幅增加，之后下降。在整个线性范围内能模量始终大于耗能模量。相位角 δ 在 43～54℃有一个先上升后下降的过程，这可能与加热凝胶形成过程中蛋白的结构展开及其蛋白分子相互作用有关。δ 随 G'、G'' 变化有相应波动，但总体呈下降趋势，说明随着温度的升高，瘤胃蛋白黏性逐渐减小，弹性逐渐增大。部分蛋白由黏性体转变为弹性体，形成弱凝胶。由图 6-25(b)可知，网胃蛋白的储能模量 G' 和耗能模量 G'' 都随着温度升高显著增加，其中分别在 33℃、73℃附近有较小的波动，在 65℃时能模量和耗能模量出现交叉。相位角 δ 在 20～40℃随 G'、G'' 变化有小幅波动，之后呈下降趋势，弹性逐渐增大。从两图的左坐标轴可以看出，网胃蛋白的初始 G' 远高于瘤胃的 G'。有研究指出 G' 的大小与参与网络形成的蛋白质有效链浓度或单位体积内的交联数呈正比，因此上述差异可能与两者蛋白含量和性质有关。流变实验结果观察瘤胃蛋白匀装液只有部分形成凝胶状态，而网胃并不能形成热诱导凝胶。在凝胶制备实验中也发现热处理后瘤胃蛋白液中悬浮着一小段蛋白聚集物，网胃蛋白液中则观察不到凝胶类似物的形成。

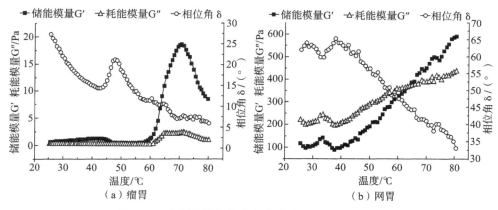

图 6-25 牛胃平滑肌蛋白匀装液的动态黏弹性变化

六、小结

在 pH 5～6 等电点附近，牛胃平滑肌蛋白提取率、起泡性和乳化特性达到最低，此时泡沫稳定性最大；偏酸、偏碱 pH 条件更有利于蛋白质溶解，起泡性和乳化特性也随之增大，pH＝11 时提取的蛋白最多，功能性质最显著。随着 NaCl 浓度的增大，蛋白提取率、起泡性和乳化特性呈现先增加后减小的趋势，在 0.6 mol/L 时各指标有最大值，但此时泡沫稳定性最低。随着温度升高，蛋白提取率、起泡性和乳化特性都迅速增大，在 60～80℃时开始趋于平衡状态，之后有所下降，整个温度范围内泡沫稳定性持续下降。各因素对蛋白提取率、起泡性和乳化性的影响，瘤胃均高于网胃，但对泡沫稳定性和乳化稳定性的影响，瘤胃均低于网胃。动态黏弹性测定结果显示，瘤胃蛋白只能形成松散的蛋白聚集体，不具备凝胶特性；网胃蛋白不能形成热诱导凝胶。

第五节 酸、碱处理对平滑肌品质的影响

为明确酸、碱处理对平滑肌嫩度、保水性等品质的影响，本节探讨了磷酸盐、苹果酸和氢氧化钠对牛胃嫩度及保水性的影响，并从微观视角分析平滑肌内部结构的变化，旨在为平滑肌的加工提供理论依据。

一、磷酸盐对平滑肌品质的影响

按照试验设计进行正交试验，探究磷酸盐对牛胃嫩度及保水性的影响，确定各

磷酸盐发挥作用的最佳配比,正交试验结果可以从表 6-10 中看出。

表 6-10　L9(3⁴)正交试验结果

序号	蛋白提取率/%		起泡性/%		乳化活性	
	瘤胃	网胃	瘤胃	网胃	瘤胃	网胃
1	18.222± 1.412	10.080± 0.580	8.780± 3.045	11.156± 0.265	30.041± 0.424	7.246± 1.085
2	20.623± 1.754	9.136± 0.207	9.995± 1349	14.138± 0.260	35.436± 0.310	29.476± 1.386
3	17.365± 0.144	9.043± 0.034	13.856± 1.424	9.606± 0.137	35.097± 1.773	30.155± 0.335
4	18.503± 0.038	10.692± 0.624	10.751± 1.281	8.885± 0.285	36.742± 1.813	23.983± 0.467
5	17.065± 0.511	9.582± 0.157	8.272± 0.559	11.031± 0.232	33.435± 0.119	29.708± 1.062
6	17.970± 0.005	10.648± 0.799	10.514± 2.847	11.953± 0.658	32.180± 0.839	32.020± 0.648
7	1.3768± 0.389	11.358± 1.535	5.477± 0.551	12.899± 0.086	30.298± 0.799	34.158± 0.875
8	15.543± 0.541	9.918± 0.855	7.964± 0.499	7.437± 0.330	33.481± 0.630	30.148± 0.747
9	14.395± 0.120	11.517± 1.225	8.060± 0.890	9.959± 0.714	39.292± 1.091	30.625± 0.002

1. 剪切力值方差分析

采用软件对瘤胃、网胃的剪切力值进行方差分析,结果见表 6-11 和表 6-12。

表 6-11　瘤胃剪切力值正交试验方差分析

变异来源	自由度	平方和	均方	F 值	P 值
焦磷酸四钠	2	57.8073	28.9036	44.99	<0.0001
三聚磷酸钠	2	4.5206	2.2603	3.52	0.0743
六偏磷酸钠	2	9.7862	4.8931	7.62	0.0116
浸渍时间	2	2.4617	1.2309	1.92	0.2027
误差	9	5.7820	0.6424		
总变异	17	80.3579			

从表 6-11 方差分析结果中各因素的 P 值可以看出,在 5% 显著水平上,焦磷酸四钠差异极显著,六偏磷酸钠差异显著,而三聚磷酸钠和浸渍时间差异不显著。从分析结果得出,各因素对瘤胃剪切力值影响的主次顺序为:焦磷酸四钠>六偏磷酸钠>三聚磷酸钠>浸渍时间。

从表 6-12 方差分析结果中各因素的值可以看出,在显著水平上,焦磷酸四钠差异显著,其他三组差异不显著。从分析结果得出,各因素对网胃剪切力值影响的主次顺序为:焦磷酸四钠>三聚磷酸钠>浸渍时间>六偏磷酸钠。

表 6-12　网胃剪切力值正交试验方差分析

变异来源	自由度	平方和	均方	F 值	P 值
焦磷酸四钠	2	6.9247	3.4623	5.18	0.0319
三聚磷酸钠	2	4.3726	2.1863	3.27	0.0857
六偏磷酸钠	2	0.6188	0.3094	0.46	0.6439
浸渍时间	2	1.0111	0.5056	0.76	0.4973
误差	9	6.0204	0.6690		
总变异	17	18.9476			

2. 增重率方差分析

从表 6-13 方差分析结果中各因素的 P 值可以看出,在 5% 显著水平上,焦磷酸四钠差异显著,其他三组差异不显著。从分析结果得出,各因素对瘤胃增重率的影响的主次顺序为:焦磷酸四钠>浸渍时间>三聚磷酸纳>六偏磷酸钠。

表 6-13　瘤胃增重率正交试验方差分析

变异来源	自由度	平方和	均方	F 值	P 值
焦磷酸四钠	2	44.0076	22.0038	8.07	0.0098
三聚磷酸钠	2	21.1097	10.5549	3.87	0.0612
六偏磷酸钠	2	0.8800	0.4400	0.16	0.8533
浸渍时间	2	22.1734	11.0867	4.07	0.0551
误差	9	24.5270	2.7252		
总变异	17	112.6978			

从表 6-14 方差分析结果中看出,在 5% 显著水平上,浸渍时间差异极显著,焦磷酸四钠和六偏磷酸钠差异显著,三聚磷酸纳差异不显著。从分析结果得出,各因

素对网胃增重率的影响的主次顺序为:浸渍时间＞焦磷酸四钠＞六偏磷酸钠＞三聚磷酸钠。

表 6-14　网胃增重率正交试验方差分析

变异来源	自由度	平方和	均方	F 值	P 值
焦磷酸四钠	2	7.3080	3.6540	24.37	0.0002
三聚磷酸钠	2	0.7373	0.3687	2.46	0.1406
六偏磷酸钠	2	3.3720	1.6860	11.25	0.0036
浸渍时间	2	56.9157	28.4579	189.81	＜0.0001
误差	9	1.3494	0.1499		
总变异	17	69.6824			

3. 蒸煮损失方差分析

从表 6-15 方差分析结果中看出,在显著水平上,六偏磷酸钠差异极显著,三聚磷酸钠和浸渍时间差异显著,焦磷酸四钠差异不显著。从分析结果得出,各因素对瘤胃蒸煮损失的影响的主次顺序为:六偏磷酸钠＞三聚磷酸钠＞浸渍时间＞焦磷酸四钠。

从表 6-16 方差分析结果中各因素的值可以看出,在显著水平上,焦磷酸四钠和浸渍时间差异极显著,三聚磷酸钠和六偏磷酸钠差异显著。从分析结果得出,各因素对网胃蒸煮损失的影响的主次顺序为:浸渍时间＞焦磷酸四钠＞六偏磷酸钠＞三聚磷酸钠。

表 6-15　瘤胃蒸煮损失正交试验方差分析

变异来源	自由度	平方和	均方	F 值	P 值
焦磷酸四钠	2	2.1913	1.0957	1.02	0.3982
三聚磷酸钠	2	30.1900	15.0950	14.08	0.0017
六偏磷酸钠	2	92.9779	46.4889	43.35	＜0.0001
浸渍时间	2	18.9219	9.4610	8.82	0.0076
误差	9	9.6522	1.0725		
总变异	17	153.93			

表 6-16　网胃蒸煮损失正交试验方差分析

变异来源	自由度	平方和	均方	F 值	P 值
焦磷酸四钠	2	39.1744	19.5872	31.40	<0.0001
三聚磷酸钠	2	26.8743	13.4372	21.54	0.0004
六偏磷酸钠	2	33.4756	16.7378	26.83	0.0002
浸渍时间	2	49.7804	24.8902	39.90	<0.0001
误差	9	5.6146	0.6238		
总变异	17	154.9192			

4. 磷酸盐正交试验结果显著性分析

采用 SAS 软件对瘤胃、网胃的剪切力值、增重率和蒸煮损失进行显著性分析,各因素和水平对应的结果如表 6-17 所示。从表中剪切力值结果可以看出,对于瘤胃来说,焦磷酸四钠 0.2% 和 0.3% 水平对其剪切力值影响差异不显著($P>0.05$),而 0.4% 时差异显著($P<0.05$)且有最小剪切力值 14.569 N,因此选择 0.4% 水平;三聚磷酸钠浓度为 0.2% 和 0.4% 时差异均不显著($P>0.05$),选择 0.4% 水平;六偏磷酸钠在 0.3% 时剪切力值较低,且差异显著($P<0.05$);浸渍时间为 24 h 时剪切力值较低。因此得出,各因素对于瘤胃的最优组合为焦磷酸四钠 : 三聚磷酸钠 : 六偏磷酸钠 = 0.4% : 0.4% : 0.3%,浸渍时间为 24 h。同样由网胃剪切力值的分析结果可以看出,焦磷酸四钠 0.2% 时其剪切力值有最小值 9.420 N,且差异显著($P<0.05$);三聚磷酸钠 0.4% 时剪切力值较小,且差异显著($P<0.05$);六偏磷酸钠组差异不显著($P>0.05$),选择 0.4% 水平;浸渍时间为 48 h 时剪切力值最小。因此得出,各因素对于网胃的最优组合为焦磷酸四钠 : 三聚磷酸钠 : 六偏磷酸钠 = 0.2% : 0.4% : 0.4%,浸渍时间为 48 h。

表 6-17　磷酸盐对瘤胃和网胃各指标的影响

因素	水平	剪切力/N		增重率/%		蒸煮损失/%	
		瘤胃	网胃	瘤胃	网胃	瘤胃	网胃
焦磷酸四钠/%	0.2	18.737[a]	9.420[b]	10.877[a]	11.634[a]	33.525[a]	28.461[b]
	0.3	17.846[a]	10.307[ab]	9.846[a]	10.623[b]	34.119[a]	28.570[b]
	0.4	14.569[b]	10.931[a]	7.167[b]	10.098[c]	34.354[a]	31.644[a]

续表 6-17

因素	水平	剪切力/kgf		增重率/%		蒸煮损失/%	
		瘤胃	网胃	瘤胃	网胃	瘤胃	网胃
三聚磷酸钠/%	0.2	16.831^{ab}	10.710^a	8.336^b	10.980^a	32.358^c	27.964^c
	0.3	17.744^a	10.403^{ab}	8.744^{ab}	10.869^a	34.117^b	29.777^b
	0.4	16.577^b	9.545^b	10.810^a	10.506^a	35.523^a	30.933^a
六偏磷酸钠/%	0.2	17.245^a	10.215^a	9.086^a	10.182^b	31.901^b	29.307^b
	0.3	16.066^b	10.448^a	9.602^a	10.994^a	37.157^b	29.307^b
	0.4	17.841^a	9.994^a	9.202^a	11.179^a	32.940^b	31.340^a
浸渍时间/h	24	16.561^a	10.393^a	8.371^b	10.715^b	34.256^a	28.695^b
	36	17.454^a	10.381^a	8.662^b	12.997^a	32.635^a	31.885^a
	48	17.137^a	9.884^a	10.857^a	8.643^a	35.107^b	28.095^b

注:同列小写字母不同者差异显著($P<0.05$)。

由表 6-17 增重率分析结果可以看出,焦磷酸四钠 0.2% 时瘤胃、网胃的增重率均达到最大值,分别为 10.8772%、11.6335%,且差异显著($P<0.05$);三聚磷酸钠分别为 0.45、0.2% 时瘤胃、网胃增重率最大;六偏磷酸钠分别为 0.3%、0.4% 时瘤胃、网胃增重率较大;浸渍时间在 48 h、36 h 时瘤胃、网胃增重率分别为 10.8572%、12.9967%,且差异显著($P<0.05$)。因此得出,各因素对于瘤胃的最优组合为焦磷酸四钠:三聚磷酸钠:六偏磷酸钠=0.2%:0.4%:0.3%,浸渍时间为 48 h;网胃的最优组合为焦磷酸四钠:三聚磷酸钠:六偏磷酸钠=0.2%:0.2%:0.4%,浸渍时间为 36 h。由于这两个最优组合均不符合正交组合,因此进行验证试验。验证结果分别为 10.92%、13.03%,优于正交试验中所有组合。

由表 6-17 蒸煮损失统计结果可以看出,焦磷酸四钠 0.2% 时瘤胃、网胃的蒸煮损失均有最小值;三聚磷酸钠 0.2% 时二者结果均最小,分别为 32.3575%、27.9644%,且差异显著($P<0.05$);六偏磷酸钠分别为 0.2%、0.3% 时瘤胃、网胃蒸煮损失最小,且前者差异显著($P<0.05$),后者差异不显著($P>0.05$);浸渍时间在 36 h、48 h 时瘤胃、网胃蒸煮损失最小。因此得出,各因素对于瘤胃的最优组合为焦磷酸四钠:三聚磷酸钠:六偏磷酸钠=0.2%:0.2%:0.2%,浸渍时间为 36 h;网胃的最优组合为焦磷酸四钠:三聚磷酸钠:六偏磷酸钠=0.2%:0.2%:0.3%,浸渍时间为 48 h。该指标的两个最优组合均不符合正交组合,需进行验证试验。验证结果分别为 31.57%、27.84%,优于正交试验中所有组合。因此,采用上述分析所得的最优组合。

二、酸、碱处理对平滑肌品质的影响

表 6-18 描述的是瘤胃和网胃经过苹果酸、氢氧化钠处理后，其剪切力值、增重率及蒸煮损失各指标的变化。

表 6-18　酸、碱处理对牛胃嫩度及保水性的影响

处理方式	剪切力/N		增重率/%		蒸煮损失/%	
	瘤胃	网胃	瘤胃	网胃	瘤胃	网胃
对照组	22.998±0.403[a]	16.228±0.365[a]	15.371±0.774[b]	2.672±0.127[b]	53.084±0.155[a]	56.350±0.512[a]
酸处理	14.820±0.806[b]	10.481±0.262[b]	38.520±1.196[a]	25.861±2.205[a]	36.101±0.747[b]	35.005±0.642[b]
碱处理	12.363±0.608[c]	7.5614±0.513[c]	398.773±1.112[a]	28.984±2.249[a]	30.231±1.340[c]	30.743±0.918[c]

注：同列小写字母不同者差异显著（$P<0.05$）。

1. 剪切力值的变化

剪切力值的变化可以从图 6-26 中看出，与对照组相比，酸、碱处理均显著降低了瘤胃和网胃的剪切力值（$P<0.05$），而且碱处理后剪切力值更小（$P<0.05$），分别

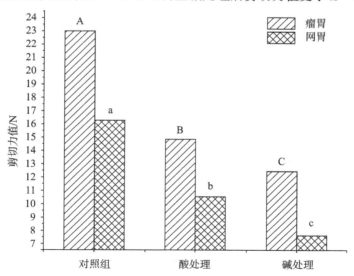

图 6-26　酸、碱处理对瘤胃和网胃剪切力值的影响

达到 12.5 N 和 7.5 N 左右,特别是网胃的剪切力值已接近硝酸盐嫩化鲜肉后的效果。这样的结果对于改善牛胃等平滑肌的嫩度有很重要的现实意义。从图 6-26 中还可以看出,对照组和处理组中瘤胃的剪切力值均比网胃大,即瘤胃的嫩度更差。这可能是由于两种胃组织中固有层的组成结构不同,前者由致密结缔组织构成,后者由疏松结缔组织构成。

2. 增重率的变化

增重率的变化可以从图 6-27 中看出,酸、碱处理后瘤胃和网胃的重量均显著增加($P<0.05$),且碱处理组的增重率更大($P<0.05$),瘤胃、网胃分别增重 40%、29% 左右。对照组是将瘤胃、网胃浸泡在水中,其他处理相同。结果二者的增重幅度明显不同,这也可能是二者的结构差异造成。蛋白质在酸、碱溶液中分别带正、负电荷,强酸、强碱首先会破坏蛋白质的表面结构,导致蛋白质亲水基团暴露,从而改变了蛋白质的净电荷,导致蛋白质水合作用增加,进而吸水膨胀。又根据蛋白质在酸、碱溶液中的水合程度不同,因此表现出酸处理、碱处理后增重的差异。

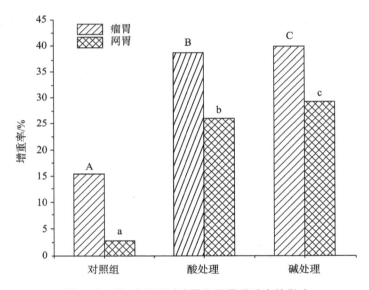

图 6-27　酸、碱处理对瘤胃和网胃增重率的影响

3. 蒸煮损失的变化

蒸煮损失的变化可以从图 6-28 中看出,酸、碱处理均能显著减少瘤胃和网胃的蒸煮损失($P<0.05$),而酸、碱处理结果之间差异不显著($P>0.05$)。但总的说来,碱处理的蒸煮损失更少,这意味着碱液对牛胃平滑肌的保水效应更大,其原因

可能是平滑肌蛋白被碱液破坏后,水分子充分渗透到蛋白质分子内部和蛋白质之间,加固了蛋白质整体结构的稳定性,因此即使在热变性条件下,蛋白质失水相对最少。与对照组相比发现,在不作任何处理的情况下,瘤胃、网胃蒸煮损失高达53%和56%左右,这对于牛胃产品的规模化加工无疑是巨大的损失,如果能运用科学的手段进行适当处理,则可在提高产品质量的同时大大增加企业的经济效益。

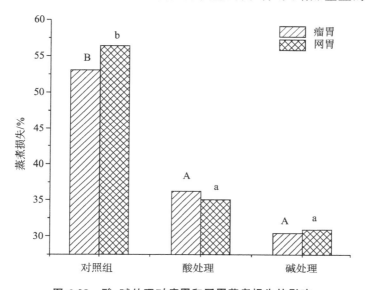

图 6-28　酸、碱处理对瘤胃和网胃蒸煮损失的影响

三、酸、碱处理对平滑肌组织结构的影响

1. 相差显微镜观察

由图 6-29 中 a、b 图可知,对照组的横截面和纵切面结构图中可见致密的平滑肌纤维,形态完整。酸处理后纤维拉伸、形态松散,肌细胞间距变大。碱处理后,细胞分布更松散、间距更大,肌束之间紧密靠近,细胞呈膨润、饱满状态。

由图 6-30 可知,网胃显微结构与瘤胃显微结构类似。酸、碱处理后肌纤维出现拉伸、断裂现象,细胞体积变大。松散的细胞利于水分的吸收和渗透,从整体上看,网胃平滑肌的膨润度略低于瘤胃。

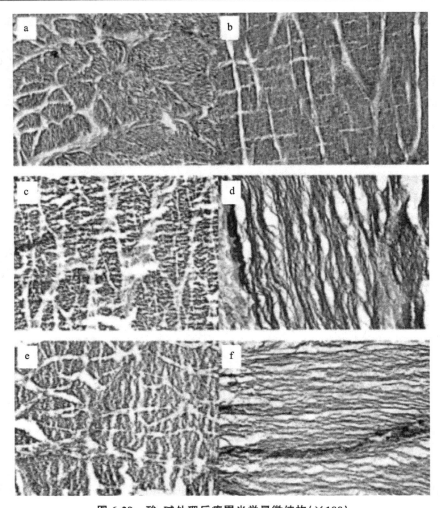

图 6-29　酸、碱处理后瘤胃光学显微结构(×100)

a、b 表示对照组横截面和纵切面结构图；c、d 表示酸处理组横截面和纵切面结构图；
e、f 表示碱处理组的横截面和纵切面结构图

2. 扫描电镜观察

图 6-31 是在 3000 放大倍数下拍到的扫描电镜图。可以看出，与对照组相比，酸处理后平滑肌肌束变粗、变厚，显得很"圆润"，这是肌细胞充分吸水的结果。而且经过临界点干燥后仍能保持这种状态，说明这部分水与细胞成分充分结合在一起。酸溶液能促进瘤胃平滑肌蛋白的溶解和提取，在切面处可见溶出的蛋白覆盖在肌纤维表面，特别是横切面表面蛋白已经遮盖了肌丝之间的孔隙。碱处理后观

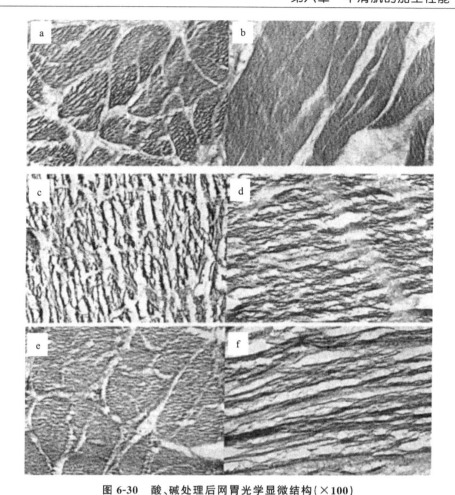

图 6-30　酸、碱处理后网胃光学显微结构(×100)

a、b 表示对照组横截面和纵切面结构图；c、d 表示酸处理组横截面和纵切面结构图；

e、f 表示碱处理组的横截面和纵切面结构图

察到肌纤维间的孔隙更大，利于水分的吸收和渗透。肌纤维变得更蓬松，彼此之间的间隙拉大，表现为瘤胃平滑肌吸水膨胀。

由图 6-32 可知，对照组 a、b 图中结构相对规整，纤维排列比较有序。肌束与肌束之间有一定的间距。可能由于制样因素，呈现横切面结构不典型，但从外观上可以明显看出，在同一视野下，处理后的肌束变粗、直径变大，可能也是肌细胞吸水膨胀的结果。肌丝拉伸、交错排布，肌束间彼此靠近，整体呈现膨大现象。特别是碱处理后肌纤维显得更加松散，排列错综复杂，整体表现出更加密集的状态。

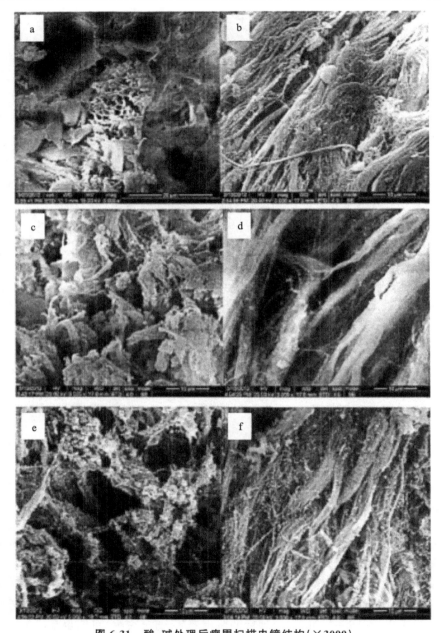

图 6-31　酸、碱处理后瘤胃扫描电镜结构（×3000）

a、b 表示对照组横截面和纵切面结构图；c、d 表示酸处理组横截面和纵切面结构图；

e、f 表示碱处理组的横截面和纵切面结构图

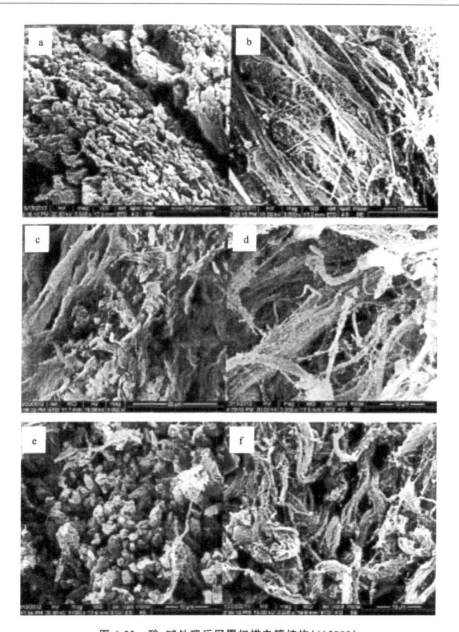

图 6-32　酸、碱处理后网胃扫描电镜结构(×3000)

a、b 表示对照组横截面和纵切面结构图;c、d 表示酸处理组横截面和纵切面结构图;

e、f 表示碱处理组的横截面和纵切面结构图

3. 透射电镜观察

如图 6-33 所示,a、b 对照组中细胞镜像图色泽较深,而 c、d 图中细胞内部颜色

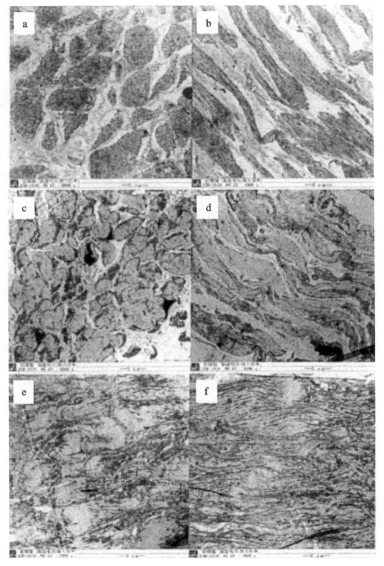

图 6-33　酸、碱处理后瘤胃透射电镜结构(×100)

a、b 表示对照组横截面和纵切面结构图;c、d 表示酸处理组横截面和纵切面结构图;
e、f 表示碱处理组的横截面和纵切面结构图

较浅,e、f 呈现出类似细胞融合在一起的现象。这可能是由于酸对平滑肌中蛋白质起作用,引起大量肌丝降解。碱处理后,除了肌细胞周围有少许深色物质外,其余地方颜色都很浅。这可能是平滑肌纤维中的肌丝、中间丝和密体在碱性环境下大部分降解,与吸收的水分相互作用,使得肌纤维相互靠近,细胞体积增大。可以发现,对照组中细胞间距较大,酸、碱处理都有效地增大了纤维直径,使得细胞排列更紧密。如图中 e、f 所示,细胞之间基本已无间隙。这些现象是因为酸、碱作用改变了细胞通道,使水分子充满细胞,导致肌纤维膨胀,宏观上表现为牛胃的"胀发现象"。

图 6-34 所示为网胃的透射电镜结构。可以发现,与瘤胃不同的是网胃平滑肌原始的肌纤维直径相对更小、细胞较密集。酸、碱处理后细胞内部肌丝、中间丝和密斑、密体等都存在不同程度的降解,镜像图的颜色逐渐变浅;经处理的网胃肌纤维直径的变化不如瘤胃显著,细胞之间还存在一定的空隙。虽然酸、碱都使细胞发生一定程度的膨胀,但后者效果更明显。这样的现象同样出现在上述各显微结构中。此结果与上文中碱处理后增重率更高、蒸煮损失更小的结论一致,说明碱处理更有利于提高牛胃保水性等品质。

四、小结

试验结果表明,焦磷酸四钠对牛胃嫩度影响最大,其次是六偏磷酸钠,三聚磷酸钠和浸渍时间影响较小。各因素对增重率和蒸煮损失影响的主次顺序不同,其中对蒸煮损失的影响较显著。当复合磷酸盐配比为焦磷酸四钠:三聚磷酸钠:六偏磷酸钠=0.4%:0.4%:0.3%、浸渍时间为 24 h 时瘤胃嫩度最好;各因素组合为 0.2%:0.2%:0.2%、浸渍时间为 36 h 时保水性最好;网胃嫩化效果最好的组合为焦磷酸四钠 0.2%、三聚磷酸钠 0.4%、六偏磷酸钠 0.4%、浸渍时间 48 h。当复合磷酸盐配比为焦磷酸四钠:三聚磷酸钠:六偏磷酸钠=0.2%:0.2%:0.2%、浸渍时间为 48 h 时其保水性最好。

苹果酸、氢氧化钠都能使瘤胃和网胃的剪切力值、蒸煮损失显著降低,增重率显著增加,且氢氧化钠对牛胃嫩化和保水作用更明显。微观结构观察显示,苹果酸、氢氧化钠处理后瘤胃和网胃平滑肌的肌丝发生降解、拉伸、断裂、交错等现象,表现为肌纤维直径增加、细胞体积变大,且碱处理后牛胃的膨润度更高。

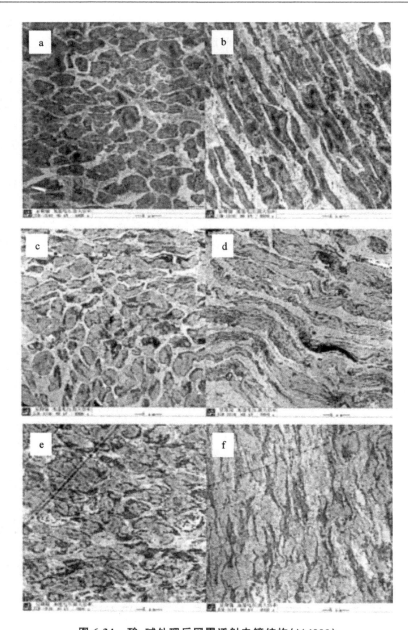

图 6-34　酸、碱处理后网胃透射电镜结构(×4000)

a、b 表示对照组横截面和纵切面结构图；c、d 表示酸处理组横截面和纵切面结构图；
e、f 表示碱处理组的横截面和纵切面结构图

第六节　冻融对平滑肌品质的影响

为探究冻融过程中肌内结缔组织变化对牛瘤胃平滑肌品质的影响,以牛瘤胃为研究对象,分析不同冻融次数下牛瘤胃平滑肌剪切力值、pH、解冻损失率、胶原蛋白溶解性、胶原蛋白降解酶活力、吡啶交联物含量及微观结构的变化规律,旨在明确冻融对平滑肌品质的影响。

一、冻融次数对平滑肌酶活力的影响

β-葡糖醛酸酶和 β-半乳糖苷酶可降解肌内胶原蛋白基质多糖(蛋白多糖),而蛋白多糖是维持结缔组织机械强度的主要成分,其降解可以改善肉的嫩度。由图6-35A 可知,随着冻融次数的增加,β-半乳糖苷酶活力先上升后下降,在冻融 4 次时达到最大(13.26 U/L),显著高于新鲜平滑肌(6.79 U/L)($P<0.05$),可能原因是冻融处理可以弱化或破坏细胞结构,但冻融 5 次时 β-半乳糖苷酶活力下降至11.31 U/L,可能是冻融处理对酶本身的破坏性影响使得活力下降。由图 6-35B可知,随着冻融次数的增加,β-葡糖醛酸酶活力呈波动式上升($P<0.05$),冻融 5 次时 β-葡糖醛酸酶活力与新鲜平滑肌相比增加了 76.60%。说明牛瘤胃冻融过程肌内胶原蛋白基质多糖降解程度增加。

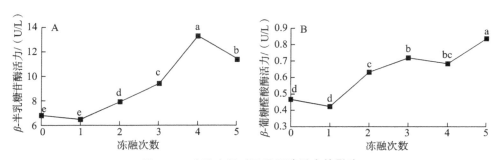

图 6-35　冻融次数对平滑肌酶活力的影响

二、冻融次数对平滑肌胶原蛋白交联度的影响

HP 和 LP 是胶原蛋白交联途径中主要的稳定交联产物,其含量越高,嫩度越差,交联是胶原蛋白的主要性质,胶原蛋白在体内合成后会发生不同程度的交联。如图 6-36A 所示,HP 含量随冻融次数(0~4 次)的增加呈上升趋势($P<0.05$),冻融 4 次时较新鲜平滑肌上升了 384.50%,冻融 5 次时略有下降($P>0.05$)。如图

6-36B 所示,随冻融次数的增加,LP 含量基本呈"直线"趋势增加,冻融 5 次时较新鲜平滑肌增加了 325.93%。表明随冻融次数的增加,肌肉中胶原蛋白的交联度增大。

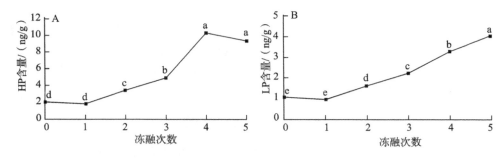

图 6-36　冻融次数对平滑肌胶原蛋白交联度的影响

三、冻融次数对平滑肌微观结构的影响

反复冻融过程中瘤胃结缔组织结构变化如图 6-37 所示,新鲜牛瘤胃平滑肌整体上肌纤维结构清晰,排列规整且紧密,肌束膜完整基本没有破裂。冻融 1 次时,

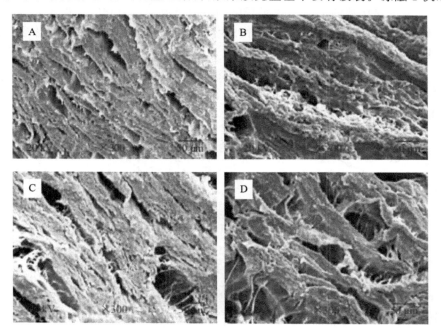

图 6-37　冻融次数对平滑肌微观结构的影响

A~D 分别表示冻融 0、1、3、5 次。

牛瘤胃平滑肌肌纤维束之间有细小空隙,肌束膜和肌内膜有轻微的裂痕,说明牛瘤胃平滑肌肌束膜发生了轻微的收缩。冻融3次时,牛瘤胃平滑肌肌纤维结构较为清晰,但肌纤维之间空隙增大,排列较松散。冻融5次时,牛瘤胃平滑肌肌束膜及肌内膜破损断裂程度严重,肌纤维束间空隙增多且变大,肌纤维排列杂乱,可以观察到肌纤维与肌内膜明显剖离,说明牛瘤胃平滑肌肌束膜收缩程度更为剧烈。随着冻融次数增加,组成肌肉的各个肌束之间的缝隙明显增多,显示出组织结构的弱化。即随着冷冻-解冻次数的增加,牛瘤胃平滑肌肌纤维发生明显断裂、结缔组织膜严重受损,使肌肉失去原有的完整性,可能是与冻融过程中蛋白质的降解和冰晶体的机械破坏作用有关。

四、冻融次数对平滑肌剪切力值的影响

剪切力值是肉品嫩度的直接反映,剪切力值越小,肉嫩度越好。由图 6-38 可知,随着冻融次数的增加,牛瘤胃平滑肌剪切力值呈先上升再下降趋势($P<0.05$),冻融1次时达到最大(95.06 N),冻融5次时较新鲜平滑肌下降了28.79%,其变化趋势与 Shanks 等对牛肉的相关品质研究基本一致。剪切力值在冻融1次时显著上升,可能是因为冻融后持水力下降导致肌肉收缩,使肌纤维排列更加紧致。而冻融1次后剪切力值下降,一方面是因为冰晶随着冻融次数增加反复形成和消失,使细胞膜和组织结构不断受到机械损伤而导致肌纤维结构降解和破裂,蛋白多糖降解,胶原蛋白溶解性增大,从而使牛瘤胃平滑肌肌肉质地变软;另一方面,反复冻融后肌肉细胞失水、平滑肌间隙增大,也会导致剪切力值降低。常海军研究发现牛肉中胶原蛋白交联度的增加使胶原蛋白的纤维网状结构更加稳定,能增加肌肉结缔组织强度,使肌肉剪切力值增大,这与本实验研究结果不一致,可能是储藏方式和肌肉种类不同所致。

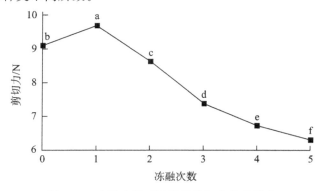

图 6-38 冻融次数对平滑肌剪切力值的影响

五、冻融次数对平滑肌胶原蛋白溶解性的影响

胶原蛋白溶解性是胶原蛋白的主要性质,也是影响肉品嫩度的主要因素之一。由图 6-39 可知,随冻融次数的增加,胶原蛋白溶解性显著增加($P<0.05$),可能是因为冻融过程中冰晶的作用使平滑肌肌束膜和肌内膜蛋白多糖降解、结缔组织膜被破坏,增加了胶原蛋白溶解性,从而使剪切力值下降,嫩度改善。冻融 4 次时胶原蛋白溶解性较新鲜平滑肌增加了 21.05%,随冻融次数的进一步增加变化不显著($P>0.05$)。

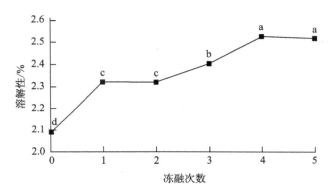

图 6-39　冻融次数对平滑肌胶原蛋白溶解性的影响

六、冻融次数对平滑肌 pH 的影响

pH 是影响肉品持水性的主要因素之一。李婉竹等研究表明,在冻融循环过程中肌肉蛋白发生降解产生的氨基酸中,当碱性自由氨基酸含量高于酸性自由氨基酸含量时,pH 就会升高,反之则会下降。由图 6-40 可知,随着冻融次数的增加,pH 呈先上升后下降趋势,冻融 1 次时,较新鲜平滑肌上升了 3.33%,可能是由于肌肉中的蛋白质分解成胺类等碱性物质。冻融 5 次时 pH 较新鲜平滑肌下降了 3.06%,这可能与反复冻融引起肌纤维及基质中蛋白变性,影响肌肉组织内酸碱平衡有关。

七、冻融次数对平滑肌解冻损失率的影响

肉中的细胞液随着冻融次数的增加不断从肌肉组织内部渗出,不仅影响其外观,而且使肌肉中的营养成分和汁液流失增多。解冻损失率是衡量肉品加工性能和营养成分损失程度的重要指标,解冻损失率越高,保水性越差。从图 6-41 可以

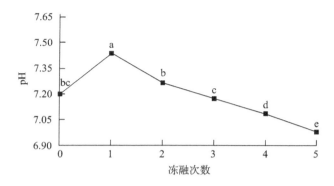

图 6-40　冻融次数对平滑肌 pH 的影响

看出,牛瘤胃平滑肌解冻损失率随冻融次数增加显著升高($P<0.05$),主要是因为在反复冻融过程中牛瘤胃平滑肌中冰晶不断形成和消失,使组织结构和细胞膜受到机械损害,解冻时细胞中的水分、营养成分和可溶性蛋白逐渐流失,最终导致牛瘤胃平滑肌的保水性下降,这与 Boonsumrej 等的研究结果一致。解冻损失率在前 3 次冻融循环中增加了 26.16%,在后 2 次冻融循环中增加了 64.96%,说明在冻融次数超过 3 次时,保水性的下降速率加快。这可能是因为牛瘤胃平滑肌水分在冷冻过程中体积增加使肌细胞的细胞膜破裂。

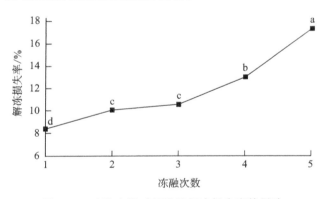

图 6-41　冻融次数对平滑肌解冻损失率的影响

八、平滑肌品质指标与胶原蛋白特性的相关性分析

由表 6-19 可知,在冻融循环过程中,剪切力值与 β-半乳糖苷酶活力、β-葡糖醛酸酶活力、HP 含量、LP 含量和胶原蛋白溶解性呈极显著负相关性($P<0.01$)。结合前面这些指标测定结果,可以说明随着冻融次数的增加,肌内胶原蛋白基质多糖

显著降解、溶解性增大,结缔组织弱化加剧,导致剪切力值下降。Nishimura 等研究表明,牛肉肌束膜中的蛋白多糖显著降解,加快了牛肉结缔组织弱化,显著改善了牛肉的嫩度,与本实验结果一致。然而,有研究表明胶原蛋白交联可提高剪切力值,而本实验结果得出胶原蛋白交联物 HP 和 LP 含量与剪切力值呈极显著负相关($P<0.01$),因此,牛瘤胃平滑肌嫩度改善主要取决于冰晶对肌肉的破坏和蛋白降解的作用,而蛋白交联对其影响较小。解冻损失率与 pH 呈显著负相关($P<0.05$),与 HP 含量、LP 含量呈极显著正相关($P<0.01$)。Liu Zelong 等研究发现蛋白质发生交联与肉的保水性呈显著负相关($P<0.05$),Melody 等认为 pH 降低是肉保水性下降的主要原因,与本实验研究结果一致。

表 6-19　平滑肌各指标间的相关性分析

指标	解冻损失率	pH	剪切力	胶原蛋白溶解性	β-半乳糖甘酶活力	β-葡糖醛酸酶活力	HP 含量	LP 含量
pH	−0.519*	1						
剪切力	−0.762**	0.893**	1					
胶原蛋白溶解性	0.935**	−0.499**	−0.787**	1				
β-半乳糖甘酶活力	0.723**	−0.792**	−0.913**	0.810**	1			
β-葡糖醛酸酶活力	0.803**	−0.816**	−0.926**	0.731**	0.763**	1		
HP 含量	0.758**	−0.808**	−0.922**	0.804**	0.968**	0.770**	1	
LP 含量	0.831**	−0.853**	−0.947**	0.818**	0.899**	0.867**	0.938**	1

九、小结

随着冻融次数的增加,牛瘤胃平滑肌胶原蛋白降解程度(β-半乳糖苷酶活力、β-葡糖醛酸酶活力)增大,结缔组织破坏严重,胶原蛋白溶解性增大,胶原蛋白交联度增大,解冻损失率增大,使牛瘤胃平滑肌保水性下降。冻融超过 1 次后,剪切力值下降,说明平滑肌嫩度逐渐得到改善。然而,在冻融 3 次后,剪切力值下降速率变慢,解冻损失率升高速率加快。因此,从食用品质和商业价值综合考虑,冻融次数应控制在 3 次以内。

第七章　加工方式对平滑肌品质的影响

本章探究了牦牛平滑肌在不同温度、不同时间、不同方式、不同压力以及不同介质下的蒸煮损失、热收缩率、剪切力值、胶原蛋白含量和微观结构品质变化,旨在为平滑肌的精深加工提供技术依据。

第一节　熟制温度对平滑肌品质的影响

为研究不同温度对牦牛平滑肌加工品质和组织结构的影响,将牦牛瘤胃平滑肌分别在50℃、60℃、70℃、80℃、90℃、100℃条件下处理60min后取样,测定温度对牦牛平滑肌蒸煮损失、热收缩率、剪切力值、胶原蛋白含量和微观结构的影响。结果表明:随着温度的升高,牦牛平滑肌的蒸煮损失增加了251.76%,热收缩率增加了306.78%,剪切力值降低了47.06%,胶原蛋白含量降低了57.49%。牦牛平滑肌的肌纤维直径减少了40.42%,初级肌束膜的厚度增加了306.59%,次级肌束膜的厚度增加了60.71%。总体表现为牦牛平滑肌的加工品质随温度的升高而下降,组织结构随温度升高而收缩。综合各指标来看,在80～100℃范围内处理牦牛平滑肌的食用品质较好。研究结果将为含平滑肌的内脏等副产物的精深加工提供参考。

一、熟制温度对平滑肌蒸煮损失的影响

蒸煮损失是肉品在蒸煮过程中因水分和其他可溶性物质的流失而引起的质量减少。由图7-1可知,随着处理温度的升高,牦牛平滑肌的蒸煮损失呈显著增加的趋势,在50～60℃范围内,蒸煮损失呈增加趋势但差异不显著($P>0.05$);在60～80℃范围内,平滑肌的蒸煮损失显著增加($P<0.05$);在80～100℃范围内,蒸煮损失呈增加趋势但差异不显著($P>0.05$)。总体来看,牦牛平滑肌的蒸煮损失从50℃时的$(9.93\pm1.71)\%$增加到100℃时的$(34.93\pm3.06)\%$,增加了251.76%。这与郎玉苗报道的不同熟制温度下牛排蒸煮损失增加一致,同时李升升研究也表明在不同温度下牦牛肉的蒸煮损失增加。在肌肉中肌纤维蛋白和胶原蛋白会受热收缩,使肌肉的持水力下降导致蒸煮损失增加,随着温度的升高,肌纤维和胶原蛋

白的收缩程度增加导致蒸煮损失增加,同时胶原蛋白会受热变成明胶,减少蒸煮损失。从试验结果来看,在蒸煮的前期,平滑肌的蒸煮损失增加主要是肌纤维蛋白受热失水所致,后期胶原蛋白吸水导致蒸煮损失增加幅度减少。

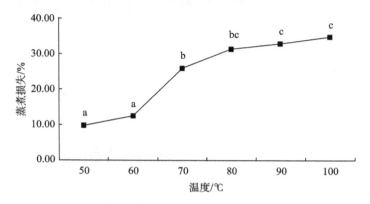

图 7-1　熟制温度对牦牛平滑肌蒸煮损失的影响

二、熟制温度对平滑肌热收缩率的影响

肌肉受热收缩,导致其体积变小,热收缩率就是反应肌肉受热收缩程度的指标。由图 7-2 可知,随着温度的升高,牦牛平滑肌顺着肌纤维方向的收缩率显著增加($P<0.05$),且在 60~100℃ 范围内基本呈直线增加趋势。在 50~100℃ 的范围内,平滑肌的收缩率从(10.18 ± 0.64)%增加到(41.41 ± 1.64)%,收缩率增加了 306.78%。平滑肌是具有很大收缩性的肌肉,肌肉中的肌纤维蛋白和胶原蛋白会

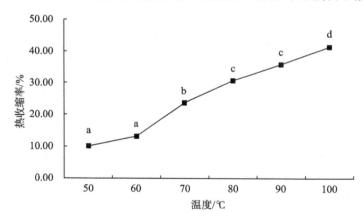

图 7-2　熟制温度对牦牛平滑肌热收缩率的影响

受热收缩,导致其热收缩率增加,此变化趋势与平滑肌蒸煮损失随温度变化基本一致。

三、熟制温度对平滑肌剪切力值的影响

剪切力值是肉品嫩度的反映,嫩度的大小直接影响产品的食用和加工品质。由图 7-3 可知,随着处理温度的升高,牦牛平滑肌的剪切力值呈显著减小的趋势($P<0.05$),在 60~100℃范围内基本呈直线减小趋势,剪切力值由 50℃时的(116.62±0.78)N,减小到 100℃时(61.74±1.67)N,减小了 47.06%。对肌肉而言,受热会造成肌原纤维和胶原蛋白收缩失水,肌纤维变粗,单位横截面上的肌纤维更加致密,从而使得剪切力值升高;但胶原蛋白受热会变成明胶,明胶的剪切力值较小使肉品嫩度增大,同时温度升高会使肌纤维断裂导致其剪切力值下降。总体来看,在50~60℃时,剪切力值差异不显著,说明平滑肌肌纤维的收缩和胶原蛋白的膨胀相互抵消,在 60~100℃时剪切力值显著减小,是平滑肌胶原蛋白吸水膨胀和肌纤维受热断裂引起的。此变化趋势与不同温度处理平滑肌蒸煮损失和热收缩率的变化趋势相反。

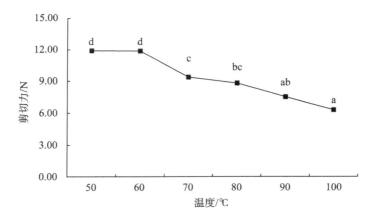

图 7-3　熟制温度对牦牛平滑肌剪切力值的影响

四、熟制温度对平滑肌胶原蛋白含量的影响

胶原蛋白是一种重要的肌肉组织成分,在维持肌肉结构、柔韧性、强度、肌肉质地等方面起着重要作用。由图 7-4 可以看出,随着处理温度的升高,牦牛平滑肌中胶原蛋白的含量呈显著降低趋势($P<0.05$),尤其是在 60~90℃范围内牦牛平滑肌的胶原蛋白含量呈直线下降趋势。总体来看,牦牛平滑肌胶原蛋白含量从 50℃

时的（72.87±1.97）mg/g 下降到 100℃ 时的（30.98±1.91）mg/g，下降了 57.49%。平滑肌中的胶原蛋白分为可溶性胶原蛋白和不可溶性胶原蛋白，可溶性胶原蛋白溶于水中导致胶原蛋白含量减少，不可溶性胶原蛋白随着加热温度升高变成明胶也造成胶原蛋白含量相对减少。这与 Sanford 和 Sylvia 报道的牛肉中胶原蛋白含量随温度升高而降低一致。

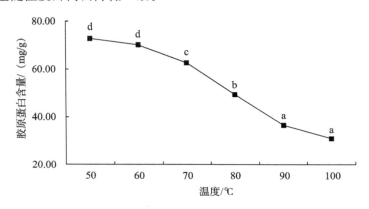

图 7-4　熟制温度对牦牛平滑肌胶原蛋白含量的影响

五、不同熟制温度下平滑肌的微观结构

对不同熟制温度下牦牛平滑肌的组织结构通过天狼星红染色进行观察，结果如图 7-5 所示，对肌纤维直径、初级肌束膜和次级肌束膜厚度的统计见图 7-6。由图 7-5 可知，随熟制温度的升高，牦牛平滑肌肌纤维和肌束膜间的间隙从大到小，平滑肌肌纤维的直径由大到小，平滑肌初级和次级肌束膜由小到大。表 7-1 的统计结果进一步表明，平滑肌肌纤维的直径显著减小（$P<0.05$），由 50℃ 时的（131.13±13.94）μm 减小到 100℃ 时的（78.13±6.51）μm，减小了 40.42%。肌束膜的厚度显著增加（$P<0.05$），初级肌束膜由 50℃ 时的（8.50±1.12）μm 增加到 100℃ 时的（34.56±4.76）μm，增加了 306.59%，次级肌束膜由 50℃ 时的（38.13±2.93）μm 减小到 100℃ 时的（61.28±2.07）μm，增加了 60.71%。肌肉组织是由肌束膜包裹肌纤维而形成的，在 50℃ 和 60℃ 时，平滑肌肌纤维和肌束膜受热收缩，造成肌纤维直径减小，而肌束膜主要由胶原蛋白构成，胶原蛋白受热吸收膨胀抵消了受热收缩，造成肌束膜增加，同时由于肌纤维和肌束膜的收缩造成速率不同，使肌纤维和肌束膜之间出现间隙，但由于肌束膜的膨胀造成其间隙减小。至 70℃ 以后，肌纤维和肌束膜受热影响加剧，进一步加剧了肌纤维的收缩和肌束膜的膨胀，结果表现为肌纤维直径显著减小，初级和次级肌束膜的厚度显著增加。

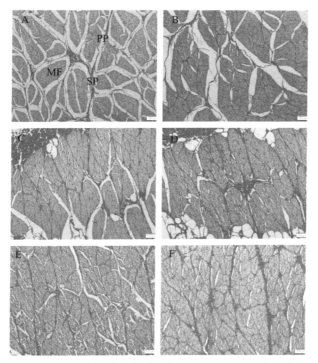

彩图扫码查看

图 7-5　不同熟制温度后牦牛平滑肌微观结构的变化

注：A、B、C、D、E、F 分别代表 50℃、60℃、70℃、80℃、90℃、100℃条件下平滑肌组织结构的变化。

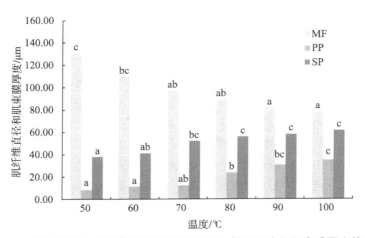

图 7-6　不同熟制温度后牦牛平滑肌肌纤维直径、初级和次级肌束膜厚度的变化

注：MF 代表肌纤维，PP 代表初级肌束膜，SP 代表次级肌束膜。

表 7-1　不同熟制温度后牦牛平滑肌肌纤维直径、初级和次级肌束膜厚度的变化

指标	温度/℃					
	50	60	70	80	90	100
肌纤维直径/μm	131.13± 13.94ᶜ	109.73± 5.61ᵇᶜ	97.08± 6.04ᵃᵇ	89.73± 6.28ᵃᵇ	81.67± 7.44ᵃ	78.13± 6.51ᵃ
初级肌束膜厚度/μm	8.50± 1.12ᵃ	11.26± 1.36ᵃ	12.29± 1.83ᵃᵇ	23.70± 3.95ᵇ	30.60± 3.57ᵇᶜ	34.56± 4.76ᶜ
次级肌束膜厚度/μm	38.13± 2.93ᵃ	41.05± 5.80ᵃᵇ	51.96± 5.16ᵇᶜ	56.15± 4.93ᶜ	58.20± 4.29ᶜ	61.28± 2.07ᶜ

注:同列肩上不同小写字母代表差异显著($P<0.05$)。

六、小结

随熟制温度的升高,牦牛平滑肌的蒸煮损失和热收缩率显著增加,剪切力值和胶原蛋白含量显著降低。随熟制温度的增加,牦牛平滑肌的肌纤维直径减小,初级和次级肌束膜的厚度增加。综合各品质指标变化可见,在 50～60℃ 和 90～100℃ 范围内,牦牛平滑肌的食用品质变化较小,60～90℃ 范围内,牦牛平滑肌的食用品质变化较大。综合各温度段食用品质变化规律,牦牛平滑肌在 80～100℃ 范围内处理,食用品质较好。

第二节　煮制时间对平滑肌品质的影响

为研究煮制时间对牦牛平滑肌食用和加工品质的影响,将牦牛瘤胃平滑肌在沸水中煮制 20 min、40 min、60 min、80 min、100 min、120 min 后取样,测定牦牛平滑肌蒸煮损失、热收缩率、剪切力值、质构、胶原蛋白含量的变化,观察其微观结构,并进行相关性分析。结果表明:随着煮制时间的延长,牦牛平滑肌的蒸煮损失、热收缩率、剪切力值、硬度、胶着性、咀嚼性和胶原蛋白含量均显著下降;内聚性和弹性呈增大趋势,但差异不显著;微观结构显示牦牛平滑肌的肌纤维由细长变为粗短,且肌纤维间的边界逐渐模糊。相关性分析表明,除内聚性和弹性外,各指标均显著相关,且煮制时间和胶原蛋白含量与牦牛平滑肌食用品质的相关系数较大。总体来看,牦牛平滑肌的食用品质和微观结构随煮制时间的延长而下降,在沸水中煮制 60 min 牦牛平滑肌的食用品质较好。研究结果将为含平滑肌的内脏等副产

物的开发提供参考。

一、煮制时间对平滑肌蒸煮损失的影响

蒸煮损失是肉品在蒸煮过程中因水分和其他可溶性物质的流失而引起的质量减少。由图 7-7 可知,随着煮制时间的延长,牦牛平滑肌的蒸煮损失总体呈减少的趋势,在 20～60 min,蒸煮损失呈增加趋势但差异不显著($P>0.05$);在 60～120 min,平滑肌的蒸煮损失减少且差异显著($P<0.05$),牦牛平滑肌的蒸煮损失从 20 min 时的(50.18 ± 2.04)%减小到 120 min 时的(40.71 ± 2.81)%,减小了 18.72%。在肌肉中肌纤维蛋白和胶原蛋白会受热收缩,使肌肉的持水力下降导致蒸煮损失增加,而长时间加热会使胶原蛋白变成明胶,明胶具有较好的亲水性和凝胶性会减少蒸煮损失。从试验结果来看,在蒸煮的前期,平滑肌的蒸煮损失主要是肌纤维蛋白和胶原蛋白受热失水所致,后期胶原蛋白吸水导致蒸煮损失减少。

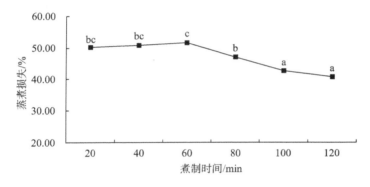

图 7-7　煮制时间对牦牛平滑肌蒸煮损失的影响

二、煮制时间对平滑肌热收缩率的影响

由图 7-8 知,在试验时间范围内,随着煮制时间的延长,牦牛平滑肌顺着肌纤维方向的收缩率逐渐减少且差异显著($P<0.05$)。在 20～120 min 内,平滑肌的收缩率从(48.23 ± 1.44)%减小到(35.59 ± 2.81)%,收缩率减少了 26.21%。平滑肌是具有很大收缩性的肌肉,肌纤维蛋白会受热收缩,而胶原蛋白受热吸水后会膨胀。从沿着平滑肌肌纤维方向的收缩率可以看出,随着煮制时间的延长,牦牛平滑肌的收缩率减少,说明起主要作用的是胶原蛋白。

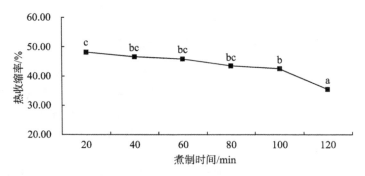

图 7-8　煮制时间对牦牛平滑肌热收缩率的影响

三、煮制时间对平滑肌剪切力值的影响

剪切力值是肉品嫩度的评价指标,嫩度的大小直接影响产品的食用和加工品质。由图 7-9 可知,随着煮制时间的延长,牦牛平滑肌的剪切力值呈显著减小的趋势($P<0.05$),剪切力值由 20 min 时的(72.03 ± 15.68)N,减小到 120 min 时的(25.58 ± 3.53)N,减小 64.49%。对肌肉而言,受热会造成肌原纤维和结缔组织收缩失水,肌纤维变粗,单位横截面上的肌纤维更加致密,从而使剪切力值升高,但长时间的加热也会导致肌纤维断裂,造成剪切力值下降。同时胶原蛋白受热会变成明胶,明胶的剪切力值较小使肉品嫩度增大。从结果来看,肌纤维的断裂和胶原蛋白的吸水膨胀抵消了肌纤维热收缩导致的剪切力值增大,使平滑肌的剪切力值减小。

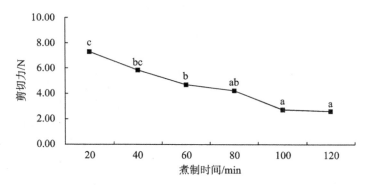

图 7-9　煮制时间对牦牛平滑肌剪切力值的影响

四、煮制时间对平滑肌质构的影响

质构是模拟人体口腔的咀嚼而开发的对肉品的评价指标,用于客观评价肉品品质,质构是加工和食用品质的直接反映。煮制时间对牦牛平滑肌硬度、内聚性、弹性、胶着性和咀嚼性等质构指标的影响如表 7-2 所示。由表可见随着煮制时间的延长,牦牛平滑肌的硬度、胶着性和咀嚼性逐渐减小且差异显著($P<0.05$)。硬度由 20 min 时的(25.38 ± 0.78)N/cm^2,减小到 120 min 时的(16.56 ± 0.69)N/cm^2,减小了 34.75%;胶着性由 20 min 时的 1.83 ± 0.28,减小到 120 min 时的 1.23 ± 0.19,减小了 32.79%;咀嚼性由 20 min 时的(89.24 ± 4.80)mJ,减小到 120 min 时的(60.91 ± 5.22)mJ,减小了 31.75%。牦牛平滑肌的内聚性和弹性呈增加趋势,但差异不显著($P>0.05$)。肌肉中质构的变化与肌肉中肌纤维蛋白和胶原蛋白的变化相关,肌纤维蛋白会随着煮制时间的延长而收缩,但长时间的加热会使肌纤维断裂,同时胶原蛋白也会因长时间的加热而变成明胶,明胶具有良好的吸水性和凝胶性。在这三种力的作用下,牦牛平滑肌的硬度、胶着性和咀嚼性降低,而内聚性和弹性增加。

表 7-2　煮制时间对牦牛平滑肌质构的影响

熟制时间/min	硬度/(N/cm²)	内聚性	弹性/mm	胶着性	咀嚼性/mJ
20	25.38 ± 0.78^{d}	0.70 ± 0.07	4.92 ± 0.17	1.83 ± 0.28^{d}	89.24 ± 4.80^{c}
40	23.13 ± 1.08^{c}	0.71 ± 0.11	4.97 ± 0.32	1.79 ± 0.19^{cd}	88.63 ± 6.05^{c}
60	22.25 ± 0.49^{c}	0.72 ± 0.08	5.03 ± 0.28	1.67 ± 0.07^{bcd}	84.42 ± 5.35^{c}
80	19.99 ± 1.96^{b}	0.73 ± 0.07	5.07 ± 0.09	1.42 ± 0.24^{abc}	71.71 ± 6.92^{b}
100	18.42 ± 0.98^{ab}	0.75 ± 0.03	5.10 ± 0.27	1.38 ± 0.18^{ab}	64.43 ± 4.51^{ab}
120	16.56 ± 0.69^{a}	0.75 ± 0.05	5.10 ± 0.23	1.23 ± 0.19^{a}	60.91 ± 5.22^{a}

注:不同小写字母代表差异显著($P<0.05$)。

五、煮制时间对平滑肌胶原蛋白含量的影响

胶原蛋白是结缔组织的主要成分,而结缔组织是肌肉的主要成分之一,对肉品的品质有重要影响。煮制时间对牦牛平滑肌胶原蛋白含量变化由图 7-10 可以看出,随煮制时间的延长,牦牛平滑肌中胶原蛋白的含量呈显著降低趋势($P<0.05$),从 20 min 时的(50.91 ± 1.16)mg/g 下降到 120 min 时的(27.90 ± 1.07)mg/g,下降了 45.20%。牦牛平滑肌中可溶性胶原蛋白溶于水浴中,不溶性胶原蛋白随着加热时间的延长变成了明胶,明胶的形成促进了平滑肌特殊质构的形成。

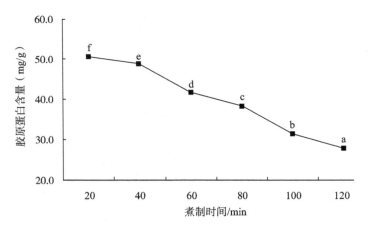

图 7-10　煮制时间对牦牛平滑肌胶原蛋白含量的影响

六、煮制时间对平滑肌微观结构的影响

对不同煮制时间对牦牛平滑肌的纵向微观结构进行了观察,结果如图 7-11 所示,随着煮制时间的延长,牦牛平滑肌的肌纤维在 20 min 时呈细长的状态,40 min时肌纤维收缩变粗,到 60 min 时肌纤维显著变粗,80 min 时肌纤维的边界开始模糊,100 min 时肌纤维的边界进一步模糊,120 min 时肌纤维的边界和肌纤维基本溶为一体。肌内膜将若干条肌纤维包裹形成肌束,肌束膜将不同的肌束分开,最后由肌外膜将肌束包裹形成肌肉,肌纤维是肌纤维蛋白,肌内膜、肌束膜和肌外膜等主要是由胶原蛋白组成。肌纤维蛋白受热会收缩变短,而胶原蛋白受热则会吸水变成明胶。从煮制时间对牦牛平滑肌的微观结构的影响可以看出,在平滑肌煮制的前期主要是由于肌纤维蛋白的收缩引起平滑肌肌肉品质的变化,后期主要是由于胶原蛋白吸水变成明胶引起平滑肌肌肉品质的变化。这些变化与平滑肌的蒸煮损失、热收缩率、剪切力值和质构随煮制时间的延长而变化趋势一致。

七、煮制时间与平滑肌品质的相关性分析

对煮制时间和牦牛平滑肌各品质指标进行相关性分析,如表 7-3 所示。煮制时间与牦牛平滑肌的蒸煮损失、热收缩率、剪切力值、硬度、胶着性、咀嚼性和胶原蛋白含量呈负相关($P<0.01$),相关系数分别为 -0.808、-0.808,-0.899、-0.953、-0.789、-0.901、-0.986;煮制时间与牦牛平滑肌内聚性、弹性相关性差异不显著($P>0.05$)。牦牛平滑肌的蒸煮损失与热收缩率、剪切力值、硬度、胶着

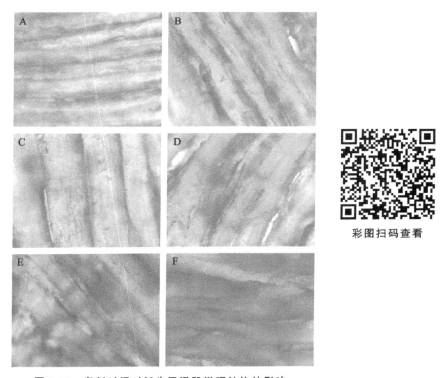

图 7-11　煮制时间对牦牛平滑肌微观结构的影响

彩图扫码查看

注:A、B、C、D、E、F 分别代表牦牛平滑肌在沸水浴中煮制 20 min、40 min、60 min、80 min、100 min、120 min 后其微观结构的变化。

性、咀嚼性和胶原蛋白含量呈显著正相关($P<0.05$),相关系数分别为 0.760、0.660、0.775、0.572、0.761、0.791;蒸煮损失与内聚性、弹性相关性差异不显著($P>0.05$)。牦牛平滑肌的热收缩率与剪切力值、硬度、胶着性、咀嚼性和胶原蛋白含量呈显著正相关($P<0.05$),相关系数分别为 0.656、0.841、0.584、0.653、0.785;热收缩率与内聚性、弹性相关性差异不显著($P>0.05$)。牦牛平滑肌的剪切力值与硬度、胶着性、咀嚼性和胶原蛋白含量呈显著正相关($P<0.01$),相关系数分别为0.835、0.727、0.799、0.873;剪切力值与内聚性、弹性相关性差异不显著($P>0.05$)。牦牛平滑肌的硬度与胶着性、咀嚼性和胶原蛋白含量呈显著正相关($P<0.01$),相关系数分别为 0.741、0.807、0.927;硬度与内聚性、弹性相关性差异不显著($P>0.05$)。牦牛平滑肌的内聚性与弹性呈显著正相关($P<0.01$),相关系数为 0.667;内聚性与胶着性、咀嚼性和胶原蛋白含量相关性差异不显著($P>0.05$)。牦牛平滑肌的弹性与胶着性、咀嚼性和胶原蛋白含量相关性差异不显著

（$P > 0.05$）。牦牛平滑肌的胶着性与咀嚼性和胶原蛋白含量呈显著正相关（$P < 0.01$），相关系数分别为 0.696、0.773。牦牛平滑肌咀嚼性与胶原蛋白含量呈显著正相关（$P < 0.01$），相关系数为 0.918。

表 7-3　煮制时间与牦牛平滑肌各品质指标的相关性分析

	煮制时间	蒸煮损失	热收缩率	剪切力	硬度	内聚性	弹性	胶着性	咀嚼性	胶原蛋白含量
煮制时间	1									
蒸煮损失	-0.808**	1								
热收缩率	-0.808**	0.760**	1							
剪切力	-0.899**	0.660**	0.656**	1						
硬度	-0.953**	0.775**	0.841**	0.835**	1					
内聚性	0.292	-0.216	-0.195	-0.213	-0.279	1				
弹性	0.316	-0.322	-0.122	-0.305	-0.295	0.667**	1			
胶着性	-0.789**	0.572*	0.584*	0.727**	0.741**	-0.025	-0.309	1		
咀嚼性	-0.901**	0.761**	0.653**	0.799**	0.807**	-0.298	-0.263	0.696**	1	
胶原蛋白含量	-0.986**	0.791**	0.785**	0.873**	0.927**	-0.319	-0.307	0.773**	0.918**	1

注：* 表示在 0.05 水平上显著相关；** 表示在 0.01 水平上显著相关。

由以上分析可知，除内聚性和弹性外，煮制时间、蒸煮损失、热收缩率、剪切力值、硬度、胶着性、咀嚼性和胶原蛋白含量各指标间均显著相关（$P < 0.05$）。其中

煮制时间和胶原蛋白含量与各指标间的相关性和相关系数均较大,说明在不同煮制时间中,牦牛平滑肌中胶原蛋白的含量发生了变化进而影响了其加工和食用品质的变化。

八、小结

随着煮制时间的延长,牦牛平滑肌的蒸煮损失、热收缩率、剪切力值、硬度、胶着性、咀嚼性和胶原蛋白含量均显著降低,内聚性和弹性呈增加趋势但差异不显著。微观结构的变化表明,随煮制时间延长,牦牛平滑肌的肌纤维由细长变成短粗,且肌纤维间的边界变模糊。相关性分析表明,煮制时间和胶原蛋白含量与牦牛平滑肌品质指标相关性较大。综合分析可知,牦牛平滑肌经煮制 60min 后表现出较好的食用品质,时间过短和过长都会影响其食用品质。

第三节 熟制方式对平滑肌品质的影响

为研究不同熟制方式对牦牛平滑肌品质的影响,将牦牛瘤胃平滑肌分别在 80℃/60 min、水浴/60 min、蒸汽/60 min 和 0.20 MPa/10 min 4 种条件下熟制,测定在不同熟制方式下牦牛平滑肌蒸煮损失、热收缩率、剪切力值、质构、胶原蛋白含量和微观结构的变化。结果表明:在 80℃/60 min 条件下熟制牦牛平滑肌的肌纤维收缩明显,剪切力值较大;水浴/60 min 和蒸汽/60 min 条件下熟制牦牛平滑肌的肌纤维和肌束膜边界清晰,肌束膜分布于肌纤维之间,0.20 MPa/10 min 熟制后的牦牛平滑肌肌纤维断裂明显,剪切力值较小。从食用和工业化的角度出发,建议在 0.20 MPa/10 min 条件下熟制牦牛平滑肌品质较好,且适当缩短熟制时间有利于品质的提升和效益的提高。

一、熟制方式对平滑肌胶原蛋白含量的影响

胶原蛋白是肌肉结缔组织的主要成分,而结缔组织主要存在于肌束膜中,胶原蛋白含量的变化势必会引起肌肉结构的变化,进而影响肌肉的品质。各种熟制方式对牦牛平滑肌胶原蛋白含量的影响如图 7-12 所示,熟制方式对牦牛平滑肌胶原蛋白的含量影响显著,胶原蛋白的含量从小到大的熟制方式依次为水浴/60 min<80℃/60 min<0.20 MPa/10 min<蒸汽/60 min。胶原蛋白从溶解性来看,分为可溶性和不可溶性,可溶性胶原蛋白会溶于熟制介质中,而不可溶性胶原蛋白在热和压力的作用下变性而减少。水浴/60 min、80℃/60 min、0.20 MPa/60 min 3 种熟制介质为水浴,而蒸汽/60 min 加热介质为蒸汽,可溶性胶原蛋白会大量溶于水

中,造成其含量减少,与实验结果一致。

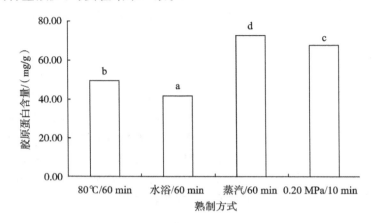

图 7-12　熟制方式对牦牛平滑肌胶原蛋白含量的影响

二、熟制方式对平滑肌蒸煮损失的影响

蒸煮损失是产品加工过程中的主要指标之一,蒸煮损失大小决定了产品的出品率,直接影响产品的经济效益。由图 7-13 可知,蒸煮损失从小到大的熟制方式依次为 80℃/60 min < 0.20 MPa/10 min < 蒸汽/60 min < 水浴/60 min。蒸煮损失是肉品在蒸煮过程中因水分和其他可溶性物质的流失而引起的质量减少,对肌肉组织而言肌纤维和胶原蛋白是肌肉的主要组成成分,受热和压力均会使肌纤维和胶原蛋白收缩,增加水分的流失。而胶原蛋白在热和压力的作用下会变性成为明

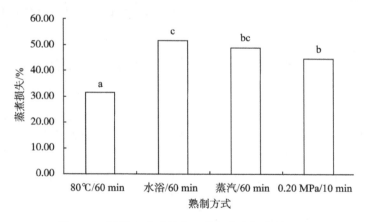

图 7-13　熟制方式对牦牛平滑肌蒸煮损失的影响

胶,明胶具有良好的吸水性和凝胶性。温度越高肌纤维收缩越严重,胶原蛋白变性也会加剧,但在肌肉组织中肌纤维蛋白含量远大于胶原蛋白,故肌纤维的收缩在很大程度上增加了蒸煮损失。

三、熟制方式对平滑肌热收缩率的影响

热收缩是肌肉在压力作用下形状发生变化的过程,热收缩率反映了肌肉在受热或其他处理后形状改变的程度。由图 7-14 可知,80℃/60 min、蒸汽/60 min 和 0.20 MPa/10 min 3 种处理的热收缩率差异不显著($P>0.05$),而与水浴/60 min 处理后的热收缩率差异显著($P<0.05$)。肌肉中的主要组成物质是肌纤维和胶原蛋白,肌纤维蛋白会受热收缩,而胶原蛋白在压力作用下变成明胶会受热吸水膨胀,抵消因肌纤维蛋白收缩的影响。从沿着平滑肌肌纤维方向的收缩率可以看出,水浴/60 min 处理后的热收缩率最大,而 80℃/60 min、蒸汽/60 min 和 0.20 MPa/10 min 3 种处理的热收缩率基本相当。这与不同熟制方式下牦牛平滑肌蒸煮损失的变化基本一致。

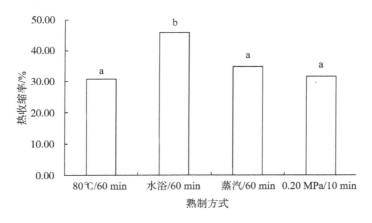

图 7-14　熟制方式对牦牛平滑肌热收缩率的影响

四、熟制方式对平滑肌剪切力值的影响

剪切力值是肉品嫩度的直接反映,也是肉品质构的主要评价指标。由图 7-15 熟制方式对牦牛平滑肌剪切力值的影响可知,0.20 MPa/10 min 处理后肌肉的剪切力值最小,其次为水浴/60 min 和蒸汽/60 min,80℃/60 min 处理后的剪切力值最大。肌肉在熟制过程中剪切力值的变化是肌纤维的收缩和断裂、胶原蛋白的变性和吸水膨胀所致。在热效应和压力作用下肌肉的肌纤维会加速断裂,胶原蛋白

也会显著变性和膨胀。在水浴/60 min、蒸汽/6 0min 和 0.20 MPa/10 min 3 种处理方式中温度均超过 80℃,故表现为 80℃/60 min 处理的剪切力值显著大于其他 3 种处理方式。在水浴/60 min、蒸汽/60 min 和 0.20 MPa/10 min 3 种处理方式中因压力的介入,其剪切力值会更小。

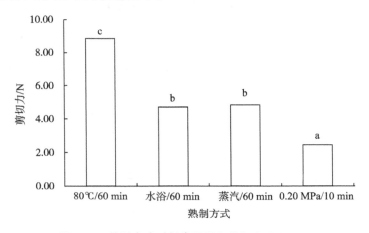

图 7-15　熟制方式对牦牛平滑肌剪切力值的影响

五、熟制方式对平滑肌质构的影响

　　熟制方式对牦牛平滑肌硬度、内聚性、弹性、胶着性和咀嚼性的影响见表 7-4。从硬度来看,0.20 MPa/10 min 处理后牦牛平滑肌的硬度最小,80℃/60 min 处理后硬度居中,而水浴/60 min、蒸汽/60 min 处理后硬度最大,且差异不显著($P>0.05$),4 种处理方式处理后其内聚性差异均不显著($P>0.05$);0.20 MPa/10 min 处理后平滑肌的弹性与 80℃/60 min、水浴/60 min、蒸汽/60 min 处理平滑肌的弹性差异显著($P<0.05$),但三者之间差异不显著($P>0.05$);胶着性的变化与硬度一致,0.20 MPa/10 min 处理后牦牛平滑肌的胶着性最小,80℃/60 min 处理后胶着性居中,而水浴/60 min、蒸汽/60 min 处理后胶着性最大,且差异不显著($P>0.05$);80℃/60 min 和 0.20 MPa/10 min 处理后咀嚼性小于水浴/60 min 和蒸汽/60 min 处理后的咀嚼性,且差异显著($P<0.05$)。总体来看,水浴和蒸汽处理 60 min 牦牛平滑肌的质构指标基本一致,差异不显著($P>0.05$)。质构指标的变化是由肌肉中肌纤维和胶原蛋白的变化引起的,肌纤维和胶原蛋白会受热收缩,温度过高或时间过长肌纤维会断裂,而胶原蛋白则会变性成为明胶,明胶具有很强的吸水性和凝胶性,进而影响产品的质构。在 4 种处理方式中,在压力条件下质构指标显著小于单独热处理,而在热处理中温度高质构指标相对较好,说明肌纤维和胶原蛋白的相互作用对质构影响较大。

表 7-4　熟制方式对牦牛平滑肌质构的影响

熟制方式	硬度/(N/cm²)	内聚性	弹性/mm	胶着性	咀嚼性/mJ
80℃/60 min	17.05± 0.19[b]	0.78± 0.01	4.19± 0.14[a]	1.16± 0.06[b]	55.70± 3.75[a]
水浴/60 min	22.25± 0.49[c]	0.72± 0.08	5.03± 0.28[a]	1.67± 0.07[c]	84.42± 5.35[b]
蒸汽/60 min	22.74± 1.76[c]	0.73± 0.04	5.29± 0.14[a]	1.71± 0.05[c]	83.52± 3.53[b]
0.20 MPa/10 min	9.90± 2.84[a]	0.77± 0.05	6.99± 0.85[b]	0.75± 0.13[a]	47.58± 2.50[a]

六、熟制方式对平滑肌微观结构的影响

熟制方式对牦牛平滑肌的微观结构的影响如图 7-16 所示,在 80℃/60 min(7-16 图 A)条件下熟制的牦牛平滑肌的肌束膜和肌纤维间的间隙较大,肌纤维和肌束膜受热收缩明显;在水浴/60 min(图 7-16B)、蒸汽/60 min(图 7-16C)条件下处理的牦牛平滑肌肌束膜和肌纤维的变化情况基本一致,肌束膜膨胀存在于肌纤维之间,肌纤维有一定程度的断裂;0.20 MPa/10 min(图 7-16D)处理后,肌束膜膨胀存在于肌纤维之间,肌纤维的小片化程度较其他三种熟制方式更明显,说明肌纤维断裂较其他三种处理严重。此结果解释了不同处理方式下牦牛平滑肌胶原蛋白含量、蒸煮损失、热收缩率、剪切力值和质构的变化。不同熟制方式下平滑肌的微观结构出现上述变化的原因是,肌肉是由肌内膜将若干条肌纤维包裹形成肌束,肌束膜将不同的肌束分开,最后由肌外膜将肌束包裹形成肌肉,肌纤维是肌纤维蛋白,肌内膜、肌束膜和肌外膜等主要是由胶原蛋白组成,在热和压力作用下肌纤维和肌束膜受热和压力收缩,当热和压力进一步增大时肌束膜中的胶原蛋白会变成明胶吸水膨胀,而肌纤维会因受热和压力而断裂。这些变化与不同熟制方式下牦牛平滑肌的微观结构变化一致。

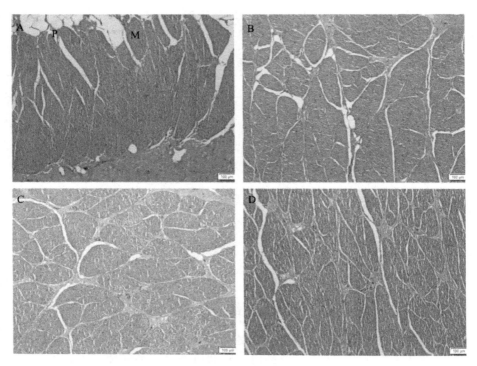

图 7-16   熟制方式对牦牛平滑肌微观结构的影响

注：A、B、C、D 分别代表 80℃/60 min、水浴/60 min、蒸汽/60 min、0.20 MPa/10 min 4 种熟制方式下平滑肌组织结构的变化；M 代表肌纤维，P 代表肌束膜。

七、小结

不同熟制方式下牦牛平滑肌的品质变化差异显著。在 80℃/60 min 处理后牦牛平滑肌剪切力值较大，蒸煮损失较小；水浴/60 min 处理后牦牛平滑肌胶原蛋白含量高，蒸煮损失较大，热收缩率较小，质构较好；蒸汽/60 min 处理后牦牛平滑肌胶原蛋白含量低，蒸煮损失和热收缩率较大，质构较好；0.20 MPa/10 min 处理后剪切力值较小。微观结构显示，80℃/60 min 处理后牦牛平滑肌收缩显著，而水浴/60 min 和蒸汽/60 min 处理后平滑肌和肌束膜边界清楚，肌束膜存在肌纤维间，0.20 MPa/10 min 处理后平滑肌肌纤维断裂显著。总体来看，温度越高蒸煮损失和热收缩越大，有压力介入时剪切力值变小，蒸汽熟制胶原蛋白含量较高。综合各品质指标，建议在 0.20 MPa/10 min 条件下熟制牦牛平滑肌品质较好，且适当缩短熟制时间有利于品质的提升。

第四节　压力对平滑肌品质的影响

为研究不同压力熟制对牦牛平滑肌质构和微观结构的影响,将牦牛瘤胃平滑肌分别在 0.15 MPa、0.20 MPa、0.24 MPa 条件下熟制 10 min 后取出,测定不同压力条件下牦牛平滑肌蒸煮损失、热收缩率、剪切力值、质构、胶原蛋白含量和微观结构的变化,并进行相关性分析。结果表明:随压力的升高,牦牛平滑肌的蒸煮损失、剪切力值、硬度、胶着性、咀嚼性和胶原蛋白含量均显著下降,弹性显著增加,热收缩率和内聚性呈增加趋势但差异不显著。微观结构显示随压力的升高,牦牛平滑肌的肌纤维从完整到破碎,肌束膜从细小到粗大,肌纤维与肌束膜间的间隙由有到无。相关性分析表明,除热收缩率和内聚性外,压力大小和胶原蛋白含量与牦牛平滑肌各指标间的相关系数均在 0.8 以上,说明压力和胶原蛋白含量对牦牛平滑肌的品质影响较大。总体来看,牦牛平滑肌的食用品质和微观结构随压力的升高而下降,在 0.20 MPa 下牦牛平滑肌的食用品质较好。研究结果将为含平滑肌的内脏等副产物的开发提供参考。

一、压力对平滑肌胶原蛋白含量的影响

压力对牦牛平滑肌胶原蛋白含量的影响如图 7-17 所示,随着压力的升高,牦牛平滑肌的胶原蛋白含量显著减少($P<0.05$),从 0.15 MPa 时的(39.40 ± 11.96)N 下降到 0.24 MPa 时的(9.80 ± 1.37)N,下降了 41.57%。肌肉中的胶原

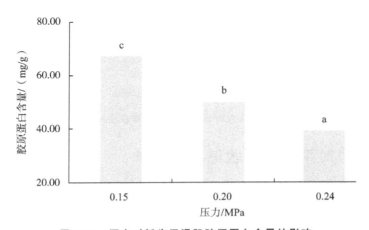

图 7-17　压力对牦牛平滑肌胶原蛋白含量的影响

蛋白主要有可溶性胶原蛋白和不可溶性胶原蛋白,可溶性胶原蛋白会溶于水浴中,不可溶性胶原蛋白在压力作用下会变成明胶,导致样品中平滑肌的胶原蛋白含量减少。在试验压力范围内,随着压力的升高,牦牛平滑肌中胶原蛋白的含量显著降低,说明压力处理会导致胶原蛋白含量的变化,进而影响牦牛平滑肌质构和品质。

二、压力对平滑肌蒸煮损失的影响

蒸煮损失是肉品在蒸煮过程中因水分和其他可溶性物质的流失而引起的质量减少。由图 7-18 可知,随着压力的升高,牦牛平滑肌的蒸煮损失呈显著减小的趋势($P<0.05$),牦牛平滑肌的蒸煮损失从 0.15 MPa 时的(46.98 ± 0.79)%减小到 0.24 MPa 时的(41.94 ± 1.65)%,减小了 10.73%。这与常海军报道的不同超高压处理牛肉的蒸煮损失增加不一致。肌肉中的肌纤维蛋白和胶原蛋白在压力作用下收缩,使肌肉的持水能力下降导致蒸煮损失增加,而高压会使胶原蛋白变成明胶,明胶具有较好的亲水性和凝胶性,会减少蒸煮损失。由试验结果可见,随着压力的升高,牦牛平滑肌中胶原蛋白变成明胶导致牦牛平滑肌的蒸煮损失减少。

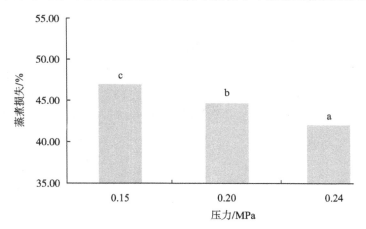

图 7-18　压力对牦牛平滑肌蒸煮损失的影响

三、压力对平滑肌热收缩率的影响

由图 7-19 知,在试验压力范围内,随着压力的升高,牦牛平滑肌顺着肌纤维方向的收缩率呈增加的趋势,但差异不显著($P>0.05$)。在 0.15 MPa 到 0.24 MPa 的压力范围内,平滑肌的收缩率从(30.80 ± 1.77)%减小到(32.48 ± 2.75)%,收缩率增加了 5.45%。平滑肌是具有很大收缩性的肌肉,肌纤维蛋白会受热收缩,而胶原蛋白在压力作用下变成明胶会受热吸水膨胀,抵消因肌纤维蛋白收缩的影响。从沿着平滑肌肌纤维方向的收缩率可以看出,随着压力的升高,肌纤维的收缩和明胶的膨胀作用力基本相当,导致牦牛平滑肌的热收缩率虽呈增加趋势,但差异不显著。

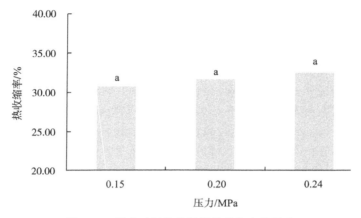

图 7-19　压力对牦牛平滑肌热收缩率的影响

四、压力对平滑肌剪切力值的影响

剪切力值是肉品嫩度的直接反映,也是肉品质构的主要评价指标。由图 7-20 可知,随着处理压力的增加,牦牛平滑肌的剪切力值呈显著减小的趋势($P<0.05$),剪切力值由 0.15 MPa 时的(39.40±11.96)N,减小到 0.24 MPa 时的(9.80±1.37)N,减小了 75.12%。肌肉的肌原纤维和胶原蛋白会受热收缩失水,肌纤维变

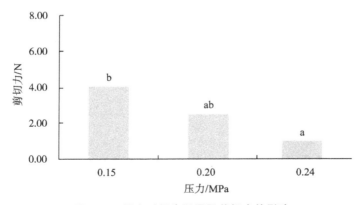

图 7-20　压力对牦牛平滑肌剪切力的影响

粗,单位横截面上的肌纤维更加致密,从而使得剪切力值升高,但胶原蛋白受热会变成明胶,明胶一方面会吸水导致单位面积上的肌纤维数量减少,另一方面明胶本身的剪切力值较小,使得牦牛平滑肌的剪切力值减少。同时,高压处理会使肌纤维断裂,进一步造成牦牛平滑肌剪切力值减小。从试验结果来看,胶原蛋白的明胶化和肌纤维蛋白的断裂是影响高压熟制条件下牦牛平滑肌剪切力的主要因素。

五、压力对平滑肌质构的影响

压力对牦牛平滑肌硬度、内聚性、弹性、胶着性和咀嚼性等质构指标的影响如表 7-5 所示。由表 7-5 可见,随着压力的增加,牦牛平滑肌的硬度、胶着性和咀嚼性逐渐减小且差异显著($P<0.05$),硬度、胶着性和咀嚼性分别由 0.15 MPa 时的 $(19.31\pm1.18)\text{N/cm}^2$、$1.21\pm0.20$、$(55.26\pm2.56)\text{mJ}$,减小到 0.24 MPa 时的 $(6.47\pm1.37)\text{N/cm}^2$、$0.50\pm0.11$、$(28.15\pm3.26)\text{mJ}$,分别减小了 66.50%、58.68%、49.06。牦牛平滑肌的内聚性呈增加趋势,但差异不显著($P>0.05$);牦牛平滑肌弹性呈显著增加趋势($P<0.05$),弹性由 0.15 MPa 时的 4.81 ± 0.05,增加到 0.24 MPa 时的 6.95 ± 0.27,增加了 44.49%。肌肉中质构的变化与肌肉中肌纤维蛋白和胶原蛋白的变化相关,不同压力下熟制会导致肌纤维蛋白和胶原蛋白收缩,胶原蛋白在此过程中会因压力的变化而变成明胶,明胶具有吸水膨胀的特性,同时肌纤维蛋白在压力和热的作用下会断裂。这几种力作用的结果使得牦牛平滑肌的硬度、胶着性和咀嚼性降低而内聚性和弹性增加。

表 7-5　压力对牦牛平滑肌质构的影响

压力/MPa	硬度/(N/cm²)	内聚性	弹性/mm	胶着性	咀嚼性/mJ
0.15	19.31±1.18[b]	0.67±0.03	4.81±0.05[a]	1.21±0.20[b]	55.26±2.56[c]
0.20	9.90±2.84[a]	0.77±0.05	6.99±0.85[b]	0.75±0.13[a]	47.58±2.50[b]
0.24	6.47±1.37[a]	0.88±0.18	6.95±0.27[b]	0.50±0.11[a]	28.15±3.26[a]

注:不同字母代表差异显著($P<0.05$)。

六、压力对平滑肌微观结构的影响

压力对牦牛平滑肌的微观结构的影响见图 7-21。由图 7-21A 可见,当熟制压力为 0.15 MPa 时牦牛瘤胃平滑肌的肌纤维完整,肌束膜较细,肌纤维与肌束膜间的间隙较大;当熟制压力升高到 0.20 MPa 时牦牛瘤胃平滑肌的肌纤维中出现白色空隙,肌束膜吸水膨胀,肌纤维与肌束膜间的间隙变小;熟制压力升至 0.24 MPa时,肌纤维内的白色空隙增多,肌束膜进一步吸水膨胀,肌束膜与肌纤维的间隙基本消失。总体表现为随着压力的升高,牦牛平滑肌的肌纤维从完整到破碎,肌束膜从细小到粗大,肌纤维与肌束膜间的间隙由有到无。

肌肉是由肌内膜将若干条肌纤维包裹形成肌束、肌束膜将不同的肌束分开、最后由肌外膜将肌束包裹形成的,肌纤维是肌纤维蛋白,肌内膜、肌束膜和肌外膜等主要是由胶原蛋白组成,在起始的熟制压力下肌纤维和肌束膜受热和压力作用收缩,其收缩速率不同造成肌纤维和肌束膜间出现间隙,当压力进一步升高时肌束膜中的胶原蛋白会变成明胶吸水膨胀,而肌纤维会因受热和压力而断裂。肌束膜受热膨胀会导致肌肉剪切力值、硬度、胶着性和咀嚼性降低,蒸煮损失和热收缩率减少,弹性降低。这些变化与平滑肌的蒸煮损失、热收缩率、剪切力值和质构随压力升高的变化趋势一致。

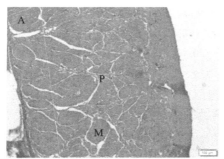

彩图扫码查看

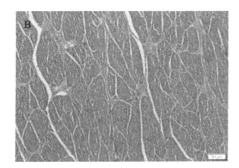
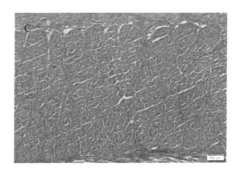

图 7-21 压力对牦牛平滑肌微观结构的影响

注:A、B、C 分别代表 0.15 MPa、0.20 MPa、0.24 MPa 条件下平滑肌组织结构变化;M 代表肌纤维,P 代表肌束膜。

七、压力与平滑肌品质的相关性分析

不同压力和牦牛平滑肌各品质指标的相关性分析见表 7-6。压力与牦牛平滑肌的蒸煮损失、剪切力值、硬度、胶着性、咀嚼性和胶原蛋白含量呈负相关（$P<0.01$），相关系数分别为 -0.906、-0.875、-0.943、-0.921、-0.932、-0.995；压力与牦牛平滑肌内聚性、弹性呈正相关（$P<0.05$），相关系数分别为 0.690、0.824；压力与牦牛平滑肌热收缩率相关性差异不显著（$P>0.05$）。牦牛平滑肌的蒸煮损失与剪切力值、硬度、胶着性、咀嚼性和胶原蛋白含量呈显著正相关（$P<0.05$），相关系数分别为 0.786、0.883、0844、0.842、0.902；蒸煮损失与弹性呈显著负相关（$P<0.05$），相关系数为 -0.726；蒸煮损失与热收缩率和内聚性相关性差异不显著（$P>0.05$）。牦牛平滑肌的热收缩率与剪切力值、硬度、内聚性、弹性、胶着性、咀嚼性和胶原蛋白含量相关性差异不显著（$P>0.05$）。牦牛平滑肌的剪切力值与硬度、胶着性、咀嚼性和胶原蛋白含量呈显著正相关（$P<0.01$），相关系数分别为 0.901、0.943、0.828、0.867；剪切力值与内聚性和弹性呈显著负相关（$P<0.05$），相关系数分别为 -0.641、-0.759。牦牛平滑肌的硬度与胶着性、咀嚼性和胶原蛋白含量呈显著正相关（$P<0.01$），相关系数分别为 0.972、0.802、0.946；硬度与弹性呈显著负相关（$P<0.01$），相关系数为 -0.861；硬度与内聚性相关性差异不显著（$P>0.05$）。牦牛平滑肌的内聚性与咀嚼性和胶原蛋白含量呈显著负相关（$P<0.05$），相关系数分别为 -0.723、-0.663；内聚性与弹性呈显著正相关（$P<0.05$），相关系数为 0.606；内聚性与胶着性相关性差异不显著（$P>0.05$）。牦牛平滑肌的弹性与胶着性、咀嚼性和胶原蛋白含量呈显著负相关（$P<0.05$），相关系数分别为 -0.790、-0.601、-0.845；牦牛平滑肌的胶着性与咀嚼性和胶原蛋白含量呈显著正相关（$P<0.01$），相关系数分别为 0.809、0.927。牦牛平滑肌咀嚼性与胶原蛋白含量呈显著正相关（$P<0.01$），相关系数为 0.907。

以上分析可知，除热收缩率外，压力和胶原蛋白含量与牦牛平滑肌各指标间相关性较大，除内聚性外压力和胶原蛋白含量与牦牛平滑肌各指标间的相关系数均在 0.8 以上，即压力和胶原蛋白含量对牦牛平滑肌的各品质指标影响显著。

表 7-6　不同压力与牦牛平滑肌各品质指标的相关性分析

	煮制时间	蒸煮损失	热收缩率	剪切力	硬度	内聚性	弹性	胶着性	咀嚼性	胶原蛋白含量
煮制时间	1									
蒸煮损失	-0.906^{**}	1								
热收缩率	0.322	-0.464	1							
剪切力	-0.875^{**}	0.786^{*}	-0.242	1						
硬度	-0.943^{**}	0.883^{**}	-0.389	0.901^{**}	1					
内聚性	0.690^{*}	-0.377	-0.147	-0.641^{*}	-0.540	1				
弹性	0.824^{**}	-0.726^{*}	0.022	-0.759^{*}	-0.861^{**}	0.606^{*}	1			
胶着性	-0.921^{**}	0.844^{**}	-0.333	0.943^{**}	0.972^{**}	-0.533	-0.790^{*}	1		
咀嚼性	-0.932^{**}	0.842^{**}	-0.386	0.828^{**}	0.802^{**}	-0.723^{*}	-0.601^{*}	0.809^{**}	1	
胶原蛋白含量	-0.995^{**}	0.902^{**}	-0.315	0.867^{**}	0.946^{**}	-0.663^{*}	-0.845^{**}	0.927^{**}	0.907^{**}	1

注：* 表示在 0.05 水平上显著相关；** 表示在 0.01 水平上显著相关。

八、小结

随压力的升高,牦牛平滑肌的蒸煮损失、剪切力值、硬度、胶着性、咀嚼性和胶原蛋白含量均显著下降,弹性显著增加,热收缩率和内聚性呈增加趋势但差异不显著。微观结构显示随压力的升高,牦牛平滑肌的肌纤维从完整到破碎,肌束膜从细小到粗大,肌纤维与肌束膜间的间隙由有到无。相关性分析表明,除热收缩率和内聚性外,压力大小和胶原蛋白含量与牦牛平滑肌各指标间的相关系数均在 0.8 以上,说明压力和胶原蛋白含量对牦牛平滑肌的品质影响较大。总体来看,牦牛平滑肌的食用品质和微观结构随压力的升高而下降,在 0.20 MPa 下牦牛平滑肌的食用品质较好。

第五节　加热介质对平滑肌品质的影响

为研究蒸汽和水浴熟制对牦牛平滑肌食用和加工品质的影响,采用水浴和蒸汽两种方式对牦牛瘤胃平滑肌进行熟制,熟制 20 min、40 min、60 min、80 min、100 min、120 min 后取样,测定不同熟制时间下牦牛平滑肌蒸煮损失、热收缩率、剪切力值、质构和胶原蛋白含量的变化。结果表明:在水浴和蒸汽熟制中,牦牛平滑肌剪切力值、硬度、胶着性、咀嚼性、胶原蛋白含量均表现为随熟制时间的延长显著下降,内聚性和弹性呈增加趋势。在水浴熟制方式下牦牛平滑肌的蒸煮损失和热收缩率随熟制时间的延长显著下降,而在蒸汽熟制方式下牦牛平滑肌蒸煮损失和热收缩率随熟制时间的延长显著增加。总体来看,水浴熟制更有利于平滑肌出品率的提高和加工品质的保持。研究结果将为含平滑肌的内脏等副产物的开发提供参考。

一、加热介质对平滑肌蒸煮损失的影响

加热介质对牦牛平滑肌蒸煮损失的影响可以从图 7-22 中看出,水浴熟制方式中随着加热时间的延长,牦牛平滑肌的蒸煮损失呈先增加后减少的趋势,在 20～60 min 范围内,蒸煮损失呈增加趋势但差异不显著($P>0.05$);在 60～120 min 范围内,平滑肌的蒸煮损失减少且差异显著($P<0.05$),牦牛平滑肌的蒸煮损失从 20 min 时的(50.18 ± 2.04)%减小到 120 min 时的(40.71 ± 2.81)%,减小了 18.72%。蒸汽熟制方式中随着熟制时间的延长,牦牛平滑肌的蒸煮损失呈逐渐增加的趋势,但差异不显著($P>0.05$),在 20～120 min 范围内,蒸煮损失从(47.98 ± 0.64)%增加到(52.33 ± 3.92)%,增加了 9.07%。

在肌肉中肌纤维蛋白和胶原蛋白受热收缩,使肌肉的持水力下降导致蒸煮损失增加,而胶原蛋白经长时间加热会受热变成明胶,明胶具有较好的亲水性和凝胶性,会减少蒸煮损失。由试验结果可见,水浴熟制的前期,平滑肌的蒸煮损失主要是肌纤维蛋白受热失水所致,后期胶原蛋白变成明胶后吸水导致蒸煮损失减少,而蒸汽熟制过程中由于胶原蛋白变成明胶后,可吸收的水分少,因此总体表现为蒸煮损失增加。

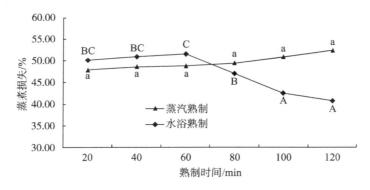

图 7-22 水浴和蒸汽熟制对牦牛平滑肌蒸煮损失的影响

二、加热介质对平滑肌热收缩率的影响

加热介质对牦牛平滑肌热收缩率的影响可以从图 7-23 中看出，水浴熟制中随熟制时间的延长，牦牛平滑肌顺着肌纤维方向的收缩率逐渐减少且差异显著（$P<0.05$），在 $20\sim120$ min 的时间内，平滑肌的收缩率从 $(48.23\pm1.44)\%$ 减小到 $(35.59\pm2.81)\%$，收缩率减少了 26.21%。蒸汽熟制中随熟制时间的延长，牦牛平滑肌顺着肌纤维方向的收缩率逐渐增大且差异显著（$P<0.05$），在 $20\sim120$ min 的时间内，平滑肌的收缩率从 $(22.28\pm2.77)\%$ 增加到 $(40.14\pm2.41)\%$，收缩率增加了 80.16%。在水浴熟制中由于平滑肌中的胶原蛋白受热变成明胶后会吸水，导致体积增大，收缩率减小，而蒸汽熟制中胶原蛋白变成明胶后可吸收的水分几乎没有，故不会膨胀，只表现为随水分的流失热收缩率增加。

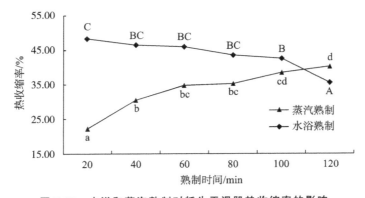

图 7-23 水浴和蒸汽熟制对牦牛平滑肌热收缩率的影响

三、加热介质对平滑肌剪切力值的影响

加热介质对牦牛平滑肌剪切力值的影响可以从图 7-24 中看出，水浴和蒸汽熟制中随着熟制时间的延长，牦牛平滑肌的剪切力值均呈显著减小的趋势（$P<0.05$），水浴熟制的剪切力值由 20 min 时的（72.03±15.68）N，减小到 120 min 时的（25.58±3.53）N，减小了 64.49%；蒸汽熟制的剪切力值由 20 min 时的（74.48±12.05）N，减小到 120 min 时的（35.96±3.82）N，减小 51.71%。总体来看，水浴熟制相比蒸汽熟制，牦牛平滑肌的剪切力值下降程度更大。对肌肉而言，受热会造成肌原纤维和结缔组织收缩失水，肌纤维变粗，单位横截面上的肌纤维更加致密，从而使得剪切力值升高，但长时间加热会使肌纤维断裂，使剪切力值减小。同时胶原蛋白受热会变成明胶，明胶的剪切力值较小使肉品嫩度增大。水浴熟制和蒸汽熟制两种熟制方式中的剪切力值都减小，说明平滑肌中肌纤维断裂和胶原蛋白吸水膨胀抵消了肌纤维热收缩导致的剪切力值增大，但水浴熟制中明胶会吸水膨胀，增加单位面积上明胶的数量而使剪切力值减小更多。

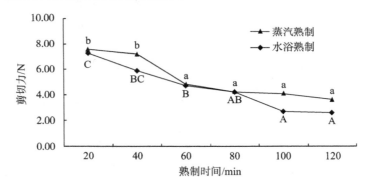

图 7-24　水浴和蒸汽熟制对牦牛平滑肌剪切力值的影响

四、加热介质对平滑肌质构的影响

水浴和蒸汽熟制对牦牛平滑肌硬度、内聚性、弹性、胶着性和咀嚼性等质构指标的影响如表 7-7 所示。由表可见，随着水浴和蒸汽熟制时间的延长，牦牛平滑肌的硬度、胶着性和咀嚼性逐渐减小且差异显著（$P<0.05$）。水浴熟制的硬度、胶着性和咀嚼性分别从 20 min 时的（25.38±0.78）N/cm²、1.83±0.28、（89.24±4.80）mJ 减小到 120 min 时的（16.56±0.69）N/cm²、1.23±0.19、（60.91±5.22）mJ，分别减小了 34.75%、32.79%、31.75%；蒸汽熟制的硬度、胶着性和咀嚼性分别从 20 min

表 7-7 水浴和蒸汽熟制对牦牛平滑肌质构的影响

指标	熟制时间/min	水浴熟制	蒸汽熟制
硬度/(N/cm²)	20	25.38±0.78[d]	25.38±2.25[d]
	40	23.13±1.08[c]	24.40±1.18[d]
	60	22.25±0.49[c]	22.74±1.76[cd]
	80	19.99±1.96[b]	21.17±1.76[bc]
	100	18.42±0.98[ab]	19.60±0.78[b]
	120	16.56±0.69[a]	13.82±1.18[a]
内聚性	20	0.70±0.07	0.72±0.03
	40	0.71±0.11	0.73±0.10
	60	0.72±0.08	0.73±0.04
	80	0.73±0.07	0.73±0.02
	100	0.75±0.03	0.73±0.01
	120	0.75±0.05	0.74±0.03
弹性/mm	20	4.92±0.17	4.96±0.05[a]
	40	4.97±0.32	5.15±0.09[ab]
	60	5.03±0.28	5.29±0.14[abc]
	80	5.07±0.09	5.37±0.10[bc]
	100	5.10±0.27	5.53±0.12[c]
	120	5.10±0.23	6.29±0.40[d]
胶着性	20	1.83±0.28[d]	1.97±0.09[e]
	40	1.79±0.19[cd]	1.95±0.11[e]
	60	1.67±0.07[bcd]	1.71±0.05[d]
	80	1.42±0.24[abc]	1.51±0.17[c]
	100	1.38±0.18[ab]	1.18±0.12[b]
	120	1.23±0.19[a]	0.91±0.07[a]
咀嚼性/mJ	20	89.24±4.80[c]	96.25±1.45[e]
	40	88.63±6.05[c]	92.17±1.94[e]
	60	84.42±5.35[c]	83.52±3.53[d]
	80	71.71±6.92[b]	71.54±2.97[c]
	100	64.43±4.51[ab]	54.67±4.08[b]
	120	60.91±5.22[a]	41.04±3.28[a]

注:不同字母代表差异显著($P<0.05$)。

时的(25.38 ± 2.25)N/cm^2、1.97 ± 0.09、(96.25 ± 1.45)mJ 减小到 120 min 时的
(13.82 ± 1.18)N/cm^2、0.91 ± 0.07、(41.04 ± 3.28)mJ，分别减小了 45.56%、
53.81%、57.36%。牦牛平滑肌的内聚性呈增加趋势，但差异不显著（$P>0.05$）；
牦牛平滑肌的弹性都呈增加趋势，但水浴熟制差异不显著（$P>0.05$），而蒸汽熟制
差异显著（$P<0.05$）。肌肉中质构的变化与肌肉中肌纤维蛋白和胶原蛋白的变化
相关，肌纤维蛋白会随着加热时间的延长而收缩，但长时间加热会使肌纤维断裂，
同时胶原蛋白会变成明胶，明胶具有良好的吸水性和凝胶性，这几种力作用的结果
使牦牛平滑肌的硬度、胶着性和咀嚼性降低而内聚性和弹性增加。

五、加热介质对平滑肌胶原蛋白含量的影响

加热介质对牦牛平滑肌胶原蛋白含量的影响可以从图 7-25 中看出，水浴熟制
和蒸汽熟制两种方式中牦牛平滑肌中胶原蛋白的含量均随着熟制时间的延长而呈
显著降低趋势（$P<0.05$）。水浴熟制中从 20 min 时的(50.91 ± 1.16)mg/g 下降
到 120 min 时的(27.90 ± 1.07)mg/g，下降了 45.19%；蒸汽熟制中从 20 min 时的
(93.64 ± 2.65)mg/g 下降到 120 min 时的(44.12 ± 0.81)mg/g，下降了 52.88%。
蒸汽熟制中胶原蛋白含量大于水浴熟制，胶原蛋白含量高说明受热变性的程度较
小，而水浴熟制中胶原蛋白含量少说明变性程度高，变性后形成的明胶促进了平滑
肌特殊质构的形成。此结果与图 7-22 至图 7-24 和表 7-7 的变化一致。

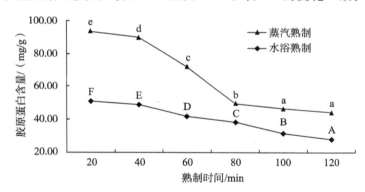

图 7-25　水浴和蒸汽熟制对牦牛平滑肌胶原蛋白含量的影响

六、小结

水浴和蒸汽熟制对牦牛平滑肌蒸煮损失和热收缩率的影响规律不一致，随水
浴熟制时间的延长牦牛平滑肌的蒸煮损失和热收缩率均显著下降，而蒸汽熟制则

是随时间的延长牦牛平滑肌蒸煮损失和热收缩率增加。两种熟制方式对牦牛平滑肌剪切力值、质构和胶原蛋白含量的影响规律一致,均表现为随熟制时间的延长牦牛平滑肌剪切力值下降,硬度、胶着性、咀嚼性和胶原蛋白含量均显著降低,内聚性和弹性均呈增加趋势。总体来看,水浴熟制更有利于平滑肌出品率的提高和加工品质的保持。

参考文献

白艳红.低温熏煮香肠腐败机理及生物抑菌研究[D].咸阳：西北农林科技大学，2005.

鲍建民.鲐鱼的营养价值及组胺中毒的预防[J].中国食物与营养，2006（3）：55.

蔡丹，张大力，盛悦，等.超声波清洗牛肚的工艺优化[J].肉类研究，2015，29（11）：15-18.

蔡健，牛芳冰.卤制牛肉粒的加工技术研究[J].食品工业科技，2008（9）：203-204.

曹兵海，李俊雅，王之盛，等.2018年肉牛牦牛产业技术发展报告[J].中国畜牧杂志，2019，55（3）：133-137.

常海军，曹莹莹，王强，等.不同热处理方式和温度对牛半腱肌肉品质的影响[J].食品科学，2010，31（11）：42-46.

常海军.不同加工条件下牛肉肌内胶原蛋白特性变化及其对品质影响研究[D].南京：南京农业大学，2010.

陈昌.鸡胸肉、腿肉混合肌原纤维蛋白热诱导凝胶特性的研究[D].南京：南京农业大学，2011.

陈立娟，李欣，张德权，等.蛋白质磷酸化对肉品质影响的研究进展[J].食品工业科技，2014，35（16）：349-352.

陈明，李爱媛.钙调蛋白结合蛋白类肌钙蛋白和脊椎动物平滑肌收缩的调节[J].生理科学进展，1994，25（4）：314-318.

代文亮，程龙，陶文沂，等.响应面法在紫杉醇产生菌发酵前体优化中的应用[J].中国生物工程杂志，2007，27（11）：66-72.

戴瑞彤，南庆贤.气调包装对冷却牛肉货架期的影响[J].食品工业科技，2003，24（6）：71-73.

邓丽，李岩，董秀萍，等.热加工过程中鲍鱼腹足蛋白间作用力及其质构特性[J].农业工程学报，2014，30（18）：307-316.

丁建英，康琚，徐建荣.东北螯虾和克氏原螯虾肌肉营养成分比较[J].食品科学，2010，31：427-431.

丁武，寇莉萍，任建.不同碳酸盐对猪肌肉嫩度及保水性的影响[J].食品科学，2009(21)：56-58.

冯志帮，张伟民，沈月新.食品冷冻工艺学[M].上海：上海科学技术出版社，1984.

傅樱花，马长伟.腊肉加工过程中脂质分解及氧化的研究[J].食品科技，2004(1)：42-44,52.

高菲菲.牛胃平滑肌加工特性研究[D].南京：南京农业大学，2012.

郭兆斌，余群力.牛副产物——脏器的开发利用现状[J].肉类研究，2011，25(3)：35-37.

韩冬洁，包高良，刘亚娜，等.模糊综合评判法在牦牛肉感官评定中的应用[J].食品工业科技，2016，37(15)：283-286.

韩莹.牛肚涨发工艺技术及其过程中水分迁移规律与分布状态的研究[D].太原：山西农业大学，2013.

何捷，蔡春芳，王永玲，等.4种烹饪方式对中华绒螯蟹感官及风味品质的影响[J].食品与机械，2017，33(6)：53-59.

赫佳明.不同储存条件下南极大磷虾的品质变化研究[D].青岛：中国海洋大学，2012.

胡聪，罗瑞明.市售卤牛肚储藏过程中的品质变化研究[J].中国调味品，2014，39(6)：53-57.

胡长利，郝慧敏，刘文华，等.不同组分气调包装牛肉冷藏保鲜效果的研究[J].农业工程学报.2007，2(7)：241-246.

黄峰.细胞凋亡效应酶在牛肉成熟过程中的作用机制研究[D].南京：南京农业大学，2012.

黄明，刘冠勇，罗欣.影响肉嫩度因素的探讨[J].安徽农业大学学报，1997，24(2)：186-188.

黄明.牛肉成熟机制及食用品质研究[D].南京：南京农业大学，2003.

惠增玉，陈林林，王颖，等.一种香菜牛肚丸及其制作方法：CN104172253A.A[P]，2014.

贾娜，刘丹，李博文，等.超声波辅助腌制及煮制温度对酱牛肉品质的影响[J].食品研究与开发，2016，37(9)：115-118.

姜启兴.鳙鱼肉热加工特性及其机理研究[D].江南大学，2015.

靳红果.猪肉多聚磷酸酶调控肌肉蛋白质凝胶特性的研究[D].南京：南京农

业大学，2011.

孔保华，王宇，夏秀芳，等.加热温度对猪肉肌原纤维蛋白凝胶特性的影响[J].食品科学，2011，32(5)：50-54.

孔祥荣.牛肚卤制品加工及储存品质变化研究[D].福州：福建农林大学，2016.

郎玉苗，谢鹏，李敬，等.熟制温度及切割方式对牛排食用品质的影响[J].农业工程学报，2015，31(1)：317-325.

李澳，李理，周世一，等.碱对毛肚水发质量影响的研究[J].食品研究与开发，2011(12)：96-99.

李宝仁.牛胃的构造和反刍过程[J].生物学通报，1962(3)：18-20.

李诚，廖敏，刘书亮，等.气调包装及天然保鲜剂对冷却鲜猪肉的保鲜效果研究[J].食品科学，2004，25(11)：307-311.

李蕙蕙.鸡肉火腿肠加工过程中功能特性和蛋白质结构的初步研究[D].武汉：华中农业大学，2009.

李继红.不同种类肉盐溶蛋白凝胶特性的研究[D].保定：河北农业大学，2004.

李凛，李璟，周世一，等.毛肚加工产业研究进展[J].广东农业科学，2011，38(22)：103-106.

李苗云，孙灵霞，周光宏，等.冷却猪肉不同储存温度的货架期预测模型[J].农业工程学报，2008(4)：237-238.

李明清.鲤鱼肌原纤维蛋白功能特性的研究[D].哈尔滨：东北农业大学，2010.

李培红，旬延军，刘君，等.复合磷酸盐对猪肉脯嫩度的改善研究[J].肉类研究，2010(6)：47-54.

李儒仁，韩玲，余群力，等.冻藏对牦牛肉蛋白质、脂质氧化和保水性的影响[J].农业机械学报，2015，46(6)：218-225.

李升升，靳义超，谢鹏.包装材料阻隔性对牛肉冷藏保鲜效果的影响[J].食品工业科技，2015，36(15)：256-260.

李升升，靳义超.基于主成分和聚类分析的牦牛部位肉品质评价[J].食品与生物技术学报，2018，37(2)：159-164.

李升升，靳义超.加热介质和时间对牦牛肉品质的影响[J].食品与机械，2017，33(10)：174-178.

李升升，余群力，靳义超.适宜加热温度保持牦牛瘤胃平滑肌加工品质和组织结构[J].农业工程学报，2017，33(23)：300-305.

李升升，余群力.牦牛骨骼肌、平滑肌和心肌氨基酸和脂肪酸组成分析及营养评价[J].营养学报，2018，40(2)：194-196.

李升升.热处理对牦牛肉品质的影响及其相关性分析[J].食品与机械，2016，32(4)：207-210.

李婷婷.大黄鱼生物保鲜技术及新鲜度指示蛋白研究[D].杭州：浙江工商大学，2013.

李侠，李银，张春晖，等.高氧气调包装对不同品种冷却猪肉储藏品质及持水性的影响[J].农业工程学报，2016，32(2)：236-243.

李侠，孙圳，杨方威，等.适宜冻结温度保持牛肉蛋白稳定性抑制水分态变[J].农业工程学报，2015，31(23)：238-245.

李艳青.蛋白质氧化对鲤鱼蛋白结构和功能性的影响及其控制技术[D].哈尔滨：东北农业大学，2013.

李子义，栾维民，岳占碰.动物组织学与胚胎学[M].北京：科学出版社，2014.

刘潮兴.加工过程中影响肉的保水性的主要因素[J].现代食品科技，1987(4)：37-39.

刘慧，余群力，朱跃明，等.牦牛肉牛瘤胃平滑肌肌原纤维蛋白特性及品质变化差异分析[J].食品与发酵科技，2019，35(2)：1-8.

刘佳东.宰后牦牛肉成熟机理及肉用品质变化研究[D].兰州：甘肃农业大学，2011.

刘瑾.酶法改善大豆分离蛋白起泡性和乳化性的研究[D].无锡：江南大学，2008.

刘永峰，赵璐，王娟，等.牛肉蒸制工艺及其质构、营养品质评价[J].陕西师范大学学报(自然科学版)，2017，45(5)：107-116.

卢桂松，王复龙，朱易，等.秦川牛花纹肉剪切力值与胶原蛋白吡啶交联和热溶解性的关系[J].中国农业科学，2013，46(1)：130-135.

罗天林.宰后牛胃肠冷藏过程中品质变化规律及其加工适宜性研究[D].兰州：甘肃农业大学，2017.

罗章，马美湖，孙术国，等.不同加热处理对牦牛肉风味组成和质构特性的影响[J].食品科学，2012，33(15)：148-154.

吕玉，臧明伍，史智佳，等.解冻和加工过程中冷冻猪肉保水性的研究[J].中国食品学报，2012(1)：148-152.

马美湖，葛长荣，罗欣，等.动物性食品加工学[M].北京：中国轻工业出版社，2010.

马志杰.牦牛Y染色体分子遗传学研究进展[J].中国农业大学学报，2016，21(2)：93-99.

马仲华.家畜解剖学及组织胚胎学[M].北京：中国农业出版社，2002.

穆璇，张珍，牛黎莉，等.响应面法优化花椒芽菜的乳酸钙保脆工艺[J].甘肃农业大学学报，2015，50(1)：154-159.

牛克兰.冷鲜牦牛肉保水性及其蛋白功能特性研究[D].兰州：甘肃农业大学，2017.

Owen R. Fennema.食品化学：第3版[M].北京：中国轻工业出版社，2003.

裴振东，许喜林.油脂的酸败与预防[J].粮油加工与食品机械，2004(6)：47-49.

彭克美.动物组织学及胚胎学[M].北京：高等教育出版社，2011.

彭勇.冷却猪肉常见腐败微生物致腐能力的研究[D].北京：中国农业大学，2005.

彭增起，肌肉盐溶蛋白质溶解性和凝胶特性研究[D].南京：南京农业大学，2005.

邱淑冰，张一敏，罗欣.冷藏温度下真空包装牛肉微生物及品质变化[J].食品与发酵工业，2012，38(1)：181-185.

汝医，胡鹏，王守经，等.蒸煮时间对羊肉嫩度及其营养组分的影响[J].食品工业，2015，36(3)：233-235.

莎丽娜.自然放牧苏尼特羊肉品质特性的研究[D].呼和浩特：内蒙古农业大学，2009：56-65.

宋萃.四川白兔肉及其肌原纤维蛋白热加工特性研究[D].重庆：西南大学，2017.

隋志方.真空包装酱卤猪蹄保藏中的质量变化[J].肉类研究，2014(7)：30-34.

孙圳，韩东，张春晖，等.定量卤制鸡肉挥发性风味物质剖面分析[J].中国农业科学，2016，49(15)：3030-3045.

唐小艳.文蛤贝肉蛋白组成及其凝胶特性研究[D].湛江：广东海洋大学，2016.

屠康.食品物性学[M].南京：东南大学出版社，2006：115-116.

王复龙，高菲菲，彭增起.pH变换腌制对牛胃平滑肌嫩度、保水性及微观结构的影响[J].食品工业科技,2016,37(3):110-113.

王光亚.中国食物成分表[M].北京:北京大学医学出版社,2009:43-50.

王琳琳,余群力,曹晖,等.我国肉牛副产品加工利用现状及技术研究[J].农业工程技术农产品加工业,2015(17):36-41.

王琳琳.Cyt-c释放和介导宰后牦牛肉线粒体凋亡途径激活机制及对嫩度影响的研究[D].兰州:甘肃农业大学,2018.

王娜,盛雅萍,徐君强,等.不同熟制方式对发酵牛肉干品质的影响[J].食品工业,2017,38(6):115-118.

王鹏,陈林,徐幸莲,等.喷淋通风宰前静养对肉鸡夏季运输屠宰肉品质的影响[J].农业工程学报,2018,34(22):275-281.

王水晶.不同脂肪含量牛肉糜储存过程中品质变化研究[D].晋中:山西农业大学,2015.

王卫.加工工艺对酱卤牛肉制品嫩度的影响研究[J].成都大学学报(自然科学版),2006,25(1):39-41.

王雪青,苗惠,胡萍.膳食中多不饱和脂肪酸营养与生理功能的研究进展[J].食品科学,2004,25(11):337-339.

王妍,张丽,牛珺,等.响应面试验优化牛肝荞麦复合营养酥性饼干的制备工艺[J].食品与发酵科技,2017,53(2):74-81.

王妍.牦牛瘤胃蛋白质功能特性研究及其三种烹饪方式加工工艺优化[D].兰州:甘肃农业大学,2018.

王英超,党源,李晓艳,等.蛋白质组学及其技术发展[J].生物技术通讯,2010,21(1):139-144.

王璋,许时婴,汤坚.食品化学[M].北京:中国轻工业出版社,1999:123-176.

温莉娟,马君义,曹晖,等.宰后不同冷藏时间对牛胃肌肉风味特征的影响[J].食品与发酵工业,2018,44(6):216-225.

夏秀芳,孔保华,郭园,等.反复冷冻-解冻对猪肉品质特性和微观结构的影响[J].中国农业科学,2009,42(3):982-988.

夏秀芳,李芳菲,王博,等.冰温保鲜对牛肉肌原纤维蛋白结构和功能特性的影响[J].中国食品学报,2015,15(9):54-60.

向聪.肉类保藏技术(二).肉制品的加热处理[J].肉类研究,2008(10):82-85.

谢笔钧,食品化学[M].北京:科学出版社,2004:211-328.

谢美娟,何向丽,李可,等.卤煮时间对酱卤鸡腿品质的影响[J].食品工业科技,2017,38(21):26-30.

谢文平,朱新平,陈昆慈,等.四种罗非鱼营养成分的比较[J].营养学报,2014,36:409-411.

徐瑛.年龄对牦牛肉肉用品质及钙激活酶活性影响的研究[D].兰州:甘肃农业大学,2014:36-38.

徐志强,辛凡文,涂亚楠.褐煤微波脱水过程中水分的迁移规律和界面改性研究[J].煤炭学报,2014(1):147-153.

闫海鹏.不同种类肉肌原纤维蛋白功能特性的研究[D].南京:南京农业大学,2013.

闫利国,唐善虎,王柳,等.冷冻储藏过程中氧化诱导牦牛肉肌原纤维蛋白结构的变化[J].食品科学,2015,36(24):337-342.

杨华,刘丽君,张慧恩.大黄鱼加工和综合利用现状及展望[J].科学养鱼,2014(4):75-77.

杨静娴,林原.平滑肌收缩的非钙依赖性调节机制[J].国外医学·生理、病理科学与临床分册,2004,24(6):560-363.

杨巧能,梁琪,文鹏程,等.宰后成熟时间对不同年龄牦牛肉用品质的影响[J].食品科学,2015,36(18):237-241.

荧周,黄行健,吕思伊,等.物理作用力对大豆分离蛋白乳化性及乳化稳定性的影响[J].食品科学,2010,31(7):71-74.

于安平,赵瑞霞,王红春,等.一种牛肚风味甜不辣及其加工方法:CN105325895A.A[P],2015.

余群力,冯玉萍.家畜副产物综合利用[M].北京:中国轻工业出版社,2014:13-19.

余洋.卤制甲鱼加工工艺及储存特性研究[D].武汉:华中农业大学,2010.

袁书林,经荣斌,王宵燕,等.必需脂肪酸营养研究进展[J].养殖与饲料,2002(5):3-5.

张晨,王妍,张丽,等.基于聚类分析的牦牛瘤胃精细划分及其蛋白组成和食用品质差异分析[J].食品与发酵科技,2018,54(3):117-123.

张大力,蔡丹,盛悦,等.超高压处理对牛肚杀菌效果影响[J].肉类研究,2016,30(1):21-24.

张建友,赵瑜亮,丁玉庭,等.脂质和蛋白质氧化与肉制品风味特征相关性研究进展[J].核农学报,2018,32(7):175-182.

张立彦,吴兵,包丽坤.加热对三黄鸡胸肉嫩度、质构及微观结构的影响[J].华南理工大学学报(自然科学版),2012,40(8):116-121.

张丽华,冯彦博,马春颖,等.熟制方式对咸海鲶鱼中亚硝酸盐含量的影响[J].中国调味品,2015,40(12):23-25.

张劲翱.发制毛肚新法[J].四川烹饪,2004(9):27-28.

张培旗,赵光远,宋志强.真空包装对低温杀菌酱猪蹄的保鲜效果研究[J].食品科技,2009(2):121-123.

张秋会,赵改名,李苗云,等.肉制品的食用品质及其评价[J].肉类研究,2011,25(5):58-61.

张秋会,李苗云,黄现青,等.肉制品的质构特性及其评价[J].食品与机械,2012,28(3):36-39.

张涛,江波,王璋.鹰嘴豆分离蛋白质的功能性质[J].食品科技,2005(4):19-22.

张伟敏,钟耕,王炜.单不饱和脂肪酸营养及其生理功能研究概况[J].粮食与油脂,2005(3):13-15.

张鉴,王卫.样品处理方法对肉的 pH 值测定结果影响[J].农产品加工(学刊),2012(10):141-142.

赵菲,刘敬斌,关文强,等.超高压处理对冰温保鲜牛肉品质的影响[J].食品科学,2015,36(2):238-241.

赵立艳,彭增起,陈贵堂.磷酸盐对牛肉嫩化作用的研究[J].食品工业科技,2003(5):27-28.

赵良.卤牛肚软罐头生产工艺研究[J].黑龙江畜牧兽医,2011(2):37-37.

郑永华.食品储存保鲜[M].北京:中国计量出版社,2006:84-85.

中国预防医学科学院营养与食品卫生研究所.食物成分表(全国代表值)[M].北京:人民卫生出版社,1991:30-82.

中华人民共和国农业部.畜禽肉质的测定:NY/T 1333—2007[S].北京:中国标准出版社,2016.

中华人民共和国农业部.家畜屠宰质量管理规范:NY/T 1341—2007[S].北京:中国标准出版社,2016.

周光宏,徐幸莲.肉品学[M].北京:中国农业出版社,1999.

周梁,卢艳,周佺,等.猪肉冰温储存过程中的品质变化与机理研究[J].现代食品科技,2011,27(11):1296-1302.

周婷,陈霞,刘毅,等.加热处理对北京油鸡和黄羽肉鸡质构以及蛋白特性的影响[J].食品科学，2007，38(11)：74-77.

周玉香，卢德勋，孙海洲.犊牛胃肠道生长发育以及促进其早期生长发育的措施[J].黑龙江畜牧兽医，2005(9)：18-20.

朱荣生.生物电子显微镜技术[M].南京农业大学实验指导，1992.

左惠心.基于蛋白质组学的宰后牦牛肉保水性机制研究[D].兰州：甘肃农业大学，2017.

Aaslyng M D, Bejerholm C, Ertbjerg P, et al. Cooking loss and juiciness of pork in relation to raw meat quality and cooking procedure. [J]. Food Quality & Preference, 2003, 14(4)：277-288.

Ahhmed A M, Nasu T, Muguruma M. Impact of transglutaminase on the textural, physicochemical, and structural properties of chicken skeletal, smooth, and cardiac muscles[J]. Meat Science, 2009, 83：759-767.

Aka N R J, Olubukola B O. Bacterial community associated with bovine tripe sold in Mafikengmunicipality, South Africa[J]. African Journal of Microbiology Research, 2011, 5(12)：1532-1538.

Al-Omirah H F. Proteolytic degradation products as indicators of quality in meat and fish[D]. Montreal：Mc Gill University, 1996.

Anandh M A, Lakshmanan V, Radha K. Quality of restructured smoked buffalo tripe rollsincorporated with buffalo meat. [J]. Journal of Food Science and Technology -Mysore-, 2009, 46(5)：484-487.

Anandh M A, Radha K, Lakshmanan V, et al. Development and quality evaluation of cooked buffalo tripe rolls[J]. Meat Science, 2008, 80(4)：1194.

Anna A M, Lakshmanan V, Mediratta S K, et al. Development and quality Characteristics of extruded tripe snack food from buffalo rumen meat and corn flour[J]. Journal of Food Science andTechnology -Mysore-, 2005, 42(3)：263-267.

Anton F, Madalina G A, Mihaela B, et al. Collagen hydrolysate based collagen/ hydroxyapatite composite materials[J]. Journal of Molecular Structure, 2013, 1037(4)：154-159.

Aroeira C N, de Almeida Torres Filho R, Fontes P R, et al. Effect of freezing prior to aging onmyoglobin redox forms and CIE color of beef from Nellore and Aberdeen Angus cattle[J]. MeatScience, 2017, 125：16-21.

Ashburner M, Ball C A, Blake J A, et al. Gene ontology：tool for the unification of biology. The Gene Ontology Consortium[J]. Nature Genetics, 2000, 25(1): 25-29.

Ayla S, Bema O, Ulkii D, et al. Effects of freezing temperature and duration of frozen storageon lipid and protein oxidation m chicken meat[J]. Food Chemistry, 2010, 120: 1025-1030.

Bailey A J, Light N D. Connective tissue in meat and meat products[M]. London: Elsevier Applied Science, 1989: 170-194.

Bao Y L, Per E. Relationship between oxygen concentration, shear force and protein oxidation in modified atmosphere packaged pork[J]. Meat Science, 2015, 110(7): 174-179.

Bar H, Strelkov S V, Sjoberg G, et al. The biology of desmin filaments: how do mutations affect their structure, assembly, and organisation[J]. Journal of Structural Biology, 2004, 148(2): 137-152.

Baron C P, Jacobsen S, Purslow P P. Cleavage of desmin by cysteine proteases: Calpains and cathepsin B [J]. Meat Science, 2004, 68(3): 447-456.

Bayraktaroglu A G, Kahraman T. Effect of muscle stretching on meat quality of biceps femoris from beef[J]. Meat science, 2011, 88(3): 580-583.

Bee G, Anderson A L, Lonergan S M, et al. Rate and extent of pH decline affect proteolysis of cytoskeletal proteins and water-holding capacity in pork[J]. Meat Science, 2007, 76(2): 359-365.

Bendixen E. The use of proteomics in meat science[J]. Meat science, 2005, 71(1): 138-149.

Benjakul S, Visessanguan W, Ishizaki S, et al. Differences in Gelation Characteristics of Natural Actomyosin from Two Species of Bigeye Snapper, Priacanthus tayenus and Priacanthus macracanthus[J]. Journal of Food Science, 2011, 66(9): 1311-1318.

Bertram H C, Andersen R H, Andersen H J. Development in myofibrillar water distribution of two pork qualities during 10-month freezer storage[J]. Meat Science, 2007, 75(1): 128-133.

Bhat Z F, Pathak V. Quality evaluation of mutton Harrisa during one week refrigerated storage[J]. Journal of Food Science and Technology-Mysore, 2012, 49: 620-625.

Bjarnadottir S G, Hollung K. Proteome changes in bovine longissimus thoracis muscle during the first 48h postmortem shifts in energy status and myofibrillar stability[J]. Journal of Agricultural and Food Chemistry, 2010, 58(12): 7408-7414.

Boatright K M, Salvesen G S. Mechanisms of caspase activation[J]. Current Opinion Cell Biology, 2003, 15: 725-731.

Boehm M L, Kendall T L, Thompson V E, et al. Changes in the calpains and calpastatin during postmortem storage of bovine muscle[J]. Journal of Animal Science, 1998, 76: 2415-2434.

Borilova G, Hulankova R, Svobodova I, et al. The effect of storage conditions on thehygiene and sensory status of wild boar meat[J]. Meat Science, 2016, 118: 71-77.

Bowker B, Zhuang H. Relationship between water-holding capacity and protein denaturation in broiler breast meat[J]. Poultry Science, 2015, 94(7): 1657-1664.

Bradford M M. A rapid and sensitive method for the quantitation of microgram quantities of protein utilizing the principle of protein-dye binding[J]. Analytical Biochemistry, 1976, 72: 248-254.

Brunton N P, Lyng J G, Zhang L, et al. The use of dielectric properties and other physical analyses for assessing protein denaturation in beef biceps femoris muscle during cooking from 5 to 85 [J]. Meat Science, 2006, 72(2): 236-244.

Budd R C. An overview of apoptosis. [J]. Coronary Artery Disease, 1997, 8(10): 593.

Burke R M, Monahan F J. The tenderization of shin beef using a citrus juice marinade[J]. Meat Science, 2003, 63(2): 161-168.

Caine W R, Aalhus J L, Best D R, et al. Relationship of texture profile analysis and Warner-Bratzler shear force with sensory characteristics of beef rib steaks[J]. Meat Science, 2003, 64(4): 333-339.

Campo M M, Sanudo C, Panca B, et al. Breed type and ageing time effects on sensory characteristics of beef strip loin steaks[J]. Meat Science, 1999, 51(4): 383-390.

Cao J, Sun W, Zhou G, et al. Morphological and biochemical assessment of apoptosis in different skeletal muscles of Bulls during conditioning[J]. Journal of Animal Science, 2010, 88(10): 3439-3444.

Carlin K R, Huff-Lonergan E, Rowe L J, et al. Effect of oxidation, p H, and ionic strength on calpastatin inhibition of μ-and m-calpain[J]. Journal of Animal Science, 2006, 84(4): 925-937.

Chambers E N, Bowers J R. Consumer perception of sensory quality in muscle foods[J]. Food Technol, 1993, 47(11): 116-120.

Chang Y, Stromer M H, Chou R R. μ-Calpain is involved in the postmortem proteolysis of gizzard smooth muscle[J]. Food Chemistry, 2013, 139: 384-388.

Chelh I, Gatellier P, Santé-Lhoutellier V. Technical note: A simplified procedure for myofibril hydrophobicity determination[J]. Meat Science, 2006, 74 (4): 681-684.

Chen L, Opara U L. Approaches to analysis and modeling texture in fresh and processed foods - A review[J]. Journal of Food Engineering, 2013, 119(3): 497-507.

Chen L J, Li X, Ni N, et al. Phosphorylation of myofibrillar proteins in post-mortem ovine muscle with different tenderness[J]. Journal of the Science of Food and Agriculture, 2016, 96(5): 1474-1483.

Chen Q Q, Huang J C, Huang F, et al. Influence of oxidation on the susceptibility of purified desmin to degradation by μ-calpain, caspase-3 and-6[J]. Food Chemistry, 2014, 150: 220-226.

Chin K B, GO M Y, Xiong Y, L. Konjac flour improved textural and water retention properties of transglutaminase-mediated, heat-induced porcine myofibrillar protein gel: Effect of salt level and transglutaminase incubation[J]. Meat Science, 2009, 81(3): 565-572.

Chirife J, Buera P M D. Water Activity, Glass Transition and Microbial Stability in Concentrated/Semimoist Food Systems[J]. Journal of Food Science, 1994, 59(5): 921-927.

Chriki S, Renand G, Picard B, et al. Meta analysis of the relationships between beef tenderness and muscle characteristics[J]. Livestock Science, 2013, 155: 424-434.

Clausen I, Jakobsen M, Ertbjerg P. Modified atmosphere packaging affects lipid oxidation, myofibrillar fragmentation index and eating quality of beef [J]. Package Technology Science, 2009, 22(2): 85-96.

Cohen D, Murphy R. Differences in cellular contractile protein contents among porcine smooth muscles: evidence for variation in the contractile system [J]. The Journal of General Physiology, 1978, 72(3): 369-380.

Connor W E, Neurringer M, Reisbick S. Essential fattyacids: the importance of n-3 fatty acids in the retina and brain[J]. Nutr Res, 1992, 50(4): 21-29.

Contisilva A C, Silva M E, Arêas J A. Sensory acceptability of raw and extruded bovine rumen protein in processed meat products. [J]. Meat Science, 2011, 88(4): 652-656.

Coombs C E O, Holman B W B, Friend M A, Hopkins D L. Long-term red meat preservation using chilled and frozen storage combinations: A review[J]. Meat Science, 2017, 125: 84-94.

Costelli P, Reffo P, Penna F, et al. Ca^{2+}-dependent proteolysis in muscle wasting[J]. The International Journal of Biochemistry & Cell Biology, 2005, 37 (10): 2134-2146.

Cross H R, Carpenter Z L, Smith G C. Effects of intramuscular collagen and elastin on bovine muscle tenderness[J]. Journal of Food Science, 1973, 38 (6): 998-1003.

Daun C, Johansson M, Önning G, et al. Glutathione peroxidase activity, tissue and soluble selenium content in beef and pork in relation to meat ageing and pig RN phenotype[J]. Food Chemistry, 2001, 73(3): 313-319.

De Huidobro F R, Miguel E, Blázquez B, et al. A comparison between two methods (Warner-Bratzler and texture profile analysis) for testing either raw meat or cooked meat[J]. Meat Science, 2005, 69(3): 527-536.

Delgado E F, Geesink G H, Marchello J A, et al. The calpain system in three muscles of normal and callipyge sheep[J]. Journal of Animal Science, 2001, 79: 398-412.

Delles, R M, Xiong, Y L. The effect of protein oxidation on hydration and water binding in pork packaged in an oxygen-enriched atmosphere[J]. Meat Science, 2014, 97(2): 181-188.

Di Monaco R, Cavella S, Masi P. Predicting sensory cohesiveness, hardness and springiness of solid foods from instrumental measurments[J]. Journal of Texture Studies, 2008, 39(2): 129-149.

Dick F M, Wie V D, Zhang W L. Identification of pork quality parameters by proteomics[J]. Meat Science, 2007, 51(1): 46-54.

Doumit M E, Koohmaraie M. Immunoblot analysis of calpastatin degradation: Evidence for cleavage by calpain in postmortem muscle[J]. Journal of Animal Science, 1999, 77: 1467-1473.

Du M T, Li X, Li Z, et al. Phosphorylation regulated by protein kinase A and alkaline phosphatase play positive roles in μ-calpain activity[J]. Food Chemistry, 2018, 252(33): 33-39.

Dwyer D S. Nearest-neighbor effects and structural preferences in dipeptides are a function of the electronic properties of amino acid side-chains[J]. Proteins Structure Function & Bioinformatics, 2006, 63(4): 939-944.

Eilert S J, Mandigo R W. Procedure for soluble collagen in thermally processed meat products[J]. Journal of Food Science, 2011, 58(5): 948-949.

Elmore S. Apoptosis: A Review of Programmed Cell Death[J]. Toxicologic Pathology, 2007, 35(4): 495-516.

Ergonul B. Meat Consumption and Buying Behaviors of Consumers Living in Manisa City Center, Turkey[J]. Journal of Animal & Veterinary Advances, 2011, 10(3): 286-290.

Eyre D R, Koob T J, Van K P. Quantization of hydroxyl-pyridinium crosslinks in collagen by high-performance liquid chromatography[J]. Analytical Biochemistry, 1984, 137(2): 380-388.

Fang S H., Nishimura T., Takahashi K. Relationship between development of intramuscular connective tissue and toughness of pork during growth of pigs[J]. Journal of Animal Science, 1999, 77(1): 120-130.

FAO/WHO. Energy and protein requirements[M]. Rome: FAO Nutrition Meeting Report Series, 1973: 40-73.